T0129809

Mathematik Kompakt

Mathematik Kompakt

Herausgegeben von:
Martin Brokate
Karl-Heinz Hoffmann
Götz Kersting
Kristina Reiss
Otmar Scherzer
Gernot Stroth
Emo Welzl

Die Lehrbuchreihe *Mathematik Kompakt* ist eine Reaktion auf die Umstellung der Diplomstudiengänge in Mathematik zu Bachelor- und Masterabschlüssen.
Inhaltlich werden unter Berücksichtigung der neuen Studienstrukturen die aktuellen Entwicklungen des Faches aufgegriffen und kompakt dargestellt.
Die modular aufgebaute Reihe richtet sich an Dozenten und ihre Studierenden in Bachelor- und Masterstudiengängen und alle, die einen kompakten Einstieg in aktuelle Themenfelder der Mathematik suchen.
Zahlreiche Beispiele und Übungsaufgaben stehen zur Verfügung, um die Anwendung der Inhalte zu veranschaulichen.

- **Kompakt:** relevantes Wissen auf 150 Seiten
- **Lernen leicht gemacht:** Beispiele und Übungsaufgaben veranschaulichen die Anwendung der Inhalte
- **Praktisch für Dozenten:** jeder Band dient als Vorlage für eine 2-stündige Lehrveranstaltung

Manfred Deistler · Wolfgang Scherrer

Modelle der
Zeitreihenanalyse

 Birkhäuser

Manfred Deistler
Stochastik und Wirtschaftsmathematik
Technische Universität Wien
Wien, Österreich

Wolfgang Scherrer
Stochastik und Wirtschaftsmathematik
Technische Universität Wien
Wien, Österreich

Mathematik Kompakt
ISBN 978-3-319-68663-9   ISBN 978-3-319-68664-6 (eBook)
https://doi.org/10.1007/978-3-319-68664-6

Die Deutsche Nationalbibliothek verzeichnet diese Publikation in der Deutschen Nationalbibliografie; detaillierte bibliografische Daten sind im Internet über http://dnb.d-nb.de abrufbar.

Mathematics Subject Classification (2010): 60-01, 60G10, 60G25, 60G35

Birkhäuser

Gedruckt auf säurefreiem und chlorfrei gebleichtem Papier

Birkhäuser ist Teil von Springer Nature
Die eingetragene Gesellschaft ist Springer International Publishing AG
Die Anschrift der Gesellschaft ist: Gewerbestrasse 11, 6330 Cham, Switzerland

Vorwort

Eine *Zeitreihe* besteht aus zeitlich angeordneten Beobachtungen oder Messungen; dabei ist die Information nicht nur in den einzelnen Beobachtungswerten, sondern auch in deren zeitlicher Anordnung enthalten. Die *Zeitreihenanalyse* beschäftigt sich mit der Gewinnung und Konzentration von Information aus Zeitreihen und ist so gesehen ein Teilgebiet der Statistik. Wie in der Statistik im Allgemeinen liegt ein Schwerpunkt der Zeitreihenanalyse in der datengetriebenen Modellierung, wobei die den Daten unterlegten Modelle stochastisch sind. In der Zeitreihenanalyse sind diese Modelle „naturgemäß" oft dynamisch, d. h. sie beschreiben die *zeitliche* Entwicklung der untersuchten Größen. Die so gewonnenen Modelle können etwa zur Analyse, zur Prognose, zur Filterung oder zur Regelung verwendet werden. Die datengetriebene Modellierung ist aber nicht der einzige Zweig der Zeitreihenanalyse, so sind etwa die (nicht modellbasierte) Entstörung von Signalen oder die Extraktion von „features", wie etwa von verborgenen Zyklen, wichtige Teilgebiete.

Die Geschichte der Zeitreihenanalyse, genauer der Entwicklung und Anwendung von Methoden in der Zeitreihenanalyse (die über die Betrachtung mit dem „freiem Auge" hinausgehen), reicht bis zur Wende vom achtzehnten ins neunzehnte Jahrhundert zurück und wurde ausgelöst durch die Frage, ob in den Planetenbahnen (durch das Mehrkörperproblem erklärbare) Abweichungen von der elliptischen Form feststellbar sind. Das in diesem Zusammenhang entwickelte, sogenannte Periodogramm wurde dann auch bereits im neunzehnten Jahrhundert als Instrument zur Analyse von Konjunkturdaten verwendet. Moving-Average-(MA) und autoregressive (AR)-Prozesse wurden in den zwanziger Jahren des vorigen Jahrhunderts von G.U. Yule eingeführt. Die Theorie (vorerst univariater) stationärer Prozesse wurde in den dreißiger und vierziger Jahren des vorigen Jahrhunderts vor allem durch A.N. Kolmogorov, H. Cramér, N. Wiener und K. Karhunen entwickelt und dann für den multivariaten Fall z. B. durch Y.A. Rozanov fortgeführt. Diese Theorie stellt bis heute eine wesentliche Basis für die Analyse von Zeitreihen dar.

Ein Merkmal der Zeitreihenanalyse ist, dass ihre Entwicklung in unterschiedlichen Bereichen, wie der Ökonometrie, der Kontroll- und Systemtheorie, der Signalverarbeitung und der Statistik vorangetrieben wurde. Zu den wesentlichen Entwicklungen der letzten 75 Jahre gehören:

- Die in der Cowles Commission erfolgte Analyse des Problems der Identifizierbarkeit und der Maximum-Likelihood-Schätzung in multivariaten, „strukturellen" ARX-Systemen.
- Die vor allem von J. Tukey entwickelte nichtparametrische Spektralschätzung.
- Die Analyse von AR- und ARMA-Systemen (bzw. ARX und ARMAX) vor allem durch T.W. Anderson und E.J. Hannan. Das Buch von G.E. Box und G.M. Jenkins leitete dann eine große Verbreitung dieser Systeme in der Praxis ein. Anschließend erfolgte die entsprechende Erweiterung auf den multivariaten Fall. Dies ist in den Büchern von E.P. Caines, E.J. Hannan und M. Deistler, L. Ljung, H. Lütkepohl und G.C. Reinsel dargestellt.
- Die Analyse von Zustandsraumsystemen und damit in Verbindung das Kalman-Filter, vor allem durch R.E. Kalman.
- Die Einführung und Analyse von Verfahren zur Ordnungsschätzung, etwa durch H. Akaike und J. Rissanen.
- In der Ökonometrie erlangte in den letzten 30 Jahren die Analyse von integrierten und ko-integrierten (d. h. von speziellen nicht stationären) Prozessen eine große Bedeutung. Wichtige Beiträge hierzu stammen von C.W.J. Granger, R.F. Engle, P.C.B. Phillips und S. Johansen.
- Modelle zur Prognose bedingter Varianzen zur Risikoabschätzung mit Finanzzeitreihen (z. B. ARCH- und GARCH-Modelle) wurden von R.F. Engle eingeführt.
- Das große Gebiet der nichtlinearen Zeitreihenmodelle und ihrer Schätzung (siehe z. B. [36]) hat sich in den letzten 25 Jahren sehr stark entwickelt.

Das vorliegende Buch ist weit davon entfernt, alle wichtigen Teilgebiete der Zeitreihenanalyse zu behandeln. Es beschreibt Modelle der Zeitreihenanalyse und hier die wichtigste Teilklasse der linearen Modelle. Insbesondere werden stationäre Prozesse sowie Teilklassen, wie AR- und ARMA-Prozesse dargestellt. Der Schwerpunkt unserer Analyse liegt dabei im multivariaten Fall. Die „lineare" Theorie schwach stationärer Prozesse sowie lineare dynamische Systeme bilden auch heute noch den Kernbereich der Grundlagen der Zeitreihenanalyse, obwohl Nichtstationarität und Nichtlinearität von großer Bedeutung sind. Es ist ein Spezifikum der Zeitreihenanalyse – im Gegensatz zu anderen Bereichen der Statistik – dass eine genaue Analyse der Modelle für die statistische Analyse im engeren Sinne wichtig ist.

Unser Ziel ist, dass die Kenntnis des dargestellten Stoffes dem Leser eine solide Grundlage vermittelt, die es ihm ermöglicht, weite Teile der laufenden Literatur auf dem Gebiet der Zeitreihenanalyse zu verstehen – das Buch soll also in gewissem Sinne das hierzu erforderliche Kernwissen vermitteln.

Dieses Buch ist primär für Mathematiker und fortgeschrittene Studierende der Mathematik geschrieben. Wir meinen aber, dass es ebenso für Forscher aus den Feldern Ökonometrie, Finanzmathematik, Regeltechnik oder Signalverarbeitung zugänglich und nützlich ist. Vorausgesetzt werden Kenntnisse aus Maß- und Wahrscheinlichkeitstheorie und linearer Algebra sowie Basiskenntnisse aus Funktionalanalysis (Theorie der Hilbert-Räume) und Funktionentheorie.

Die Gliederung des Stoffes ist wie folgt: Kap. 1 gibt die grundlegenden Definitionen von (schwach) stationären Prozessen, deren Einbettung in den Hilbert-Raum der quadratisch integrierbaren Zufallsvariablen sowie die Definition der entsprechenden Kovarianzfunktionen; letztere enthalten für viele Problemstellungen die wesentliche Information über den zugrunde liegenden stationären Prozess. Am Ende dieses Kapitels werden spezielle, wichtige Modellklassen für stationäre Prozesse diskutiert.

Das Kap. 2 beschäftigt sich mit der linearen Kleinst-Quadrate-Prognose stationärer Prozesse. Das zentrale Resultat ist hier die Wold-Zerlegung, die eine wesentliche Einsicht in die Struktur allgemeiner stationärer Prozesse erlaubt.

Während die Beschreibung stationärer Prozesse in den Kap. 1 und 2 im Zeitbereich erfolgt, behandelt Kap. 3 den Frequenzbereich. Zentrale Resultate sind hier die Spektraldarstellung der Kovarianzfunktion sowie des zugehörigen stationären Prozesses, die beide Fourier-Darstellungen sind. Aus den Spektraldarstellungen erhalten wir die spektrale Verteilungsfunktion bzw. die spektrale Dichte, die beide die gleiche Information über den zugrunde liegenden Prozess wie die Kovarianzfunktion enthalten. Lineare dynamische Transformation von stationären Prozessen entsprechen durch diese Fourier-Darstellungen einer Multiplikation von Funktionen und sind daher oft einfacher darzustellen und zu interpretieren. Dieses Kapitel ist das mathematisch anspruchsvollste und die Resultate werden in den folgenden Kapitel verwendet. Ein Verständnis der Folgekapitel ist jedoch auch dann möglich, wenn die Beweise der Spektraldarstellungen nicht in allen Details durchgearbeitet werden.

Das nächste Kap. 4 beschreibt lineare, dynamische Transformationen stationärer Prozesse im Zeit- und Frequenzbereich sowie die entsprechende Transformation der zweiten Momente. Solche linearen Transformationen sind wichtige Modelle für reale Systeme und dienen zur Konstruktion von Klassen stationärer Prozesse wie z. B. AR- und ARMA-Prozesse. In diesem Zusammenhang werden auch die Lösungen von linearen stochastischen Differenzengleichungen behandelt. Schließlich wird noch das Wiener-Filter diskutiert, das es erlaubt, einen stationären Prozess durch eine lineare Transformation eines zweiten Prozesses im Kleinst-Quadrate-Sinne möglichst gut zu approximieren.

Kap. 5 behandelt AR-Systeme und AR-Prozesse, die wichtigste Modellklasse der Zeitreihenanalyse. Sie erlauben es, jeden regulären Prozess beliebig genau mit endlich vielen Parametern zu beschreiben und ihre Schätzung und ihre Prognose sind besonders einfach. Über den stationären Fall hinaus sind AR-Systeme auch Modelle für integrierte und kointegrierte Prozesse, die in der Ökonometrie eine große Bedeutung erlangt haben.

In Kap. 6 erörtern wir ARMA-Modelle und ARMA-Prozesse. Wir zeigen, dass die Klasse der ARMA-Prozesse genau die Klasse der stationären Prozesse mit rationaler spektraler Dichte ist. Wie im AR-Fall kann jeder reguläre, stationäre Prozess beliebig genau durch einen ARMA-Prozess approximiert werden. Dabei sind ARMA-Prozesse flexibler, sodass oft weniger Parameter zur Approximation notwendig sind. Allerdings ist die Struktur der Klasse der ARMA-Prozesse erheblich komplexer als im AR-Fall. Es tritt ein sogenanntes Identifizierbarkeitsproblem auf und die Beziehung zwischen den zweiten Momenten und den ARMA-Parametern ist i. Allg. nicht, wie im AR-Fall, durch ein lineares Gleichungssystem gegeben. Daher ist die Schätzung der ARMA-Parameter (die hier nicht behandelt wird) weitaus diffiziler als im AR-Fall.

Kap. 7 behandelt Zustandsraumsysteme, die z. B. in der Regeltechnik von zentraler Bedeutung sind. Lineare Zustandsraumsysteme mit weißem Rauschen als Input sind eine alternative Darstellung von ARMA-Prozessen. Es wird gezeigt, dass unter geeigneten Voraussetzungen ARMA- und Zustandsraumsysteme die Klasse aller Prozesse mit rationalen Spektren beschreiben. Beide Darstellungen führen auch unmittelbar zur Wold-Darstellung. Der letzte Abschnitt diskutiert das Kalman-Filter, einen ausgesprochen wichtigen Algorithmus, speziell für die Approximation des unbeobachteten Zustandes, sowie zur Prognose und Filterung.

Wie schon zuvor erwähnt, werden in diesem Buch wichtige Problemkreise nicht angesprochen. Es fehlen wichtige „lineare" Modelle, bei denen zusätzlich beobachtete Inputs vorliegen, wie z. B. ARX-Modelle. Ferner fehlt die Analyse von strukturellen Modellen, bei denen durch eine zugrunde liegende Theorie bestimmte A-priori-Restriktionen an die Parameter vorliegen, wie z. B. strukturelle AR-Modelle (SVAR), die gegenwärtig in der Ökonometrie intensiv diskutiert werden. Es fehlen Modelle der linearen dynamischen Faktoranalyse und dynamische kanonische Korrelationen, grafische Zeitreihenmodelle sowie eine Behandlung der Granger-Kausalität. Auch auf die große Klasse der nichtlinearen Modelle, wie z. B. nichtlineare AR(X)-Modelle oder ARCH/GARCH-Modelle gehen wir in diesem Buch nicht ein.

Das Buch beschränkt sich auf Modell- und Strukturtheorie, die für die Zeitreihenanalyse von großer Wichtigkeit sind, behandelt aber nicht die Schätzung und Inferenz im engeren Sinne. Insbesondere behandeln wir weder die Schätzung von Erwartungswert, der Kovarianzfunktion, der spektralen Dichte noch die Schätzung von AR-, ARMA- oder Zustandsraumsystemen.

Als Motivation für den Leser des vorgelegten Buches mag die Tatsache dienen, dass die Zeitreihenanalyse ein faszinierendes Gebiet mit weit gestreuten Anwendungen und einer mathematisch höchst nichttrivialen Theorie ist. Zu den Anwendungen zählen etwa die Prognose oder die Saisonbereinigung ökonomischer Variablen, das Design von Reglern, etwa für chemische Prozesse, die Übertragung und Entstörung von Sprachsignalen, die Analyse von Signalen aus der Radioastronomie oder die Analyse von Elektroenzephalogrammen.

Teile des Buches basieren auf Vorlesungen, die wir an der TU Wien, am Institut für höhere Studien Wien und am CERGE in Prag gehalten haben. Wir danken auch den Kollegen Otmar Scherzer (Universität Wien) und Rafael Kawka, Oliver Stypka und Martin Wagner (TU Dortmund) für wertvolle Kommentare.

Inhaltsverzeichnis

Zeitreihen und stationäre Prozesse 1

In diesem Kapitel werden grundlegende Begriffe wie Zeitreihe, stationärer Prozess und Kovarianzfunktion eingeführt. Dann wird der Zeitbereich eines stationären Prozesses, der ein Unterraum des Hilbert-Raumes $\mathbb{L}_2$ der quadratisch integrierbaren Zufallsvariablen ist, dargestellt. Im letzten Abschnitt werden Klassen stationärer Prozesse und Beispiele für nicht stationäre Prozesse angegeben.

Das Konzept schwach stationärer Prozesse geht auf Chintschin[1] zurück. Im Buch [11][2] ist eine ausführliche Darstellung des eindimensionalen Falles zu finden. Eigenschaften von Kovarianzfunktionen wurden von Chintschin und Wold[3] beschrieben sowie für den multivariaten Fall von Cramér[4].

1.1 Die Struktur der Daten: Zeitreihen

Eine *Zeitreihe* besteht aus endlich vielen, zeitlich angeordneten Messwerten

$$x_{t_1}, x_{t_2}, \ldots, x_{t_T}; \; x_{t_k} \in \mathbb{R}^n, \, k = 1, 2, \ldots, T,$$

wobei $t_1 < t_2 < \cdots < t_T$ gilt. Man nennt eine Zeitreihe *skalar* oder *univariat*, wenn $n = 1$ gilt, also zu jedem Zeitpunkt nur eine Beobachtung vorliegt. Liegen zu jedem Zeitpunkt $n > 1$ Beobachtungen vor, spricht man von *multivariaten* Zeitreihen. Hervorzuheben ist, dass in einer Zeitreihe die Information nicht nur in den einzelnen Messwerten,

---

[1] Alexander J. Chintschin (1894–1959). Russischer Mathematiker. Sein Hauptgebiet war die Stochastik.
[2] Joseph L. Doob (1910–2004). US-amerikanischer Mathematiker. Beschäftigte sich mit Analysis und Wahrscheinlichkeitstheorie (insbesondere mit stochastischen Prozessen).
[3] Herman Wold (1908–1992). Schwedischer Statistiker. Arbeitete über stationäre Prozesse und entwickelte die nach ihm benannte Wold-Zerlegung.
[4] Harald Cramér (1893–1985). Schwedischer Mathematiker und Statistiker. Doktorvater von Herman Wold.

© Springer International Publishing AG 2018
M. Deistler, W. Scherrer, *Modelle der Zeitreihenanalyse*, Mathematik Kompakt,
https://doi.org/10.1007/978-3-319-68664-6_1

sondern auch in deren zeitlicher Anordnung enthalten ist. In vielen Fällen geht es in der Zeitreihenanalyse darum, die Relation der Messwerte zu unterschiedlichen Zeitpunkten zu analysieren.

In diesem Buch betrachten wir nur den Fall äquidistanter Zeitreihen, bei denen für die Messzeitpunkte $t_k = t_0 + \Delta k$ gilt. Die Größe $\frac{1}{\Delta}$ bezeichnet man als Abtastrate. Wir setzen o. B. d. A. $t_0 = 0$ und $\Delta = 1$ und schreiben dann die Zeitreihe als

$$x_t, \ t = 1, \ldots, T.$$

Beispiel

Nominales Bruttoinlandsprodukt in Österreich und Deutschland, Quartalsdaten (1988Q1–2013Q3), $T = 103$ Beobachtungen, gemessen in Millionen EUR, Quelle: Eurostat.

Zeit	Deutschland	Österreich
1988Q1	248.115,6	25.681,6
1988Q2	257.852,0	27.531,2
1988Q3	266.906,4	29.184,7
1988Q4	286.152,0	29.303,6
1989Q1	266.020,3	27.801,9
$\vdots$	$\vdots$	$\vdots$
2013Q3	703.580,0	80.082,2

Die Äquidistanz ist hier eine Idealisierung, da nicht alle Quartale gleich lang sind.

1.2   Stationäre Prozesse und Kovarianzfunktion

Definition (Stochastischer Prozess)

Ein *stochastischer Prozess* $(X_t \mid t \in \mathbb{T})$ ist eine Familie von Zufallsvektoren (Zufallsvariablen), die auf einem (gemeinsamen) Wahrscheinlichkeitsraum $(\Omega, \mathcal{A}, \mathbf{P})$ definiert sind. Meistens betrachten wir reellwertige Zufallsvektoren, d. h. $X_t \colon \Omega \to \mathbb{R}^n$, $X_t = (X_{1t}, \ldots, X_{nt})'$. Im Zusammenhang mit der Spektraldarstellung werden wir aber auch $\mathbb{C}^n$-wertige Zufallsvektoren behandeln.

Die Indexmenge $\mathbb{T}$ wird meist als *Zeit* interpretiert. Ist diese Menge abzählbar (also z. B. $\mathbb{T} = \mathbb{Z}$, oder $\mathbb{T} = \mathbb{N}_0$), dann nennt man den Prozess *zeitdiskret*. *Zeitstetige* Prozesse sind auf $\mathbb{T} = \mathbb{R}$, $\mathbb{T} = \mathbb{R}_+$ oder Intervallen wie z. B. $\mathbb{T} = [0, 1]$ definiert. In diesem Buch betrachten wir fast ausschließlich Prozesse, die auf $\mathbb{T} = \mathbb{Z}$ definiert sind. Wir schreiben dann meistens nur (X_t) statt $(X_t \mid t \in \mathbb{Z})$. Der Prozess ist *skalar* oder *univariat* für $n = 1$ und sonst *multivariat*.

Definition (Trajektorie)

Die Abbildung $t \longmapsto X_t(\omega)$, für fixes $\omega \in \Omega$ nennt man *Trajektorie* oder *Pfad*.

Einen stochastischen Prozess kann man wie oben definiert als

- eine Familie von Zufallsvektoren (Zufallsvariablen)

$$t \longmapsto \begin{pmatrix} X_t(\,\cdot\,)\colon \Omega \longrightarrow \mathbb{R}^n \\ \omega \longmapsto X_t(\omega) \end{pmatrix}$$

- oder alternativ als eine „Zufallsfunktion"

$$\omega \longmapsto \begin{pmatrix} X_{\cdot}(\omega)\colon \mathbb{T} \longrightarrow \mathbb{R}^n \\ t \longmapsto X_t(\omega) \end{pmatrix}$$

interpretieren. Wir werden primär den ersten Zugang verwenden.

Gilt $\mathbf{E}|X_{it}| < \infty$ für alle $i = 1, \ldots, n$ und $t \in \mathbb{Z}$, dann nennt man

$$\mu\colon \mathbb{Z} \longrightarrow \mathbb{R}^n$$
$$t \longmapsto \mu(t) = \mathbf{E}X_t$$

die *Mittelwertfunktion* des Prozesses (X_t). Ist der Prozess $(X_t \,|\, t \in \mathbb{Z})$ quadratisch inte-grierbar, d. h. gilt $\mathbf{E}X_{it}^2 < \infty$ für alle $i = 1, \ldots, n$ und $t \in \mathbb{Z}$, dann nennt man

$$\gamma\colon \mathbb{Z} \times \mathbb{Z} \longrightarrow \mathbb{R}^{n \times n}$$
$$(t, s) \longmapsto \gamma(t, s) = \mathbf{Cov}(X_t, X_s) = \mathbf{E}(X_t - \mu(t))(X_s - \mu(s))'$$

die *Kovarianzfunktion* des Prozesses (X_t).

Stochastische Prozesse sind hier meist *Modelle* für Zeitreihen. Das heißt, wir nehmen (meistens) an, dass die beobachtete Zeitreihe von einem zugrunde liegenden stochasti-schen Prozess „erzeugt" wurde:

$$(x_t = X_t(\omega) \in \mathbb{R}^n \,|\, t = 1, \ldots, T).$$

Die beobachtete Zeitreihe ist also ein endlicher Teil einer Trajektorie des Daten erzeugen-den Prozesses (DGP: *data generating process*). Das erlaubt dann statistische Rückschlüsse von der Zeitreihe auf Eigenschaften des zugrunde liegenden stochastischen Prozesses.

Im Folgenden werden wir in der Notation *nicht* mehr zwischen Zufallsvariablen bzw. Zufallsvektoren und Realisationen unterscheiden. D. h. x_t z. B. steht sowohl für einen Zufallsvektor als auch für eine Realisation dieses Zufallsvektors.

Definition (Stationärer Prozess)

- Ein stochastischer Prozess $(x_t \,|\, t \in \mathbb{Z})$ ist *strikt stationär*, wenn die gemeinsame Verteilung von $(x'_{t_1+k}, \ldots, x'_{t_s+k})'$ für alle endlichen Teilmengen $\{t_1, \ldots, t_s\} \subset \mathbb{Z}$, $s > 0$ und für alle $k \in \mathbb{Z}$ unabhängig von k ist.

- Ein stochastischer Prozess $(x_t \mid t \in \mathbb{Z})$ ist *schwach stationär*, wenn für alle $t, s \in \mathbb{Z}$ gilt

    (1) $\mathbf{E}x_t' x_t < \infty$
    (2) $\mathbf{E}x_t = \mathbf{E}x_0$
    (3) $\mathbf{E}x_t x_s' = \mathbf{E}x_{t-s} x_0'$ (oder äquivalent $(\mathbf{Cov}(x_t, x_s) = \mathbf{Cov}(x_{t-s}, x_0))$).

In diesem Buch behandeln wir fast ausschließlich schwach stationäre Prozesse. Daher heißt „stationär" im Folgenden immer „schwach stationär".

Der Leser überzeuge sich, dass die Annahme $\mathbf{E}x_t' x_t < \infty$, $\forall t \in \mathbb{Z}$ die Existenz aller ersten und zweiten Momente des Prozesses garantiert. Wie leicht zu sehen ist, impliziert weder die strikte Stationarität die schwache, noch umgekehrt. Die Bedeutung des Konzepts der schwachen Stationarität resultiert aus der Tatsache, dass die zweiten Momente des Prozesses wesentliche Informationen über den zugrunde liegenden Prozess enthalten. So lassen sich lineare Kleinst-Quadrate-Approximationen (wie bei Prognose und Filterung) aus der Kenntnis dieser zweiten Momente alleine bestimmen.

Stationarität bedeutet also, dass wesentliche Eigenschaften des Prozesses – die endlichdimensionalen Randverteilungen bei strikter Stationarität bzw. die ersten und zweiten Momente bei schwacher Stationarität – *invariant* gegenüber zeitlichen Translationen sind. Stationäre Prozesse lassen sich bei stabilen zufälligen Systemen, die von konstanter Energie gespeist werden, beobachten. Dies ist z. B. der Fall bei Meereswellen oder Vibrationen an Maschinen. Viele Phänomene wie z. B. die menschliche Sprache oder EEG-Signale lassen sich durch stationäre Prozesse lokal beschreiben, auch wenn sie deutliche Nichtstationaritäten zeigen. Evident nichtstationäre Phänomene lassen sich oft durch Transformationen wie Differenzbildung oder Trendbereinigung auf stationäre zurückführen.

Die Invarianz gegenüber zeitlichen Translationen ermöglicht z. B. aus der Vergangenheit auf die Zukunft zu schließen. Ohne Annahmen wie Stationarität wäre eine sinnvolle Analyse oft nicht möglich.

Definition

Die *(Auto)kovarianzfunktion ((auto)covariance function ACF)* eines (schwach) stationären Prozesses $(x_t \mid t \in \mathbb{Z})$ ist die Funktion

$$\begin{aligned} \gamma\colon \mathbb{Z} &\longrightarrow \mathbb{R}^{n \times n} \\ k &\longmapsto \gamma(k) = \mathbf{Cov}(x_{t+k}, x_t) \end{aligned} \tag{1.1}$$

und die *(Auto)korrelationsfunktion ((auto)correlation function)* ist

$$\begin{aligned} \rho\colon \mathbb{Z} &\longrightarrow \mathbb{R}^{n \times n} \\ k &\longmapsto \rho(k) = \mathbf{Corr}(x_{t+k}, x_t). \end{aligned} \tag{1.2}$$

Das (i, j)-te Element von $\rho(k)$ ist die Korrelation von $x_{i,t+k}$ und $x_{j,t}$, d. h.

$$\rho_{ij}(k) = \mathbf{Corr}(x_{i,t+k}, x_{j,t}) = \frac{\gamma_{ij}(k)}{\sqrt{\gamma_{ii}(0)\gamma_{jj}(0)}}$$

(und daher $\rho_{ii}(k) = \frac{\gamma_{ii}(k)}{\gamma_{ii}(0)}$). Die Korrelationen sind beschränkt, $|\rho_{ij}(k)| \leq 1$, und es gilt natürlich $\rho_{ii}(0) = 1$. Es gilt die folgende Symmetrieeigenschaft der Kovarianzfunktion

$$\gamma(k) = \mathbf{Cov}(x_k, x_0) = \mathbf{E}x_k x_0' - \mathbf{E}x_k \mathbf{E}x_0' = \mathbf{Cov}(x_0, x_k)' = \gamma(-k)'$$

Wir verwenden dasselbe Symbol γ für die Kovarianzfunktion allgemeiner Prozesse und für die Kovarianzfunktion von stationären Prozessen, die nur von $k = t - s$ abhängt.

Die Kovarianzfunktion bzw. Korrelationsfunktion beschreibt die linearen Abhängigkeiten zwischen allen Paaren x_{it} und x_{js} und steht im Mittelpunkt der Analyse und Theorie (schwach) stationärer Prozesse.

Wir betrachten oft „gestapelte" Zufallsvektoren der Form

$$x_t^k := (x_t', x_{t-1}', \ldots, x_{t+1-k}')'.$$

Die Kovarianzmatrix dieser Zufallsvektoren ist

$$\Gamma_k := \mathbf{Var}(x_{t-1}^k) = \left(\mathbf{Cov}(x_{t-i}, x_{t-j})\right)_{i,j=1,\ldots,k} = (\gamma(j-i))_{i,j=1,\ldots,k}$$

$$= \begin{pmatrix} \gamma(0) & \gamma(1) & \gamma(2) & \cdots & \gamma(k-1) \\ \gamma(-1) & \gamma(0) & \gamma(1) & \cdots & \gamma(k-2) \\ \gamma(-2) & \gamma(-1) & \gamma(0) & \cdots & \gamma(k-3) \\ \vdots & \vdots & \vdots & \ddots & \vdots \\ \gamma(1-k) & \gamma(2-k) & \gamma(3-k) & \cdots & \gamma(0) \end{pmatrix} \in \mathbb{R}^{nk \times nk}. \qquad (1.3)$$

Diese Matrizen sind (Varianz-)Kovarianzmatrizen und daher immer positiv semidefinit und symmetrisch. Die Stationarität zeigt sich in der Block-Toeplitz-Struktur der Matrizen, d. h. ihr (i, j)-Block hängt nur von $(j - i)$ ab.

Definition
Eine Funktion $a \colon \mathbb{Z} \longrightarrow \mathbb{R}^{n \times n}$ heißt *positiv semidefinit*, wenn die Matrizen

$$A_k = \begin{pmatrix} a(0) & a(1) & a(2) & \cdots & a(k-1) \\ a(-1) & a(0) & a(1) & \cdots & a(k-2) \\ a(-2) & a(-1) & a(0) & \cdots & a(k-3) \\ \vdots & \vdots & \vdots & \ddots & \vdots \\ a(1-k) & a(2-k) & a(3-k) & \cdots & a(0) \end{pmatrix} \in \mathbb{R}^{nk \times nk}$$

für jedes $k \in \mathbb{N}$ symmetrisch und positiv semidefinit sind.

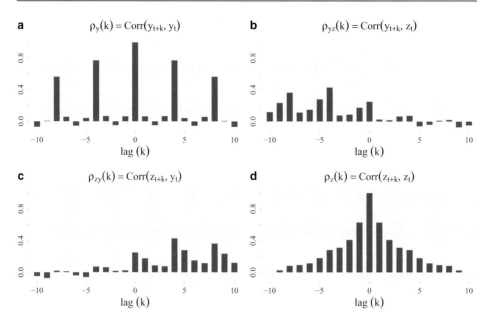

Abb. 1.1 Korrelationsfunktion eines bivariaten Prozesses $(x_t = (y_t, z_t)')$. Die Grafiken zeigen die Autokorrelationsfunktion von (y_t) (**a**), die Kreuzkorrelationsfunktion zwischen (y_t) und (z_t) (**b**), die Kreuzkorrelationsfunktion zwischen (z_t) und (y_t) (**c**) und die Autokorrelationsfunktion von (z_t) (**d**)

Die Bedingung $A_k = A_k'$ bedingt natürlich insbesondere $a(k) = a(-k)'$. Der folgende Satz gibt eine Charakterisierung von Kovarianzfunktionen:

Satz 1.1 *Eine Funktion $a: \mathbb{Z} \longrightarrow \mathbb{R}^{n \times n}$ ist dann und nur dann die Kovarianzfunktion eines stationären Prozesses, wenn sie positiv semidefinit ist.*

Beweis Dass die Kovarianzfunktion eines stationären Prozesses positiv semidefinit ist, folgt unmittelbar aus dem Obengesagten. Die umgekehrte Richtung sieht man wie folgt: Die positiv semidefiniten, symmetrischen Matrizen A_k definieren nk-dimensionale Normalverteilungen und diese bilden für variierendes k ein konsistentes System von endlichdimensionalen Normalverteilungen. Nach dem Konsistenzsatz von Kolmogorov[5] existiert daher ein (Gauß'scher) Prozess, dessen Kovarianzfunktion a ist. Siehe z. B. [40, Folgerung 20.2.2].   □

---

[5] Andrei N. Kolmogorov (1903–1987). Russischer Mathematiker. Kolmogorov gilt als einer der bedeutendsten Mathematiker des 20. Jahrhunderts. Seine bekannteste Leistung ist die Axiomatisierung der Wahrscheinlichkeitstheorie. Maßgebende Beiträge zur Theorie stationärer Prozesse.

Sind (y_t) und (z_t) zwei stationäre Prozesse, dann ist der „gestapelte" Prozess $x_t = (y_t', z_t')'$ dann und nur dann stationär, wenn (y_t) und (z_t) zueinander stationär korreliert sind, d. h. wenn gilt

$$\mathbf{Cov}(y_{t+k}, z_t) = \mathbf{Cov}(y_{s+k}, z_s) \; \forall t, s, k \in \mathbb{Z}.$$

In diesem Fall kann man die Kovarianzfunktion $\gamma_x(\cdot)$ von (x_t) entsprechend partitionieren als

$$\gamma_x(k) = \begin{pmatrix} \gamma_y(k) & \gamma_{yz}(k) \\ \gamma_{zy}(k) & \gamma_z(k) \end{pmatrix}.$$

Die Diagonalblöcke $\gamma_y(\cdot)$ und $\gamma_z(\cdot)$ sind die (Auto)kovarianzfunktionen der Prozesse (y_t) bzw. (z_t) und $\gamma_{yz}(\cdot)$ ist die sogenannte *Kreuzkovarianzfunktion* zwischen den Prozessen (y_t) und (z_t). Analog kann man auch die Korrelationsfunktion partitionieren (und interpretieren). Siehe Abb. 1.1 für ein Beispiel einer Korrelationsfunktion eines bivariaten Prozesses.

Aufgabe
Betrachten Sie den Prozess $(x_t = \cos(\lambda t) \,|\, t \in \mathbb{N})$, wobei λ eine auf dem Intervall $[-\pi, \pi]$ gleichverteilte Zufallsvariable ist. Der Einfachheit halber betrachten wir den Prozess nur auf $\mathbb{N}$.

(1) Skizzieren Sie ein paar „typische Trajektorien" des Prozesses.
(2) Berechnen Sie die Erwartungswertfunktion $\mathbf{E}x_t$ und die Autokovarianzfunktion $\gamma(t, s) = \mathbf{Cov}(x_t, x_s)$. Ist der Prozess schwach stationär? Hinweis:

$$\cos(a)\cos(b) = \frac{1}{2}(\cos(a + b) + \cos(a - b)).$$

(3) Ist der Prozess strikt stationär?
Hinweis: Zeichnen Sie die Kurve(n) $\omega \in [-\pi, \pi] \mapsto (\cos(\omega t), \cos(\omega s)) \in \mathbb{R}^2$ für verschiedene $t, s \in \mathbb{N}$.

Aufgabe
Seien A, B zwei reelle Zufallsvariablen. Wir definieren nun den Prozess $(x_t = A + (-1)^t B \,|\, t \in \mathbb{Z})$. Berechnen Sie die Erwartungswerte $\mathbf{E}x_t$ und die Kovarianzfunktion $\gamma(t, s) = \mathbf{Cov}(x_t, x_s)$. Welche Bedingungen muss man an A und B stellen, damit diese Erwartungswerte und die ACF existieren? Unter welchen Bedingungen ist der Prozess schwach stationär? Zeichnen Sie ein paar „typische" Trajektorien des Prozesses.

Aufgabe
Gegeben sei ein n-dimensionaler, schwach stationärer Prozess $(x_t \,|\, t \in \mathbb{Z})$ mit Erwartungswert $\mu_x = \mathbf{E}x_t$ und Kovarianzfunktion $\gamma_x(k)$. Zeigen Sie, dass der Prozess $(y_t \,|\, t \in \mathbb{Z})$, der durch $y_t = c + b_0 x_t + b_1 x_{t-1}$ für $c \in \mathbb{R}^m$ und $b_0, b_1 \in \mathbb{R}^{m \times n}$ definiert ist, auch schwach stationär ist und berechnen Sie den Erwartungswert $\mathbf{E}y_t$ und die Kovarianzfunktion $\gamma_y(k) = \mathbf{Cov}(y_{t+k}, y_t)$.

Aufgabe
Gegeben sei ein skalarer Gaußprozess $(x_t \,|\, t \in \mathbb{Z})$, d. h. ein Prozess für den $(x_{t_1}, \ldots, x_{t_s})'$ für alle endlichen Teilmengen $\{t_1, \ldots, t_s\} \subset \mathbb{Z}, s > 0$ multivariat normalverteilt ist. Überzeugen Sie sich,

dass (x_t) genau dann strikt stationär ist, wenn (x_t) schwach stationär ist. Nehmen wir nun an, dass (x_t) schwach stationär ist mit Erwartungswert $\mu_x = \mathbf{E}x_t$ und Kovarianzfunktion $\gamma_x(k) = \mathbf{Cov}(x_{t+k}, x_t)$. Zeigen Sie, dass der Prozess $(y_t = \exp(x_t) \,|\, t \in \mathbb{Z})$ schwach stationär ist und berechnen Sie den Erwartungswert $\mu_y = \mathbf{E}y_t$ und die Kovarianzfunktion $\gamma_y(k) = \mathbf{Cov}(y_{t+k}, y_t)$. Hinweis: $\log(y_t y_s)$ ist normalverteilt. Für eine normalverteilte Zufallsvariable $u \sim N(\mu, \sigma^2)$ gilt: $\mathbf{E}\left[(\exp(u))^k\right] = \exp(k\mu + \frac{k^2\sigma^2}{2})$.

1.3   Der Zeitbereich stationärer Prozesse

Stationäre Prozesse können in den Hilbert-Raum der quadratisch integrierbaren Zufallsvariablen über dem Wahrscheinlichkeitsraum $(\Omega, \mathcal{A}, \mathbf{P})$ „eingebettet" werden. Das ermöglicht es, sowohl (geometrische) Interpretationen als auch wichtige Ergebnisse aus der Theorie der Hilbert-Räume zu übernehmen. Zunächst wiederholen wir daher kurz einige Begriffe und Resultate aus der Theorie der Hilbert-Räume und im Speziellen des Hilbert-Raumes der quadratisch integrierbaren Zufallsvariablen (siehe z. B. [6]):

Ein *reeller Hilbert-Raum* ist ein linearer Raum mit reellen Multiplikatoren, der mit einem inneren Produkt versehen und der, bezüglich der durch das innere Produkt definierten Metrik, vollständig ist. Wir werden später auch komplexe Hilbert-Räume betrachten. Das innere Produkt zwischen zwei Vektoren $x, y \in \mathbb{H}$ eines Hilbert-Raumes $\mathbb{H}$ bezeichnen wir wie üblich mit $\langle x, y \rangle$ und die entsprechende Norm mit $\|x\| = \sqrt{\langle x, x \rangle}$. Zwei Vektoren $x, y \in \mathbb{H}$ sind orthogonal, wenn $\langle x, y \rangle = 0$ und wir schreiben $x \perp y$. Ebenso sagen wir $x \in \mathbb{H}$ ist orthogonal auf eine Teilmenge $\mathbb{M} \subset \mathbb{H}$, wenn $x \perp y \; \forall y \in \mathbb{M}$, und verwenden die Notation $x \perp \mathbb{M}$. Zwei Teilmengen $\mathbb{M}_1 \subset \mathbb{H}$ und $\mathbb{M}_2 \subset \mathbb{H}$ nennt man orthogonal (in Zeichen $\mathbb{M}_1 \perp \mathbb{M}_2$), wenn $x_1 \perp x_2$ für alle $x_1 \in \mathbb{M}_1$ und $x_2 \in \mathbb{M}_2$.

Ein zentrales Resultat, das wir immer wieder verwenden werden, ist der Projektionssatz (siehe z. B. [6]):

Satz 1.2 (Projektionssatz) *Sei $\mathbb{H}$ ein Hilbert-Raum und $\mathbb{M} \subset \mathbb{H}$ ein Teil-Hilbert-Raum von $\mathbb{H}$, dann gilt:*

(1) *Jedes $x \in \mathbb{H}$ lässt sich auf genau eine Weise darstellen als*

$$x = y + z,$$

   wobei $y \in \mathbb{M}$ und $z \perp \mathbb{M}$ gilt.

(2) *Das Element y ist (im Sinne der durch das innere Produkt definierten Metrik) die beste Approximation von x in $\mathbb{M}$, es gilt also*

$$\|x - y\| = \min_{\tilde{y} \in \mathbb{M}} \|x - \tilde{y}\|.$$

Das Element y heißt die *Projektion* von x auf $\mathbb{M}$ und z ist das entsprechende *Lot*. Für das Lot gilt

$$\|z\|^2 = \|x - y\|^2 = \|x\|^2 - \|y\|^2.$$

Die Abbildung, die $x \in \mathbb{H}$ die Projektion y zuordnet, heißt Projektor und wird oft mit $\mathsf{P}_{\mathbb{M}}$ bezeichnet. Man kann sich leicht überzeugen, dass $\mathsf{P}_{\mathbb{M}}$ eine lineare Abbildung ist.

Sind $\mathbb{M}_1 \subset \mathbb{H}$ und $\mathbb{M}_2 \subset \mathbb{H}$ zwei zueinander *orthogonale* Teil-Hilbert-Räume ($\mathbb{M}_1 \perp \mathbb{M}_2$) von $\mathbb{H}$ und $\mathbb{M} = \mathbb{M}_1 \oplus \mathbb{M}_2$ die direkte Summe vom $\mathbb{M}_1$ und $\mathbb{M}_2$, dann folgt

$$\mathsf{P}_{\mathbb{M}} = \mathsf{P}_{\mathbb{M}_1} + \mathsf{P}_{\mathbb{M}_2}.$$

Besonders wichtig für uns ist ein konkreter Hilbert-Raum. Sei $(\Omega, \mathcal{A}, \mathbf{P})$ ein Wahrscheinlichkeitsraum. Wir wollen im Folgenden den Begriff Zufallsvariable auch für die Äquivalenzklasse der $\mathbf{P}$-fast sicher identischen messbaren Funktionen $x \colon \Omega \longrightarrow \mathbb{R}$ verwenden. Man kann zeigen, dass (im letzteren Sinne) die Menge aller quadratisch integrierbaren (eindimensionalen) Zufallsvariablen (also $\mathbf{E}x^2 < \infty$), versehen mit der üblichen Addition und skalaren Multiplikation sowie dem inneren Produkt

$$\langle x, y \rangle = \mathbf{E}xy = \int xy \, d\mathbf{P}$$

einen Hilbert-Raum bildet, der üblicherweise mit $\mathbb{L}_2(\Omega, \mathcal{A}, \mathbf{P})$ oder kurz $\mathbb{L}_2$ bezeichnet wird. Die Vollständigkeit dieses Raumes ist im sogenanntem Riesz-Fischer-Theorem (siehe z. B. [6, Satz VI.2]) gezeigt.

Das innere Produkt dieses Hilbert-Raumes definiert die Norm

$$\|x\| = \sqrt{\mathbf{E}x^2} \tag{1.4}$$

und damit die entsprechende Konvergenz, die sogenannte *Konvergenz im quadratischen Mittel*: Eine Folge $(x_k \in \mathbb{L}_2)_{k \geq 1}$ konvergiert im quadratischen Mittel zu einem Grenzwert $x_0 \in \mathbb{L}_2$, wenn

$$\lim_{k \to \infty} \|x_k - x_0\|^2 = \lim_{k \to \infty} \mathbf{E}(x_k - x_0)^2 = 0.$$

Wir verwenden die Notation $x_0 = \text{l.i.m}_{k \to \infty} x_k$. Aufgrund der Vollständigkeit von $\mathbb{L}_2$ gilt für diese Konvergenz das Cauchy-Kriterium

$$(x_k \in \mathbb{L}_2)_{k \geq 1} \text{ konvergiert im quadr. Mittel} \iff \lim_{k,l \to \infty} \mathbf{E}(x_k - x_l)^2 = 0.$$

Seien nun $(x_k \in \mathbb{L}_2)_{k \geq 1}$ und $(y_k \in \mathbb{L}_2)_{k \geq 1}$ zwei konvergente Folgen mit $x_0 = \text{l.i.m}_k x_k$ und $y_0 = \text{l.i.m}_k y_k$. Aus der Stetigkeit des inneren Produktes folgt dann

$$\lim_{k \to \infty} \mathbf{E}x_k y_k = \mathbf{E}\left[\left(\underset{k \to \infty}{\text{l.i.m}} x_k\right)\left(\underset{k \to \infty}{\text{l.i.m}} y_k\right)\right] = \mathbf{E}x_0 y_0$$

und

$$\lim_{k \to \infty} \mathbf{E}x_k = \lim_{k \to \infty} \mathbf{E}\left[1x_k\right] = \mathbf{E}\left[1 \underset{k \to \infty}{\mathrm{l.i.m}}\, x_k\right] = \mathbf{E}x_0.$$

Hier steht $1 \in \mathbb{L}_2$ für die Zufallsvariable, die nur den Wert $1 \in \mathbb{R}$ annimmt. Der Erwartungswert ist also stetig in Bezug auf die Konvergenz im quadratischen Mittel.

Viele statistische Begriffe und Konzepte haben eine Entsprechung im Hilbert-Raum $\mathbb{L}_2$ und bekommen damit eine „geometrische" Interpretation. Besonders einfach ist diese „Übersetzung" für *zentrierte* Zufallsvariablen (das sind Zufallsvariablen mit Erwartungswert gleich null):

- Die Norm von x ist gleich der Standardabweichung: $\|x\| = \sqrt{\mathbf{Var}(x)}$.
- Das innere Produkt ist gleich der Kovarianz: $\langle x, y \rangle = \mathbf{Cov}(x, y)$.
- Die Korrelation ist der Cosinus des „Winkels zwischen den beiden Zufallsvariablen":

$$\mathbf{Corr}(x, y) = \frac{\mathbf{Cov}(x, y)}{\sqrt{\mathbf{Var}(x)\mathbf{Var}(y)}} = \frac{\langle x, y \rangle}{\|x\|\|y\|} = \cos(\sphericalangle(x, y)).$$

- Unkorreliert bedeutet orthogonal im $\mathbb{L}_2$: $\mathbf{Cov}(x, y) = 0$ ist äquivalent zu $x \perp y$.
- Die Zufallsvariablen $x_1, \ldots, x_k \in \mathbb{L}_2$ sind dann und nur dann linear unabhängig im $\mathbb{L}_2$, wenn die Kovarianzmatrix $\mathbf{Var}((x_1, \ldots, x_k)')$ positiv definit ist.

Aufgabe (Aufgaben zum $\mathbb{L}_2$)
Zeigen Sie:

(1) Seien $x_1, \ldots, x_k \in \mathbb{L}_2$ zentrierte Zufallsvariablen ($\mathbf{E}x_i = 0$). Der Rang der Kovarianzmatrix $\Gamma = \mathbf{Var}((x_1, \ldots, x_k)') = \mathbf{E}(x_1, \ldots, x_k)(x_1, \ldots, x_k)'$ ist gleich der Dimension der Hülle $\mathrm{sp}\{x_1, \ldots, x_k\} \subset \mathbb{L}_2$.

(2) Projektoren sind lineare, idempotente und selbstadjungierte Abbildungen. Die Eigenwerte von Projektoren sind 0 und 1.

(3) Sind $\mathbb{M}_1, \mathbb{M}_2 \subset \mathbb{L}_2$ zwei zueinander orthogonale Teil-Hilbert-Räume, dann gilt $P_{\mathbb{M}_1 \oplus \mathbb{M}_2} = P_{\mathbb{M}_1} + P_{\mathbb{M}_2}$.

Entsprechend lassen sich auch Zufallsvariablen mit einem Erwartungswert ungleich null behandeln. Insbesondere gilt $\mathbf{E}x = \mathbf{E}1x = \langle 1, x \rangle$ und $\mathbf{E}x = 0$ ist äquivalent zu $x \perp 1$.

Die Cauchy-Schwarz'sche Ungleichung im $\mathbb{L}_2$ ist von der Form

$$|\mathbf{E}xy| = |\langle x, y \rangle| \le \|x\|\|y\| = \sqrt{\mathbf{E}x^2}\sqrt{\mathbf{E}y^2}$$

und der Satz von Pythagoras lautet

$$\mathbf{E}(x + y)^2 = \|x + y\|^2 = \|x\|^2 + \|y\|^2 = \mathbf{E}x^2 + \mathbf{E}y^2, \text{ wenn } \mathbf{E}xy = 0.$$

Ist $(z_k \in \mathbb{L}_2)_{k \geq 1}$ ein Erzeugendensystem eines Teil-Hilbert-Raums $\mathbb{M} \subset \mathbb{L}_2$, so bezeichnet man die Projektion $y = P_{\mathbb{M}} x$ von $x \in \mathbb{L}_2$ auf $\mathbb{M}$ als die beste lineare, Kleinst-Quadrate-Approximation (least squares approximation) von x durch $(z_k)_{k \geq 1}$. Linear, weil jedes Element von $\mathbb{M}$ als Linearkombination der z_ks bzw. als Grenzwert von solchen Linearkombinationen dargestellt werden kann. Ist zudem $(z_k \in \mathbb{L}_2)_{k \geq 1}$ eine Orthonormalbasis von $\mathbb{M}$, so lässt sich die Projektion y von x auf $\mathbb{M}$ darstellen als

$$y = \sum_{k=1}^{\infty} (\mathbf{E} x z_k) \, z_k$$

und es gilt die Parseval'sche Gleichung

$$\|y\|^2 = \sum_{k=1}^{\infty} (\mathbf{E} x z_k)^2 \, .$$

Die beste lineare Kleinst-Quadrate-Approximation von x durch ein Element y aus $\mathbb{M}$ ist (vollständig) charakterisiert durch

$$y \in \mathbb{M} \text{ und } \mathbf{E}(x - y) z_k = 0, \;\; k = 1, 2, \ldots$$

Diese Charakterisierung gilt für beliebige (nicht unbedingt orthonormale) Erzeugendensysteme.

Aufgabe (Projektion)
Seien $x, z_1, \ldots, z_n \in \mathbb{L}_2$ und $\mathbb{M} = \mathrm{sp}(z_1, \ldots, z_n)$, $\Sigma_{zz} = \mathbf{E}(z_1, \ldots, z_n)(z_1, \ldots, z_n)' \in \mathbb{R}^{n \times n}$, $\Sigma_{xz} = \mathbf{E} x(z_1, \ldots, z_n) \in \mathbb{R}^{1 \times n}$ und $c \in \mathbb{R}^n$. Zeigen Sie:

(1) $y = c'(z_1, \ldots, z_n)'$ ist dann und nur dann die Projektion von x auf $\mathbb{M}$, wenn

$$c' \Sigma_{zz} = \Sigma_{xz}.$$

Für das entsprechende Lot gilt

$$\mathbf{E}(x - y)^2 = \|x - y\|^2 = \|x\|^2 - \|y\|^2 = \mathbf{E} x^2 - c' \Sigma_{zz} c.$$

(2) Das obige Gleichungssystem für c ist immer lösbar. Es ist genau dann eindeutig lösbar, wenn $\Sigma_{zz} > 0$ gilt, d. h. wenn $\{z_1, \ldots, z_k\}$ eine Basis für $\mathbb{M}$ ist. In diesem Fall folgt $c' = \Sigma_{xz} \Sigma_{zz}^{-1}$ und $\mathbf{E}(x - y)^2 = \mathbf{E} x^2 - \Sigma_{xz} \Sigma_{zz}^{-1} \Sigma_{xz}'$.

(3) Ist Σ_{zz} singulär, dann ist z. B. $c' = \Sigma_{xz} \Sigma_{zz}^{\dagger}$ eine Lösung, wobei $\Sigma_{zz}^{\dagger}$ die Moore-Penrose-Inverse von Σ_{zz} bezeichnet. Die Projektion y und das entsprechende Lot sind aber auch im Fall von $\det \Sigma_{zz} = 0$ eindeutig.

Nach dieser kurzen Wiederholung, zurück zum stationären Prozess (x_t), den wir wie folgt in den Hilbert-Raum $\mathbb{L}_2$ einbetten:

Sei $x_t = (x_{1t}, \ldots, x_{nt})'$. Aus Punkt (1) in der Definition der schwachen Stationarität folgt zunächst $x_{it} \in \mathbb{L}_2$, $i = 1, \ldots, n$, $t \in \mathbb{Z}$. Bedingung (3) impliziert, dass alle Elemente x_{it} des i-ten Teilprozesses $(x_{it} \mid t \in \mathbb{Z})$ die gleiche Länge $\|x_{it}\|$ besitzen, der i-te Teilprozess „läuft" also auf einer Kugel im Hilbert-Raum $\mathbb{L}_2$. Zudem sind die Winkel zwischen x_{it} und x_{js} nur von $t - s$ abhängig. Bedingung (2) besagt, dass die Winkel zwischen x_{it} und 1 nicht von t abhängen.

Definition (Zeitbereich)

Sei (x_t) ein stationärer Prozess, dann heißt der von $\{x_{it} \mid i = 1, \ldots, n, t \in \mathbb{Z}\}$ in $\mathbb{L}_2$ erzeugte Teil-Hilbert-Raum $\mathbb{H}(x)$ der *Zeitbereich* des Prozesses (x_t).

Definitionsgemäß ist der Zeitbereich der Teil-Hilbert-Raum von $\mathbb{L}_2$ der aus allen Linearkombinationen

$$\sum_{j=-N}^{N} a_j' x_{t-j}, \ a_j \in \mathbb{R}^n$$

und deren Grenzwerten besteht. Vielfach, aber nicht immer, lassen sich solche Grenzwerte als unendliche Summen (im Sinne der Konvergenz im quadratischem Mittel)

$$\sum_{j=-\infty}^{\infty} a_j' x_{t-j}$$

darstellen. Wir schreiben auch $\mathbb{H}(x) = \overline{\mathrm{sp}}\{x_{it} \mid i = 1, \ldots, n, t \in \mathbb{Z}\}$, wobei $\overline{\mathrm{sp}}\{\}$ den Abschluss der linearen Hülle $\mathrm{sp}\{\}$ der erzeugenden Menge bezeichnet. Der Zeitbereich $\mathbb{H}(x)$ ist der kleinste Teil-Hilbert-Raum von $\mathbb{L}_2$ in dem alle eindimensionalen Prozessvariablen Platz haben.

Die zuvor beschriebene Hilbert-Raum „Geometrie" stationärer Prozesse legt die Vermutung nahe, dass die Abbildung

$$x_{it} \longmapsto x_{i,t+1}, \ i = 1, \ldots, n, t \in \mathbb{Z},$$

zu einem unitären Operator auf $\mathbb{H}(x)$ erweitert werden kann. Ein Operator

$$\mathrm{U} \colon \mathbb{H} \longrightarrow \mathbb{H}$$

(auf einem Hilbert-Raum $\mathbb{H}$) heißt *unitär*, wenn U *bijektiv* und *isometrisch* ist. Letzteres heißt

$$\langle \mathrm{U} x, \mathrm{U} y \rangle = \langle x, y \rangle \ \forall x, y \in \mathbb{H}.$$

Wie man leicht zeigen kann, ist jeder unitäre Operator linear und stetig.

Satz 1.3 (Vorwärts-Shift) *Der durch*

$$x_{it} \longmapsto \mathrm{U}\, x_{it} = x_{i,t+1}, \; i = 1, \ldots, n, \, t \in \mathbb{Z},$$

definierte Operator lässt sich eindeutig zu einem unitären Operator auf ganz $\mathbb{H}(x)$ *fortsetzen. Diesen Operator nennt man Vorwärts-Shift des Prozesses* (x_t)*.*

Beweis Aufgrund der Stationarität von (x_t) gilt $\langle \mathrm{U}\, x_{it}, \mathrm{U}\, x_{js} \rangle = \langle x_{i,t+1}, x_{j,s+1} \rangle = \langle x_{it}, x_{js} \rangle$ für alle $i, j = 1, \ldots, n$ und $t, s \in \mathbb{Z}$. Zudem ist U auf $\{x_{it} \mid i = 1, \ldots, n, t \in \mathbb{Z}\}$ wohldefiniert, da aus $x_{it} = x_{js}$ auch $\mathrm{U}\, x_{it} = x_{i,t+1} = x_{j,s+1} = \mathrm{U}\, x_{js}$ folgt. Es ist leicht zu sehen, dass die lineare Erweiterung

$$\mathrm{U}\left(\sum_{k=1}^{m} a_k x_{i_k, t_k} \right) = \sum_{k=1}^{m} a_k\, \mathrm{U}\, x_{i_k, t_k} = \sum_{k=1}^{m} a_k x_{i_k, t_k + 1}$$

auf die lineare Hülle $\mathrm{sp}\{x_{it} \mid i = 1, \ldots, n, t \in \mathbb{Z}\}$ ebenfalls wohldefiniert und isometrisch ist. Für $y \in \mathbb{H}(x)$ existiert eine Folge $y^{(m)} \in \mathrm{sp}\{x_{it} \mid i = 1, \ldots, n, t \in \mathbb{Z}\}$, sodass $y^{(m)} \to y$ und wir definieren dann die stetige Fortsetzung von U auf $\mathbb{H}(x)$ durch $\mathrm{U}\, y = \mathrm{l.i.m}_m \mathrm{U}\, y^{(m)}$. Wieder kann man sich leicht überzeugen, dass diese auf $\mathbb{H}(x)$ fortgesetzte Abbildung wohldefiniert und isometrisch ist. Ganz analog kann man den Rückwärts-Shift $\mathrm{U}^{-1} : \mathbb{H}(x) \longrightarrow \mathbb{H}(x)$ als (unitäre) Erweiterung der Abbildung $x_{it} \longmapsto x_{i,t-1}$ konstruieren. Der Rückwärts-Shift ist die Umkehrabbildung des Vorwärts-Shift und daher sind beide Abbildungen bijektiv. $\quad\square$

Die Hintereinanderausführung des Vorwärts- bzw. Rückwärts-Shifts bezeichnen wir mit U^t, d. h. U^0 ist die Identität auf $\mathbb{H}(x)$ und $\mathrm{U}^t = \mathrm{U}\, \mathrm{U}^{t-1}$, $t > 0$, $\mathrm{U}^t = \mathrm{U}^{-1} \mathrm{U}^{t+1}$, $t < 0$. Es gilt natürlich $\mathrm{U}^{t+s} = \mathrm{U}^t\, \mathrm{U}^s$, für $t, s \in \mathbb{Z}$.

Für Zufallsvektoren $y = (y_1, \ldots, y_m)'$, $y_i \in \mathbb{H}(x)$ können wir den Vorwärts-Shift U und dessen Potenzen komponentenweise anwenden, d. h.

$$\mathrm{U}^t\, y := (\mathrm{U}^t\, y_1, \ldots, \mathrm{U}^t\, y_m)'.$$

Klarerweise gilt

$$x_t = \mathrm{U}^t\, x_0 \; \forall t \in \mathbb{Z},$$

d. h. man erhält den Prozess (x_t) durch den „Startwert" x_0 und iteratives Anwenden des Vorwärts- bzw. Rückwärts-Shifts auf diesen Startwert. Zudem erhält man für jeden Zufallsvektor $y_0 = (y_{10}, \ldots, y_{m0})'$, $y_{0i} \in \mathbb{H}(x)$ mit

$$\left(y_t = \mathrm{U}^t\, y_0 \mid t \in \mathbb{Z} \right)$$

einen stationären und zum ursprünglichem Prozess stationär korrelierten Prozess, d. h. der Prozess $(z_t = (x_t', y_t')')$ ist stationär.

Aufgabe

Sei $(x_t = (x_{1t}', x_{2t}')' \mid t \in \mathbb{Z})$ ein stationärer Prozess und U der Vorwärts-Shift von (x_t). Zeigen Sie, dass die Einschränkung von U auf $\mathbb{H}(x_1) = \overline{\mathrm{sp}}\{x_{1s} \mid s \in \mathbb{Z}\} \subset \mathbb{H}(x)$ der Vorwärts-Shift des (Teil-)Prozesses (x_{1t}) ist.

Im Folgenden werden wir uns oft mit Zufallsvektoren befassen, deren Komponenten Elemente von $\mathbb{L}_2$ sind, insbesondere natürlich die x_t's. Daher führen wir folgende Konventionen ein: Sei $\mathbb{M} \subset \mathbb{L}_2$ eine Teilmenge des $\mathbb{L}_2$. Mit $\mathbb{M}^p$ bezeichnen wir die Menge der p-Tupel mit Elementen in $\mathbb{M}$. Das heißt $u \in \mathbb{M}^p$ bedeutet $u = (u_1, \ldots, u_p)'$ und $u_i \in \mathbb{M}$. Insbesondere ist also $\mathbb{L}_2^p$ die Menge der Zufallsvektoren der Dimension p mit Komponenten in $\mathbb{L}_2$.

Für $u \in \mathbb{L}_2^p$, $v \in \mathbb{L}_2^q$ definieren wir nun:

- $\langle u, v \rangle := \mathbf{E}uv' \in \mathbb{R}^{p \times q}$.
- $u \perp v$ heißt $u_i \perp v_j$ für alle $i = 1, \ldots, p$ und $j = 1, \ldots, q$. Diese Bedingung ist äquivalent zu $\langle u, v \rangle = \mathbf{E}uv' = 0 \in \mathbb{R}^{p \times q}$.
- $u \perp \mathbb{M} \subset \mathbb{L}_2$ heißt $u_i \perp \mathbb{M}$ für $i = 1, \ldots, p$.
- Die Projektion von u auf einen (Teil-)Hilbert-Raum $\mathbb{M} \subset \mathbb{L}_2$ definiert man komponentenweise

$$\mathrm{P}_{\mathbb{M}} u = \begin{pmatrix} \mathrm{P}_{\mathbb{M}} u_1 \\ \vdots \\ \mathrm{P}_{\mathbb{M}} u_p \end{pmatrix}. \tag{1.5}$$

Aufgrund der Linearität der Projektion gilt für jede Matrix $A \in \mathbb{R}^{q \times p}$

$$\mathrm{P}_{\mathbb{M}}(Au) = A(\mathrm{P}_{\mathbb{M}} u).$$

- Sei $(w_k = (w_{1k}, \ldots, w_{pk})' \in \mathbb{L}_2^p \mid k \in I \subset \mathbb{Z})$: Für Unterräume der Form $\overline{\mathrm{sp}}\{w_{ik} \mid i = 1, \ldots, p, \ k \in I\}$ schreiben wir einfach $\overline{\mathrm{sp}}\{w_k \mid k \in I \subset \mathbb{Z}\}$. Also z. B. $\mathbb{H}(x) = \overline{\mathrm{sp}}\{x_t \mid t \in \mathbb{Z}\}$.
- Die Konvergenz im quadratischen Mittel von Folgen $w_k \in \mathbb{L}_2^p$ gegen $w_0 \in \mathbb{L}_2^p$ wird (komponentenweise) definiert durch

$$w_0 = \underset{k \to \infty}{\mathrm{l.i.m}}\, w_k \iff w_{i0} = \underset{k \to \infty}{\mathrm{l.i.m}}\, w_{ik} \iff \lim_{k \to \infty} \mathbf{E}(w_k - w_0)'(w_k - w_0) = 0.$$

Eine logische Frage ist, wieso man $\mathbb{L}_2^n$ nicht mit einer geeigneten Hilbert-Raum-Struktur versieht und dann die Vektoren x_t als Elemente in diesem Hilbert-Raum interpretiert. Das Problem dabei ist, dass für Kleinst-Quadrate-Approximationen wie z. B. die Approximation von $x_{t+1} \in \mathbb{L}_2^n$ durch eine Linearkombination der Form $\sum_{j=1}^{k} a_j x_{t+1-j}$ die natürlichen

Multiplikatoren die quadratischen $n \times n$-Matrizen ($a_j \in \mathbb{R}^{n \times n}$) sind, die aber *keinen* Körper bilden. Das heißt, $\mathbb{L}_2^n$ mit Matrizen als Multiplikatoren ist kein linearer Raum und somit auch kein Hilbert-Raum. Eine Einschränkung auf skalare Multiplikatoren $a_j \in \mathbb{R}$ hingegen wäre in vielen Fällen eine zu starke (und unnötige) Restriktion.

1.4 Beispiele von stationären Prozessen

Wir diskutieren in diesem Abschnitt wichtige Klassen von stationären Prozessen, wie weißes Rauschen, MA-Prozesse, AR-Prozesse und harmonische Prozesse.

Definition (Weißes Rauschen)

Ein (n-dimensionaler) Prozess ($\epsilon_t \mid t \in \mathbb{Z}$) heißt *weißes Rauschen* (*white noise*), wenn für alle $t, s \in \mathbb{Z}$

(1) $\mathbf{E}\epsilon_t'\epsilon_t < \infty$
(2) $\mathbf{E}\epsilon_t = 0 \in \mathbb{R}^n$
(3) $\mathbf{E}\epsilon_t\epsilon_t' = \mathbf{E}\epsilon_0\epsilon_0' = \Sigma \in \mathbb{R}^{n \times n}$
(4) $\mathbf{E}\epsilon_t\epsilon_s' = 0 \in \mathbb{R}^{n \times n}$ für $t \neq s$

Wir verwenden oft die Notation $(\epsilon_t) \sim \mathrm{WN}(\Sigma)$ für ein weißes Rauschen mit Varianz $\mathbf{E}\epsilon_t\epsilon_t' = \Sigma$. Klarerweise ist weißes Rauschen schwach stationär. Weißes Rauschen hat keine linearen Abhängigkeiten über die Zeit (kein (lineares) Gedächtnis), da $\mathbf{E}\epsilon_{t+k}\epsilon_t' = 0$ für $k \neq 0$. Für die Modellierung von praktisch relevanten Phänomenen spielen sie daher keine große Rolle. Sie werden, wie wir gleich sehen werden, vor allem als „Bausteine" für komplexere Prozesse verwendet.

Moving-Average-Prozesse

Definition (MA(q)-Prozess)

Sei $(\epsilon_t) \sim \mathrm{WN}(\Sigma)$ m-dimensionales, weißes Rauschen und $b_0, b_1, \ldots, b_q \in \mathbb{R}^{n \times m}$ ($b_0\Sigma b_q' \neq 0$). Dann nennt man den durch

$$x_t = b_0\epsilon_t + \cdots + b_q\epsilon_{t-q}, \ t \in \mathbb{Z} \tag{1.6}$$

definierten Prozess einen *Moving-Average*-Prozess der Ordnung q (*kurz MA(q)-Prozess*).

Ein MA(q)-Prozess ist schwach stationär mit Mittelwertfunktion

$$\mathbf{E}x_t = \mathbf{E}(b_0\epsilon_t + \cdots + b_q\epsilon_{t-q}) = 0$$

und Kovarianzfunktion

$$\begin{aligned}
\gamma(k) &= \mathbf{Cov}(x_{t+k}, x_t) \\
&= \mathbf{E}(b_0\epsilon_{t+k} + \cdots + b_q\epsilon_{t+k-q})(b_0\epsilon_t + \cdots + b_q\epsilon_{t-q})' \\
&= \sum_{i,j=0}^{q} b_i \mathbf{E}\left[\epsilon_{t+k-i}\epsilon_{t-j}'\right] b_j' \\
&= \begin{cases}
\sum_{j=0}^{q-k} b_{j+k}\Sigma b_j' & \text{für } 0 \le k \le q, \\
\sum_{j=-k}^{q} b_{j+k}\Sigma b_j' & \text{für } -q \le k < 0, \\
0 & \text{für } |k| > q.
\end{cases}
\end{aligned}$$

In der Doppelsumme in der dritten Zeile fallen alle Terme weg, bis auf die Terme für die $t + k - i = t - j$, d. h. $i = j + k$, gilt. Setzen wir $b_j = 0 \in \mathbb{R}^{n \times m}$ für $j < 0$ und $j > q$, dann können wir die Kovarianzen auch ohne Fallunterscheidung darstellen durch:

$$\gamma(k) = \sum_{j=0}^{q} b_{j+k}\Sigma b_j'. \tag{1.7}$$

MA(q)-Prozesse haben also ein „endliches lineares Gedächtnis", da $\gamma(k) = 0$ für $|k| > q$. Umgekehrt kann man auch zeigen, dass ein stationärer Prozess mit $\gamma(q) \ne 0$ und $\gamma(k) = 0 \; \forall |k| > q$ ein MA(q)-Prozess ist, d. h. eine Darstellung der Form (1.6) besitzt, wobei man zusätzlich $m = n$ und $b_0 = I_n$ verlangen kann. Siehe die Aufgabe „Charakterisierung von MA(q)-Prozessen" am Ende von Kap. 2.

Aufgabe

In der Folge werden auch „zweiseitige" MA-Prozesse der Form $x_t = \sum_{j=-q}^{q} b_j\epsilon_{t-j}$ vorkommen. Zeigen Sie, dass (x_t) stationär ist mit $\mathbf{E}x_t = 0$ und $\gamma(k) = \mathbf{Cov}(x_{t+k}, x_t) = \sum_{j=-q}^{q-k} b_{j+k}\Sigma b_j'$ für $0 \le k \le 2q$, $\gamma(k) = 0$ für $k > 2q$ und $\gamma(k) = \gamma(-k)'$ für $k < 0$.

Aufgabe (ACF von MA(1)-Prozessen)

Sei $(x_t = \epsilon_t + b_1\epsilon_{t-1} \,|\, t \in \mathbb{Z})$ (mit $(\epsilon_t) \sim \mathrm{WN}(\Sigma)$ und $b_1 \in \mathbb{R}^{n \times n}$) ein MA(1)-Prozess mit Autokovarianzfunktion γ. Zeigen Sie (für $\det(\gamma(0)) \ne 0$):

$$\varrho(\gamma(0)^{-1}\gamma(1)) \le \frac{1}{2}.$$

Mit $\varrho(\,\cdot\,)$ bezeichnen wir den Spektralradius einer Matrix, d. h. den Betrag des betragsmäßig größten Eigenwerts der Matrix ($\varrho(A) = \max_i |\lambda_i(A)|$). Hinweis: Zeigen Sie die Behauptung zunächst für den skalaren Fall.

Definition (MA(∞)-Prozess)

Ein $\mathrm{MA}(\infty)$-Prozess $(x_t \mid t \in \mathbb{Z})$ ist ein Prozess der Form

$$x_t = \sum_{j=-\infty}^{\infty} b_j \epsilon_{t-j}, \tag{1.8}$$

wobei $(\epsilon_t) \sim \mathrm{WN}(\Sigma)$ ein m-dimensionales weißes Rauschen und die Folge $(b_j \in \mathbb{R}^{n \times m} \mid j \in \mathbb{Z})$ quadratisch summierbar ist, d. h.

$$\sum_{j=-\infty}^{\infty} \|b_j\|^2 < \infty. \tag{1.9}$$

Einen Prozess (x_t), der eine sogenannte *kausale* Darstellung der Form

$$x_t = \sum_{j \geq 0} b_j \epsilon_{t-j} \tag{1.10}$$

besitzt, nennt man *kausalen MA(∞)-Prozess*.

Hier und im Folgenden bezeichnet $\|A\|$ eine beliebige Matrixnorm, z. B. die Frobenius-Norm $\|A\|_F^2 = \mathrm{tr}(A'A)$ oder die Spektralnorm $\|A\|_2^2 = \max_i\{\lambda_i(A'A)\}$, wobei $\lambda_i(A'A)$ den i-ten Eigenwert von $A'A$ bezeichnet. Diese beiden Matrixnormen sind submultiplikativ, d. h. es gilt $\|AB\| \leq \|A\|\|B\|$. Alle Matrixnormen sind äquivalent, d. h. die Summierbarkeitsbedingung (1.9) hängt nicht von der verwendeten Matrixnorm ab.

Grundsätzlich ist zwischen dem Prozess und der Darstellung, wie z. B. einer $\mathrm{MA}(\infty)$-Darstellung (1.8), zu unterscheiden. Insbesondere, weil die Darstellung ohne weitere Restriktionen nicht eindeutig ist. Anzumerken ist, dass nicht jeder stationäre Prozess eine $\mathrm{MA}(\infty)$-Darstellung besitzt und nicht jeder $\mathrm{MA}(\infty)$-Prozess besitzt eine kausale $\mathrm{MA}(\infty)$-Darstellung.

Satz 1.4 *Die unendliche Summe $\sum_{j=-\infty}^{\infty} b_j \epsilon_{t-j}$ existiert (als Grenzwert der Partialsummen in $\mathbb{L}_2$) dann und nur dann, wenn $\sum_{j=-\infty}^{\infty} \mathrm{tr}(b_j \Sigma b_j') < \infty$. Für $\Sigma > 0$ ist diese Bedingung äquivalent zu $\sum_j \|b_j\|^2 < \infty$.*
MA(∞)-Prozesse sind schwach stationär mit

$$\mathbf{E} x_t = 0$$

und

$$\gamma(k) = \mathbf{Cov}(x_{t+k}, x_t) = \sum_{j=-\infty}^{\infty} b_{j+k} \Sigma b_j'. \tag{1.11}$$

Beweis Die Partialsummen $x_t^q := \sum_{j=-q}^{q} b_j \epsilon_{t-j}$ konvergieren (im $\mathbb{L}_2$-Sinne) dann und nur dann, wenn sie eine Cauchy-Folge bilden. Das heißt für jedes $\nu > 0$ existiert ein $q \in \mathbb{N}$, sodass für alle $r \geq s \geq q$

$$\mathbf{E}(x_t^r - x_t^s)'(x_t^r - x_t^s) = \mathbf{E}\left(\sum_{s<|j|\leq r} b_j \epsilon_{t-j}\right)'\left(\sum_{s<|j|\leq r} b_j \epsilon_{t-j}\right) = \sum_{s<|j|\leq r} \mathrm{tr}(b_j \Sigma b_j') \leq \nu$$

gilt. Das ist aber genau die Bedingung für die Konvergenz der Partialsummen $\sum_{j=-q}^{q} \mathrm{tr}(b_j \Sigma b_j')$. Wenn Σ positiv definit ist, dann existieren zwei Konstanten $c_1, c_2 > 0$ sodass $c_2 I_n \geq \Sigma \geq c_1 I_n$ und damit auch $c_2 \|b_j\|_F^2 \geq \mathrm{tr}(b_j \Sigma b_j') \geq c_1 \|b_j\|_F^2$. Daher ist die Bedingung $\sum_j \mathrm{tr}(b_j \Sigma b_j') < \infty$ äquivalent zu $\sum_j \|b_j\|_F^2 < \infty$. Hier haben wir folgende Notation benutzt: Für symmetrische Matrizen A, B bedeutet $A > B$ $(A \geq B)$, dass $A - B$ positiv definit (bzw. positiv semidefinit) ist. Insbesondere heißt $A > 0$ $(A \geq 0)$, dass die Matrix A positiv definit (positiv semidefinit) ist.

Wir nehmen nun an, dass die Koeffizienten b_j quadratisch summierbar sind und der Prozess x_t daher wohldefiniert ist. Der Zufallsvektor x_t ist als Grenzwert im quadratischen Mittel natürlich quadratisch integrierbar. Der „Partialsummen-Prozess" $(x_t^q \mid t \in \mathbb{Z})$ ist ein „zweiseitiger" MA-Prozess, wie er in der Aufgabe oben behandelt wurde. Mit Hilfe der Stetigkeit von Erwartungswert und Kovarianz bzgl. der Konvergenz im quadratischen Mittel folgt nun

$$\mathbf{E}x_t = \mathbf{E}\,\mathrm{l.i.m}_{q\to\infty}\, x_t^q = \lim_{q\to\infty} \mathbf{E}x_t^q = \lim_{q\to\infty} 0 = 0$$

und

$$\mathbf{Cov}(x_{t+k}, x_t) = \mathbf{Cov}\left(\mathrm{l.i.m}_{q\to\infty}\, x_{t+k}^q, \mathrm{l.i.m}_{q\to\infty}\, x_t^q\right)$$

$$= \lim_{q\to\infty} \mathbf{Cov}\left(x_{t+k}^q, x_t^q\right) = \lim_{q\to\infty} \sum_{j=\max(-q,-q-k)}^{\min(q,q-k)} b_{j+k} \Sigma b_j'$$

$$= \sum_{j=-\infty}^{\infty} b_{j+k} \Sigma b_j'.$$

Der Erwartungswert $\mathbf{E}x_t$ und die Kovarianzen $\mathbf{Cov}(x_{t+k}, x_t)$ sind also unabhängig von t und somit ist gezeigt, dass der MA(∞)-Prozess stationär ist. $\square$

Aufgabe
Zeigen Sie, dass MA(∞)-Prozesse ein „schwindendes Gedächtnis" im Sinne von $\gamma(k) \to 0$ für $|k| \to \infty$ haben. Hinweis: Zerlegen Sie den Prozess in $x_t = x_t^q + u_t^q$ und benutzen Sie die Cauchy-Schwarz'sche Ungleichung, also z. B. im skalaren Fall $|\langle x_{t+k}^q, u_t^q\rangle| \leq \|x_{t+k}^q\|\|u_t^q\|$.

MA(q)-Prozesse haben ebenso wie die im Folgenden behandelten AR(p)- und ARMA(p, q)-Prozesse die Eigenschaft, dass ihre zweiten Momente durch endlich viele

Parameter beschrieben werden. Dies ist ein großer Vorteil für die statistische Analyse. Die Klasse der MA(∞)-Prozesse ist eine sehr große Klasse innerhalb der Klasse der stationären Prozesse, die insbesondere AR- und ARMA-Prozesse umfasst. Das im nächsten Kapitel behandelte Wold-Theorem zeigt, dass jeder reguläre Prozess eine kausale MA(∞)-Darstellung besitzt. Diese regulären Prozesse spielen in der Praxis eine dominante Rolle.

Autoregressive Prozesse

Ein lineares Differenzengleichungssystem der Form

$$x_t = a_1 x_{t-1} + \cdots + a_p x_{t-p} + \epsilon_t \ \forall t \in \mathbb{Z}, \tag{1.12}$$

wobei $a_j \in \mathbb{R}^{n \times n}$ und $(\epsilon_t) \sim \mathrm{WN}(\Sigma)$ ein weißes Rauschen ist, nennt man ein *autoregressives System* (AR System). Eine stationäre Lösung, d. h. ein stationärer Prozess (x_t), der diese Gleichungen für alle $t \in \mathbb{Z}$ erfüllt, nennt man *autoregressiven Prozess* (AR-Prozess). Der Name „autoregressiv" deutet an, dass der Wert x_t des Prozesses zum Zeitpunkt t als (lineare) Funktion der eigenen Vergangenheit und einem Fehlerterm dargestellt wird. Durch dieses Modell werden also bestimmte intertemporale Beziehungen explizit dargestellt. AR-Prozesse haben eine Reihe von nützlichen Eigenschaften. Insbesondere ist die Prognose sehr einfach und auch die Schätzung von solchen Modellen ist relativ elementar.

Allerdings ist die Differenzengleichung (1.12) nur eine implizite Beschreibung des AR-Prozesses. Es stellt sich die Frage, ob eine stationäre Lösung existiert und wenn ja, ob diese stationäre Lösung eindeutig ist. Eine genauere Diskussion von AR-Systemen und AR-Prozessen findet sich im Kap. 5. Hier betrachten wir nur einen einfachen Spezialfall, nämlich ein skalares ($n = 1$) AR-System der Ordnung $p = 1$:

$$x_t = a x_{t-1} + \epsilon_t, \tag{1.13}$$

wobei wir annehmen, dass $\sigma^2 = \mathbf{E}\epsilon_t^2 > 0$.

Der Fall $a = 0$ ist trivial, da dann $x_t = \epsilon_t$ gilt. Das heißt in diesem Fall hat die Differenzengleichung (1.13) genau eine Lösung und diese Lösung ist natürlich stationär.

Falls $a \neq 0$, dann kann man ausgehend von einem „Startwert" x_0 leicht durch iteratives Einsetzen eine Lösung bestimmen. Für $t > 0$:

$$x_1 = a x_0 + \epsilon_1$$
$$x_2 = a x_1 + \epsilon_2 = a^2 x_0 + \epsilon_2 + a\epsilon_1$$
$$\vdots$$
$$x_t = a^t x_0 + \sum_{j=0}^{t-1} a^j \epsilon_{t-j} \ \text{für } t > 0$$

und für $t < 0$:

$$x_{-1} = a^{-1} x_0 - a^{-1} \epsilon_0$$

$$x_{-2} = a^{-1} x_{-1} - a^{-1} \epsilon_{-1} = a^{-2} x_0 - a^{-1} \epsilon_{-1} - a^{-2} \epsilon_0$$

$$\vdots$$

$$x_t = a^t x_0 - \sum_{j=t}^{-1} a^j \epsilon_{t-j} \text{ für } t < 0.$$

Für den gegebenen Startwert x_0 ist die Lösung eindeutig. Nachdem aber x_0 beliebig ist, erhalten wir für $a \neq 0$ unendlich viele Lösungen. Wir nehmen jetzt zunächst einmal an, dass der Startwert $x_0 \in \mathbb{R}$ deterministisch ist. Dann erhält man für $s \geq t \geq 0$

$$\mathbf{E} x_t = a^t x_0$$

$$\mathbf{Var}(x_t) = \sigma^2 \sum_{j=0}^{t-1} a^{2j} \tag{1.14}$$

$$\mathbf{Cov}(x_s, x_t) = \mathbf{E} \left(\sum_{i=0}^{s-1} a^i \epsilon_{s-i} \right) \left(\sum_{j=0}^{t-1} a^j \epsilon_{t-j} \right) = \sigma^2 a^{s-t} \sum_{j=0}^{t-1} a^{2j}.$$

Analoge Formeln kann man für den allgemeinen Fall $t, s \in \mathbb{Z}$ ableiten. Diese Lösungen sind also *nicht* stationär. Wir können dabei drei wesentliche Fälle unterscheiden:

(1) Für $|a| < 1$ folgt

$$\mathbf{E} x_t \longrightarrow 0$$

$$\mathbf{Var}(x_t) = \sigma^2 \sum_{j=0}^{t-1} a^{2j} \longrightarrow \frac{1}{1-a^2} \sigma^2$$

für $t \to \infty$. Diesen Fall nennt man den *stabilen* Fall, weil sowohl Erwartungswert als auch Varianz für alle $t \geq 0$ beschränkt sind.

(2) Für $|a| > 1$ folgt dagegen

$$|\mathbf{E} x_t| = |a|^t |x_0| \longrightarrow \infty$$

$$\mathbf{Var}(x_t) = \sigma^2 \sum_{j=0}^{t-1} a^{2j} = \frac{1-a^{2t}}{1-a^2} \sigma^2 \longrightarrow \infty$$

für $t \longrightarrow \infty$. Das ist der *exponentiell, instabile* Fall.

(3) Für $|a| = 1$ gilt

$$|\mathbf{E} x_t| = |x_0|$$

$$\mathbf{Var}(x_t) = \sigma^2 t.$$

Auch in diesem Fall wächst die Varianz unbeschränkt mit t, allerdings nur mit einer „linearen Rate". Für $a = 1$ erhält man insbesondere eine sogenannte *Irrfahrt* (*random walk*) als Lösung

$$x_t = \sum_{j=0}^{t-1} \epsilon_{t-j} + x_0, \ t \geq 0. \tag{1.15}$$

Um eine stationäre Lösung zu erhalten, muss man also den zufälligen Startwert x_0 geeignet wählen. Für den stabilen Fall $|a| < 1$ können wir dazu folgendermaßen vorgehen. Wir „starten" das System zum Zeitpunkt $t = -T$ mit einem beliebigen, aber beschränktem Startwert x_{-T} (d. h. $\|x_{-T}\| < c < \infty$). Für $t \geq -T$ erhalten wir analog zu oben durch rekursives Einsetzen $x_t = a^{t+T} x_{-T} + \sum_{j=0}^{t+T-1} a^j \epsilon_{t-j}$. Nun betrachten wir den Grenzwert für $T \to \infty$

$$x_t^o := \underset{T \to \infty}{\text{l.i.m}} \left(a^{t+T} x_{-T} + \sum_{j=0}^{t+T-1} a^j \epsilon_{t-j} \right) = \sum_{j=0}^{\infty} a^j \epsilon_{t-j}. \tag{1.16}$$

Die Summe auf der rechten Seite existiert, weil die Koeffizienten quadratisch summierbar sind ($\sum_{j=0}^{\infty} a^{2j} = (1 - a^2)^{-1} < \infty$). Der Prozess (x_t^o) ist also ein kausaler MA(∞)-Prozess und damit stationär. Nun ist (x_t^o) eine Lösung, da

$$x_t^o = \sum_{j \geq 0} a^j \epsilon_{t-j} = \epsilon_t + \sum_{j \geq 1} a^j \epsilon_{t-j} = \epsilon_t + a \sum_{j \geq 0} a^j \epsilon_{t-1-j} = \epsilon_t + a x_{t-1}^o.$$

Diese Lösung nennt man *eingeschwungene* Lösung, weil man sie durch „Starten des Systems in der unendlichen Vergangenheit" erhält. Die Kovarianzfunktion $\gamma(k)$ von (x_t^o) ist nach (1.11) von der Form

$$\gamma(k) = \mathbf{E} x_{t+k}^o x_t^o = \sigma^2 \sum_{j \geq \min(0,-k)} a^{j+k} a^j = \sigma^2 \frac{a^{|k|}}{1 - a^2}. \tag{1.17}$$

AR(1)-Prozesse haben also ein Gedächtnis, das mit einer geometrischen Rate abklingt. Die Korrelationen sind positiv für $a > 0$. Abb. 1.2 zeigt die Autokorrelationsfunktion von zwei AR(1)-Prozessen.

Zum Abschluss dieser Diskussion des AR(1)-Falles wollen wir noch anmerken, dass man die Lösungen des AR(1)-Systems (1.13) als Summe einer partikulären Lösung (also im stabilen Fall z. B. (x_t^o)) und einer Lösung des homogenen Systems

$$x_t - a x_{t-1} = 0$$

schreiben kann. Mithilfe dieser Beobachtung kann man zeigen, dass im stabilen Fall

(1) jede (quadratisch integrierbare) Lösung für $t \to \infty$ gegen x_t^o konvergiert (d. h. genauer l.i.m$_{t \to \infty}(x_t - x_t^o) = 0$) und
(2) die eingeschwungene Lösung (x_t^o) die einzige stationäre Lösung ist.

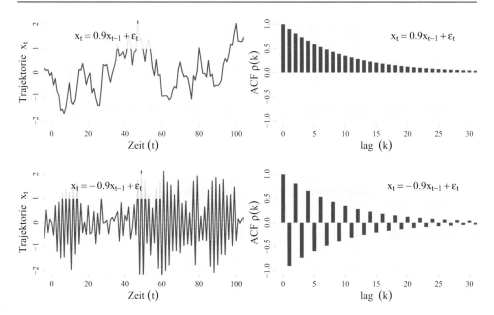

Abb. 1.2 Die Abbildung zeigt jeweils eine Trajektorie und die Autokorrelationsfunktion der AR(1)-Prozesse $x_t = ax_{t-1} + \epsilon_t$ für $a = 0{,}9$ und $a = -0{,}9$

ARMA-Prozesse

Ein *ARMA-System* (*A*utoregressives *M*oving-*A*verage-System) ist eine Differenzengleichung der Form

$$x_t = a_1 x_{t-1} + \cdots + a_p x_{t-p} + \epsilon_t + b_1 \epsilon_{t-1} + \cdots + b_q \epsilon_{t-q} \qquad (1.18)$$

mit Koeffizienten a_j, $b_j \in \mathbb{R}^{n \times n}$ und weißem Rauschen $(\epsilon_t) \sim \mathrm{WN}(\Sigma)$. Eine stationäre Lösung dieses Systems nennt man *ARMA-Prozess*. ARMA-Systeme und -Prozesse werden wir in Kap. 6 diskutieren.

Harmonische Prozesse

Harmonische Prozesse sind definiert durch die Überlagerung von (endlich vielen) harmonischen Schwingungen mit stochastischen Amplituden und Phasen. In den Anwendungen spielen sie direkt keine besondere Rolle, für die Interpretation allgemeiner stationärer Prozesse sind sie aber sehr wichtig, da jeder stationäre Prozess beliebig genau durch einen harmonischen Prozess (punktweise in t) approximiert werden kann. Genauer werden wir das im Kap. 3 diskutieren. Harmonische Prozesse sind auch Beispiele für sogenannte *sin-*

guläre Prozesse, d. h. Prozesse für die eine exakte Prognose möglich ist. Das werden wir im Kap. 2 genauer diskutieren.

Da man harmonische Schwingungen eleganter im Komplexen darstellen kann, betrachten wir hier komplexwertige stochastische Prozesse. Zudem verwenden wir durchgehend für komplexe Matrizen $a = (a_{ij}) \in \mathbb{C}^{m \times n}$ die Notation $\bar{a} = (\bar{a}_{ij})$ für die komplex konjugierte Matrix und $a^* = (\bar{a})' \in \mathbb{C}^{n \times m}$ für die hermitesche transponierte Matrix. Eine quadratische komplexe Matrix $a \in \mathbb{C}^{n \times n}$ heißt *positiv semidefinit*, wenn $xax^* \geq 0$ für alle Zeilenvektoren $x \in \mathbb{C}^{1 \times n}$ gilt, und sie ist *positiv definit*, wenn $xax^* > 0$ für alle $x \neq 0 \in \mathbb{C}^{1 \times n}$ gilt. Wie im reellen Fall verwenden wir auch die Notation $a \geq 0$ ($a > 0$) für positiv semidefinite (bzw. positiv definite) Matrizen und für zwei quadratische Matrizen $a, b \in \mathbb{C}^{n \times n}$ bedeutet ($a \geq b$) (bzw. $a > b$), dass $(a - b) \geq 0$ (bzw. $(a - b) > 0$) gilt.

In diesem einführenden Abschnitt beschränken wir uns der Einfachheit halber auf den skalaren Fall ($n = 1$).

Definition (Harmonische Prozesse)

Ein (skalarer) *harmonischer Prozess* ist ein Prozess der Form

$$x_t = \sum_{k=1}^{K} z_k \exp(i \lambda_k t) \ \text{ für } t \in \mathbb{Z}, \tag{1.19}$$

wobei $-\pi < \lambda_1 < \lambda_2 < \cdots < \lambda_K \leq \pi$ und die z_ks komplexwertige Zufallsvariablen sind.

Da die harmonischen Schwingungen $e^{i\lambda t}$ nur für $t \in \mathbb{Z}$ beobachtet sind, kann man sich auf (Winkel-)Frequenzen λ im Intervall $(-\pi, \pi]$ beschränken, da $e^{i\lambda t} = e^{i(\lambda + 2\pi)t}$ für jedes $\lambda \in \mathbb{R}$ und für alle $t \in \mathbb{Z}$ gilt. Die maximale beobachtbare (Winkel-)Frequenz $\lambda = \pi$ nennt man *Nyquist*-Frequenz. Wie der folgende Satz zeigt, muss man allerdings einige Bedingungen an die Frequenzen (λ_k) und die Amplituden (z_k) stellen, damit der Prozess (x_t) reellwertig und stationär ist. Für diese Analyse ist es günstig, folgende alternative Darstellung zu verwenden:

$$x_t = \sum_{m=-M+1}^{M} z_m \exp(i \lambda_m t), \ \ 0 = \lambda_0 < \lambda_1 < \cdots < \lambda_M = \pi \text{ und } \lambda_{-m} = -\lambda_m. \tag{1.20}$$

Das heißt, wir ergänzen (wenn nötig) die ursprüngliche Menge der Frequenzen $\{\lambda_k\}$ um die „gespiegelten" Frequenzen $-\lambda_k$ und die Frequenzen 0 sowie π. Die entsprechenden Amplituden der ergänzten Frequenzen werden einfach gleich null gesetzt. Zudem ändern wir die Indizierung von $k = 1, \ldots, K$ zu $m = 1 - M, \ldots, M$. Insgesamt haben wir jetzt also $K = 2M$ Frequenzen, wobei allerdings einige Amplituden gleich null sein können.

Satz 1.5 (Harmonische Prozesse) *Ein harmonischer Prozess (1.20) ist dann und nur dann ein reellwertiger, schwach stationärer Prozess, wenn folgende Bedingungen erfüllt sind:*

(1) *Die Zufallsvariablen z_m sind quadratisch integrierbar (d. h. $\mathbf{E}|z_m|^2 < \infty$).*
(2) $\mathbf{E}z_m = 0$ *für $m \neq 0$.*
(3) $\mathbf{E}z_m\overline{z}_l = 0$ *für alle $m \neq l$.*
(4) $z_{-m} = \overline{z_m}$ *für $0 < m < M$, $z_0 = \overline{z_0}$ und $z_M = \overline{z_M}$.*

Sind diese Bedingungen erfüllt, so gilt

$$\mathbf{E}x_t = \mathbf{E}z_0 \tag{1.21}$$

$$\gamma(k) = \mathbf{Cov}(x_{t+k}, x_t) = \left(\sum_{m=1-M}^{M} \mathbf{E}|z_m|^2 \exp(i\lambda_m k) \right) - (\mathbf{E}z_0)^2. \tag{1.22}$$

Beweis Wir definieren zunächst den Zufallsvektor $z = (z_{1-M}, \ldots, z_M)'$ und $\theta_m = \exp(i\lambda_m)$ für $m = 1 - M, \ldots, M$. Es gilt $|\theta_m| = 1$, $\theta_{-m} = \overline{\theta_m}$ und $\theta_0, \theta_M \in \mathbb{R}$. Der Zufallsvektor $x_0^K = (x_0, x_{-1}, \ldots, x_{-K+1})'$ kann dargestellt werden als

$$x_0^K = \Theta z,$$

wobei

$$\Theta = \begin{pmatrix} 1 & 1 & \cdots & 1 \\ \theta_{1-M}^{-1} & \theta_{2-M}^{-1} & \cdots & \theta_M^{-1} \\ \vdots & \vdots & & \vdots \\ \theta_{1-M}^{1-K} & \theta_{2-M}^{1-K} & \cdots & \theta_M^{1-K} \end{pmatrix} \in \mathbb{C}^{K \times K}.$$

Die Matrix Θ ist eine Vandermonde-Matrix und ist daher (wegen $\theta_k \neq \theta_l$ für $k \neq l$) regulär. Es gilt also auch $z = \Theta^{-1}x_0^K$. Die Komponenten von z sind somit dann und nur dann quadratisch integrierbar, wenn die x_ts quadratisch integrierbar sind.

Es ist leicht zu sehen, dass die Zufallsvariablen x_t reellwertig sind, wenn die Bedingungen von Punkt (4) erfüllt sind. Die Notwendigkeit von Punkt (4) folgt aus

$$0 = x_0^K - \overline{x_0^K} = \Theta z - \overline{\Theta}\overline{z} = \Theta(z - S\overline{z}),$$

wobei $S \in \mathbb{R}^{K \times K}$ die durch $\overline{\Theta} = \Theta S$ definierte Permutationsmatrix ist. Weil Θ regulär ist, muss daher

$$z - S\overline{z} = (z_{-M+1}, \ldots, z_{-1}, z_0, z_1, \ldots, z_{M-1}, z_M)'$$
$$- (\overline{z_{M-1}}, \ldots, \overline{z_1}, \overline{z_0}, \overline{z_{-1}}, \ldots, \overline{z_{1-M}}, \overline{z_M})' = 0$$

gelten.

Der Erwartungswert $\mathbf{E}x_t = \sum_m \mathbf{E}z_m \exp(i\lambda_m t)$ ist konstant (unabhängig von t), wenn $\mathbf{E}z_m = 0$ für alle $m \neq 0$ gilt. Umgekehrt folgt aus

$$\mathbf{E}x_0^K = (1,\ldots,1)'\mathbf{E}x_0 = \Theta\mathbf{E}z,$$

dass $\mathbf{E}z = \Theta^{-1}(1,\ldots,1)'\mathbf{E}x_0 = (0,\ldots,0,1,0,\ldots 0)'\mathbf{E}x_0$, d. h. $\mathbf{E}z_m = 0$ für $m \neq 0$.

Die Darstellung (1.22) der Autokovarianzfunktion $\gamma(k)$ von (x_t) folgt unmittelbar, wenn die Punkte (1)–(3) erfüllt sind. Nehmen wir nun an, dass (x_t) schwach stationär ist, dann gilt

$$\Gamma_k = \mathbf{E}x_0^K(x_0^K)^* = \mathbf{E}x_1^K(x_1^K)^*.$$

Die beiden Zufallsvektoren x_0^K und x_1^K haben die Darstellung $x_0^K = \Theta z$ und $x_1^K = \Theta\mathrm{diag}(\theta_{1-M},\ldots,\theta_M)z$. Es folgt also

$$\Gamma_k = \Theta(\mathbf{E}zz^*)\Theta^* = \Theta\mathrm{diag}(\theta_{1-M},\ldots,\theta_M)(\mathbf{E}zz^*)\mathrm{diag}(\overline{\theta_{1-M}},\ldots,\overline{\theta_M})\Theta^*$$

bzw.

$$\Theta^{-1}\Gamma_k\Theta^{-*} = \mathbf{E}zz^* = \mathrm{diag}(\theta_{1-M},\ldots,\theta_M)(\mathbf{E}zz^*)\mathrm{diag}(\overline{\theta_{1-M}},\ldots,\overline{\theta_M}).$$

Für $m \neq l$ folgt nun, aus $\mathbf{E}z_m\overline{z_l} = \theta_m\overline{\theta_l}\mathbf{E}z_m\overline{z_l}$ und $\theta_m \neq \theta_l$, dass $\mathbf{E}z_m\overline{z_l} = 0$. $\qquad \square$

Aufgabe

$z_k = a_k + ib_k$, $k = 1,2$ seien zwei komplexwertige Zufallsvariablen (mit $\Re(z_k) = a_k$ und $\Im(z_k) = b_k$). Zeigen Sie $z_1 = \overline{z_2}$ und $\mathbf{E}z_1\overline{z_2} = 0$ ist äquivalent zu $a_2 = a_1$, $b_2 = -b_1$, $\mathbf{E}a_1^2 = \mathbf{E}b_1^2$ und $\mathbf{E}a_1b_1 = 0$.

Aufgabe

Sei (x_t) ein stationärer, reellwertiger Prozess der Form (1.20). Zeigen Sie, dass (x_t) auch folgende Darstellung hat

$$x_t = a_0 + a_M(-1)^t + \sum_{m=1}^{M-1} (a_m\cos(\lambda_m t) + b_m\sin(\lambda_m t)), \qquad (1.23)$$

wobei die (reellen) Zufallsvariablen $a_0,\ldots,a_M$, $b_1,\ldots b_{M-1}$ folgende Bedingungen erfüllen: $\mathbf{E}a_m = \mathbf{E}b_m = 0$ für $m > 0$, $\mathbf{E}a_m^2 = \mathbf{E}b_m^2$ für $1 \leq m < M$ und alle Zufallsvariablen sind unkorreliert (orthogonal) zueinander. Hinweis: Setzen Sie $z_0 = a_0$, $z_M = a_M$ und $z_m = \frac{1}{2}(a_m - ib_m)$ für $1 \leq m < M$.

Aufgabe

Gegeben ist ein Prozess der Form $(x_t = a\cos(\lambda t + \phi)\,|\,t \in \mathbb{Z})$ mit $0 < \lambda < \pi$ und zwei reellwertigen, unabhängigen Zufallsvariablen a und ϕ. Die Zufallsvariable a ist quadratisch integrierbar und

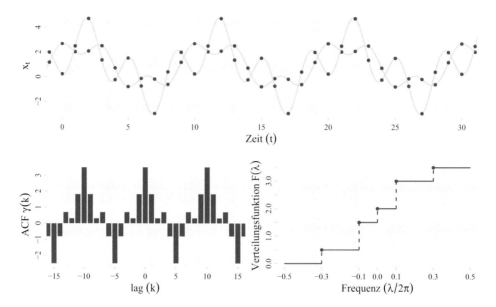

Abb. 1.3 Die Abbildung zeigt zwei Trajektorien, die Autokovarianzfunktion und spektrale Verteilung eines harmonischen Prozesses. Zur Veranschaulichung der Definition des Prozesses sind hier die Trajektorien für $t \in \mathbb{R}$ geplottet

es gilt $\mathbf{E}a \neq 0$ und $\mathbf{E}a^2 > 0$. Beweisen Sie, dass (x_t) dann und nur dann (schwach) stationär ist, wenn

$$\mathbf{E}\sin(\phi) = \mathbf{E}\cos(\phi) = \mathbf{E}\sin(2\phi) = \mathbf{E}\cos(2\phi) = 0$$

gilt. Hinweis: Schreiben Sie den Prozess als $x_t = z_1 \exp(-i\lambda t) + z_2 \exp(i\lambda t)$ mit geeignet gewählten komplexwertigen Zufallsvariablen z_1 und z_2 und verwenden Sie dann Satz 1.5.

Aufgabe
Zeigen Sie: Erwartungswert und Autokovarianzfunktion eines reellwertigen, stationären harmonischen Prozesses (x_t) der Form (1.23) sind

$$\mathbf{E}x_t = \mathbf{E}a_0$$

$$\gamma(k) = \mathbf{Cov}(x_{t+k}, x_t) = \mathbf{Var}(a_0) + \mathbf{E}a_M^2 (-1)^k + \sum_{m=1}^{M-1} \mathbf{E}a_m^2 \cos(\lambda_m k).$$

Aufgabe
Zeigen Sie: Ein stationärer Prozess ist dann und nur dann ein harmonischer Prozess, wenn sein Zeitbereich $\mathbb{H}(x)$ endlich dimensional ist. Dass der Zeitbereich eines harmonischen Prozesses endlich dimensional ist, folgt unmittelbar aus der Darstellung des Prozesses. Für die andere Richtung kann man die Eigenvektoren und Eigenwerte des Vorwärts-Shift-Operators U verwenden.

Wir nehmen nun an, dass $\mathbf{E}x_t = \mathbf{E}z_0 = 0$ und definieren einen Prozess $(z(\lambda) \mid \lambda \in [-\pi, \pi])$ durch

$$z(\lambda) = \sum_{\{m \mid \lambda_m \leq \lambda\}} z_m \qquad (1.24)$$

und eine Funktion $F : [-\pi, \pi] \longrightarrow \mathbb{R}$ mit

$$F(\lambda) = \mathbf{E}|z(\lambda)|^2 = \sum_{\{m \mid \lambda_m \leq \lambda\}} \mathbf{E}|z_m|^2. \qquad (1.25)$$

Die Funktion F ist eine monoton nicht fallende, rechtsstetige Treppenfunktion (mit $F(-\pi) = 0$ und $F(\pi) = \mathbf{E}|z(\pi)|^2 = \mathbf{E}x_t^2 < \infty$) und definiert daher ein diskretes Maß auf dem Intervall $[-\pi, \pi]$. Man kann sich leicht überzeugen, dass man die Autokovarianzfunktion $\gamma(k)$ des Prozesses (x_t) folgendermaßen darstellen kann:

$$\mathbf{E}x_{t+k}x_t = \gamma(k) = \int_{-\pi}^{\pi} \exp(i\lambda k) dF(\lambda). \qquad (1.26)$$

Die sogenannte spektrale Verteilungsfunktion F steht in einer Eins-zu-eins-Beziehung zur Kovarianzfunktion γ und kann wie folgt interpretiert werden. Die Sprungstellen von F markieren die vorhandenen Frequenzen und die Sprunghöhen ($\mathbf{E}|z_m|^2$) sind ein Maß für die Größe der Amplituden (z_m) und daher (physikalisch gesprochen) auch ein Maß für die erwartete Leistung der Schwingungskomponenten. Siehe Abb. 1.3 für ein Beispiel.

Auch der Prozess selbst besitzt eine entsprechende Fourier-Darstellung

$$x_t = \int_{-\pi}^{\pi} \exp(i\lambda t) dz(\lambda). \qquad (1.27)$$

Wie dieses *stochastische Integral* (1.27) zu interpretieren ist, werden wir im Kap. 3 genauer diskutieren. Insbesondere werden wir zeigen, dass jeder stationäre Prozess eine *Spektraldarstellung* (1.27) besitzt und dass auch die Autokovarianzfunktion immer eine Darstellung wie in Gleichung (1.26) hat.

1.5   Beispiele für nicht stationäre Prozesse

In der Praxis betrachtet man sehr oft Klassen von nicht-stationären Prozessen, die entweder auf stationären Prozessen aufbauen oder auf solche durch geeignete Transformationen zurückgeführt werden können. Auch dies ist ein Grund für die Bedeutung der Theorie stationärer Prozesse. Zwei elementare Beispiele stellen wir hier kurz vor.

Ein einfaches Beispiel für einen nicht-stationären Prozess ist

$$x_t = \mu_t + u_t$$

wobei (u_t) stationär mit Mittelwert gleich null ist und $\mu_t \not\equiv$ const eine deterministische Funktion der Zeit bezeichnet. Der Prozess ist also die Überlagerung von einem deterministischen Trend (μ_t) und einem stationären Prozess (u_t). Im simpelsten Fall ist $\mu_t = \alpha + \beta t$ ein linearer *Trend*.

Ein „*random walk*" (*Irrfahrt*) ist ein Prozess der Form

$$\left(x_t = \sum_{k=1}^{t} \epsilon_k \;\middle|\; t \in \mathbb{N} \right),$$

wobei $(\epsilon_t) \sim \text{WN}(\sigma^2)$ (skalares) weißes Rauschen ist. Siehe auch die Diskussion zum AR(1)-Fall. Ein „*random walk*" *mit Drift* ist definiert durch

$$\left(x_t = \alpha + \beta t + \sum_{k=1}^{t} \epsilon_k \;\middle|\; t \in \mathbb{N} \right).$$

Die Momente von x_t sind

$$\mathbf{E}x_t = \alpha + \beta t$$
$$\mathbf{Cov}(x_t, x_s) = \min(t, s)\sigma^2$$

und daher ist (x_t) nicht-stationär. Der Prozess (x_t) ist eine Lösung der Differenzengleichung

$$x_t - x_{t-1} = \beta + \epsilon_t, \quad t \in \mathbb{N},$$

wenn man $x_0 = \alpha$ setzt.

Etwas allgemeiner, betrachtet man oft Prozesse, die Lösungen der Differenzengleichung

$$x_t = x_{t-1} + u_t, \quad t \in \mathbb{N},$$

sind, wobei (u_t) einen stationären Prozess bezeichnet. Die Lösungen dieser Differenzengleichung sind

$$x_t = x_0 + \sum_{j=1}^{t} u_j.$$

Typischerweise ist (x_t) nicht-stationär. Die ersten Differenzen, $(x_t - x_{t-1} = u_t)$ sind aber per Konstruktion stationär. Nicht stationäre Prozesse mit dieser Eigenschaft nennt man *integriert der Ordnung eins* bzw. $I(1)$-*Prozess*. Entsprechend nennt man einen stationären Prozess manchmal auch integriert der Ordnung null, bzw. $I(0)$-*Prozess*.

Beispiel

Beachten Sie aber folgendes Beispiel: Sei $(u_t = v_t - v_{t-1})$, wobei (v_t) stationär ist. Der Prozess

$$x_t = x_0 + \sum_{j=1}^{t} u_j = x_0 + v_t - v_0$$

ist *stationär*, wenn man als Startwert $x_0 = v_0$ wählt.

Prognose

Die Berechnung von zuverlässigen Prognosen und eine entsprechende quantitative Analyse der Prognose-Güte ist eine der wichtigsten Anwendungen der Zeitreihenanalyse. Allgemein geht es bei der Prognose darum eine zukünftige Prozessvariable x_{t+h} möglichst gut durch eine Funktion

$$\hat{x}_{t,h} = g(x_t, x_{t-1}, \ldots)$$

der beobachteten Werte bis zur Gegenwart t zu approximieren. Dabei ist $h > 0$ der sogenannte *Prognosehorizont*. Um das Problem exakt zu formulieren, muss man die Funktionenklasse, d. h. die Menge derartiger Prognosefunktionen $g(\cdot)$, sowie ein Maß für die Güte der Approximation angeben. Wir diskutieren hier ein spezielles Prognoseproblem, die sogenannte lineare Kleinst-Quadrate-Prognose. Das heißt, wir beschränken uns auf *lineare* (genauer gesagt *affine*) Prognosefunktionen, d. h. auf Funktionen der Form

$$\hat{x}_{t,h} = g(x_t, x_{t-1}, \ldots) = c_0 + c_1 x_t + c_2 x_{t-1} + \cdots$$

und auf den *mittleren, quadratischen Prognosefehler* („mean squared error", MSE)

$$\mathbf{E}(x_{t+h} - \hat{x}_{t,h})'(x_{t+h} - \hat{x}_{t,h})$$

als Gütekriterium. Hier betrachten wir ein idealisiertes Problem, bei dem wir annehmen, dass wir die Eigenschaften des zugrundeliegenden Prozesses (Erwartungswert und Kovarianzfunktion) exakt kennen. Dieses idealisierte Prognoseproblem lässt sich einfach und elegant mit Hilfe des Projektionssatzes behandeln. Für eine „echte" Prognose müssen die Populationsmomente zuerst aus Daten geschätzt werden.

Ohne die Einschränkung auf lineare Funktionen ist der bedingte Erwartungswert $\mathbf{E}[x_{t+h} \mid x_t, x_{t-1}, \ldots]$ die optimale Kleinst-Quadrate Approximation von x_{t+h} durch die vergangenen Werte. Die Berechnung dieses bedingten Erwartungswertes benötigt aber

© Springer International Publishing AG 2018

M. Deistler, W. Scherrer, *Modelle der Zeitreihenanalyse*, Mathematik Kompakt,

https://doi.org/10.1007/978-3-319-68664-6_2

i. Allg. die gemeinsame Verteilung der betrachteten Zufallsvariablen und ist daher in der Praxis oft nur schwer zu berechnen bzw. zu schätzen.

Obwohl die Einschränkung auf lineare Prognosen und das quadratische Gütemaß eine Restriktion bedeutet, ist diese Prognose doch die häufigst verwendete. In Fällen in denen man Fehlprognosen Kosten zuordnen kann und diese Kosten bei Unter- bzw. Überschätzung um den gleichen Betrag sehr unterschiedlich sind, sind andere (nicht symmetrische) Verlustfunktionen zur Optimierung der Prognose angezeigt.

Im ersten Abschnitt dieses Kapitels werden die letzten k beobachteten Werte für die Prognose verwendet. Man spricht daher auch von der Prognose aus der endlichen Vergangenheit. Der Übergang $k \to \infty$, der entsprechend Prognose aus der unendlichen Vergangenheit genannt wird, führt dann zu der sogenannten Wold-Zerlegung von stationären Prozessen. Siehe [27, 44]. Diese Wold-Zerlegung ist wichtig für die Prognose und darüber hinaus zentral für das Verständnis der Struktur von stationären Prozessen.

Das Prognoseproblem für skalare stationäre Prozesse wurde von Kolmogorov (siehe z. B. [39, Kapitel 1–3]) vollständig gelöst. Für den mehrdimensionalen Fall verweisen wir auf [39] und [17][1].

2.1   Prognose aus der endlichen Vergangenheit

Wir wollen nun die optimale lineare h-Schritt-Prognose aus der endlichen Vergangenheit konstruieren. Das entsprechende Optimierungsproblem

$$\mathbf{E}(x_{t+h} - \check{x})'(x_{t+h} - \check{x}) \longrightarrow \min$$
$$\check{x} = c_0 + c_1 x_t + \cdots + c_k x_{t+1-k}$$

kann in n-unabhängige Teilprobleme zerlegt werden

$$\mathbf{E}(x_{i,t+h} - \check{x}_i)^2 \longrightarrow \min$$
$$\check{x}_i = c_{i0} + c_{i1} x_t + \cdots + c_{ik} x_{t+1-k},$$

wobei $c_{i0} \in \mathbb{R}$ das i-te Element von c_0 und $c_{ij} \in \mathbb{R}^{1 \times n}$ die i-te Zeile von $c_j \in \mathbb{R}^{n \times n}$ bezeichnet ($i = 1, \ldots, n$). Äquivalent dazu ist folgendes Problem im Hilbert-Raum der quadratisch integrierbaren Zufallsvariablen $\mathbb{L}_2(\Omega, \mathcal{A}, \mathbf{P})$

$$\|x_{i,t+h} - \check{x}_i\| \longrightarrow \min$$
$$\check{x}_i \in \mathrm{sp}\{1, x_t, \ldots, x_{t+1-k}\} =: \mathbb{M} \subset \mathbb{L}_2.$$

---

[1] Edward J. Hannan (1921–1994). Australischer Statistiker. Einer der Pioniere der modernen Zeitreihenanalyse.

Die 1 ist hier wieder als Zufallsvariable ($\omega \mapsto 1$) zu interpretieren. Die Lösung folgt unmittelbar aus dem Projektionssatz 1.2

$$\hat{x}_{i,t,h,k} = P_{\mathbb{M}}\, x_{i,t+h}. \tag{2.1}$$

Die optimale Prognose für $x_{i,t+h}$ ist also die Projektion von $x_{i,t+h}$ auf den Unterraum $\mathbb{M}$. Verwenden wir die im Abschn. 1.3 eingeführte Konvention für Zufallsvektoren, dann können wir auch schreiben:

$$\hat{x}_{t,h,k} = P_{\mathbb{M}}\, x_{t+h}. \tag{2.2}$$

Wir zeigen nun, dass man sich im Wesentlichen auf zentrierte Prozesse (d. h. Erwartungswert $\mathbb{E}x_t = 0$) und lineare Prognosen (d. h. $c_0 = 0$) beschränken kann. Dazu definieren wir den mittelwertbereinigten Prozess ($\tilde{x}_t = x_t - \mu$) mit $\mu = \mathbb{E}x_t$. Der Unterraum $\mathbb{M} = \mathrm{sp}\{1, x_t, \ldots, x_{t+1-k}\}$ ist die direkte Summe aus den beiden *orthogonalen* Unterräumen $\mathrm{sp}\{1\}$ und $\tilde{\mathbb{M}} := \mathrm{sp}\{\tilde{x}_1, \ldots, \tilde{x}_{t+1-k}\}$, da $\langle 1, \tilde{x}_{is}\rangle = \mathbb{E}\tilde{x}_{is} = 0$. Die Projektion auf $\mathbb{M}$ ist daher gleich der Summe der Projektionen auf $\mathrm{sp}\{1\}$ und der Projektion auf $\tilde{\mathbb{M}}$, d. h. $P_{\mathbb{M}} = P_{\mathrm{sp}\{1\}} + P_{\tilde{\mathbb{M}}}$. Mit der Linearität der Projektionsoperatoren folgt nun weiter

$$\begin{aligned}
P_{\mathbb{M}}\, x_{t+h} &= (P_{\mathrm{sp}\{1\}} + P_{\tilde{\mathbb{M}}})(\tilde{x}_{t+h} + \mu)\\
&= P_{\mathrm{sp}\{1\}}\tilde{x}_{t+h} + P_{\mathrm{sp}\{1\}}\mu + P_{\tilde{\mathbb{M}}}\tilde{x}_{t+h} + P_{\tilde{\mathbb{M}}}\mu = \mu + P_{\tilde{\mathbb{M}}}\tilde{x}_{t+h},
\end{aligned}$$

da $\tilde{x}_{i,t+h} \perp \mathrm{sp}\{1\}$, $\mu_i 1 \perp \tilde{\mathbb{M}}$ und $\mu_i 1 \in \mathrm{sp}\{1\}$. Dies zeigt:

(1) Die optimale Prognose des zentrierten Prozesses ist linear (d. h. $c_0 = 0$):

$$\hat{\tilde{x}}_{t,h,k} = (P_{\mathrm{sp}\{1\}} + P_{\tilde{\mathbb{M}}})\tilde{x}_{t+h} = P_{\tilde{\mathbb{M}}}\tilde{x}_{t+h} = c_1\tilde{x}_t + \cdots + c_k\tilde{x}_{t+1-k}.$$

(2) Die Prognose für x_{t+h} erhält man einfach, indem man zur Prognose des zentrierten Prozesses noch den Erwartungswert $\mu = \mathbb{E}x_{t+h}$ addiert:

$$\hat{x}_{t,h,k} = \mu + \hat{\tilde{x}}_{t,h,k} = (I_n - c_1 - \cdots - c_k)\mu + c_1 x_t + \cdots + c_k x_{t+1-k}.$$

Ähnliche Überlegungen gelten auch für die Prognose aus der unendlichen Vergangenheit. Wir werden daher im Folgenden o. B. d. A. annehmen, dass der betrachtete Prozess schon zentriert ist und daher auch nur lineare Prognosen ($c_0 = 0$) betrachten. Entsprechend bezeichnet $\mathbb{M}$ ab jetzt den Unterraum $\mathbb{M} = \mathrm{sp}\{x_t, \ldots, x_{t+1-k}\}$.

Der Projektionssatz liefert ein lineares Gleichungssystem, um die Prognosekoeffizienten zu bestimmen. Eine Linearkombination $c_{i1}x_t + \cdots + c_{ik}x_{t+1-k} \in \mathbb{M}$ ist dann und nur dann gleich der Projektion von $x_{i,t+h}$ auf den Raum $\mathbb{M}$ wenn der Fehler $x_{i,t+h} - (c_{i1}x_t + \cdots + c_{ik}x_{t+1-k})$ orthogonal auf diesen Raum ist, d. h. dann und nur dann, wenn

$$\langle x_{i,t+h} - c_{i1}x_t - \cdots - c_{ik}x_{t+1-k}, x_{j,t+1-l}\rangle = 0 \text{ für } 1 \le j \le n \text{ und } 1 \le l \le k. \tag{2.3}$$

Die Gleichungen (2.3) können wir mit $\hat{x}_{t,h,k} = (c_1, \ldots, c_k)x_t^k$ zusammenfassen zu

$$\mathbf{E}\left[(x_{t+h} - (c_1, c_2, \ldots, c_k)x_t^k)(x_t^k)'\right] = 0$$

und erhalten damit folgende „Prognosegleichungen"

$$(\gamma(h), \gamma(h+1), \ldots, \gamma(h+k-1)) = (c_1, \ldots, c_k)\Gamma_k \qquad (2.4)$$

zur Bestimmung der Koeffizienten $(c_1, \ldots, c_k)$.

Der (optimale) Prognosefehler $u_{t,h,k} = x_{t+h} - \hat{x}_{t,h,k} = x_{t+h} - (c_1, \ldots, c_k)x_t^k$ hat Erwartungswert gleich null. Die Varianz $\Sigma_{h,k}$ des Fehlers kann folgendermaßen bestimmt werden. Da $\hat{x}_{j,t,h,k} \in \mathbb{M}$ folgt $\langle u_{i,t,h,k}, \hat{x}_{j,t,h,k} \rangle = \mathbf{Cov}(u_{i,t,h,k}, \hat{x}_{j,t,h,k}) = 0$ und daher $\mathbf{Var}(x_{t+h}) = \mathbf{Var}(\hat{x}_{t,h,k} + u_{t,h,k}) = \mathbf{Var}(\hat{x}_{t,h,k}) + \mathbf{Var}(u_{t,h,k})$. Somit haben wir

$$\Sigma_{h,k} := \mathbf{E}u_{t,h,k}u'_{t,h,k} = \mathbf{Var}(x_{t+h}) - \mathbf{Var}(\hat{x}_{t,h,k})$$
$$= \gamma(0) - (c_1, \ldots, c_k)\Gamma_k(c_1, \ldots, c_k)'. \qquad (2.5)$$

Der mittlere, quadratische Fehler (MSE) der optimalen Prognose ist gleich

$$\mathbf{E}\left[u'_{t,h,k}u_{t,h,k}\right] = \mathrm{tr}(\Sigma_{h,k}).$$

Aus dem Projektionssatz können wir folgende Schlüsse ziehen: Die (optimale) Prognose $\hat{x}_{t,h,k}$ und damit auch der entsprechende Prognosefehler $u_{t,h,k}$ (und dessen Varianz $\Sigma_{h,k}$) sind (fast sicher) eindeutig. Die Prognosegleichungen (2.4) sind immer lösbar, auch wenn die Matrix Γ_k singulär ist.

Wenn $\Gamma_k > 0$ positiv definit ist, dann hat (2.4) eine eindeutige Lösung

$$(c_1, \ldots, c_k) = (\gamma(h), \ldots, \gamma(h+k-1))\Gamma_k^{-1} \qquad (2.6)$$

und die Prognosefehlervarianz lässt sich berechnen mit

$$\Sigma_{h,k} = \gamma(0) - (\gamma(h), \ldots, \gamma(h+k-1))\Gamma_k^{-1}(\gamma(h), \ldots, \gamma(h+k-1))'. \qquad (2.7)$$

Falls Γ_k singulär ist, dann existieren unendlich viele Lösungen. Die Zufallsvariablen $\{x_{1t}, \ldots, x_{nt}, x_{1,t-1}, \ldots, x_{n,t+1-k}\}$ sind in diesem Fall linear abhängig und bilden daher keine Basis für $\mathbb{M}$, vergleiche auch Aufgabe „Projektion" in Abschn. 1.3.

Aufgrund der Linearität des Projektors können wir auch sofort die optimale Prognose für beliebige Linearkombinationen cx_{t+h}, $c \in \mathbb{R}^{1 \times n}$ angeben:

$$\mathrm{P}_\mathbb{M}(cx_{t+h}) = c(\mathrm{P}_\mathbb{M} x_{t+h}) = c\hat{x}_{t,h}.$$

Daher folgt auch

$$\Sigma_{h,k} \leq \mathbf{E}(x_{t+h} - \tilde{x})(x_{t+h} - \tilde{x})' \qquad (2.8)$$

für alle $\tilde{x}$ der Form $\tilde{x} = \tilde{c}_0 + \tilde{c}_1 x_t + \cdots + \tilde{c}_k x_{t+1-k}, \tilde{c}_0 \in \mathbb{R}^{n \times 1}, \tilde{c}_i \in \mathbb{R}^{n \times n} \, i = 1, \ldots, k$. Die Prognose ist also auch optimal bezüglich der Halb-Ordnung „$\geq$". Eine weitere Folgerung ist

$$\Sigma_{h,k} \leq \Sigma_{h,k-1}, \tag{2.9}$$

d. h. die Prognose wird i. Allg. besser (zumindest kann sie nicht schlechter werden) je mehr Information zur Prognose zur Verfügung steht. (Diese Ungleichung folgt aus (2.8), wenn man $\tilde{x} = \hat{x}_{t,h,k-1}$ setzt.)

Wenn $\Sigma_{h,k}$ singulär ist, dann gibt es Linearkombinationen $c x_{t+h}$, die perfekt (d. h. ohne Fehler) prognostiziert werden. In diesem Fall ist die (Block-)Toeplitz-Matrix Γ_{k+h} auch singulär.

Im Folgenden werden wir diese Prognose(n) als lineare Kleinst-Quadrate- (KQ-) Prognose(n) bezeichnen. Analoge Überlegungen gelten auch für nicht-stationäre (aber quadratisch integrierbare) Prozesse. Der einzige Unterschied ist, dass die Varianz-Kovarianz-Matrix $\mathbf{Var}(x_t^k)$ keine (Block-)Toeplitz-Struktur mehr haben muss und dass die Prognosekoeffizienten und die Varianz der Prognosefehler im Allgemeinen auch von t abhängen.

Aufgabe

Sei (x_t) ein zentrierter, stationärer Prozess. Wir betrachten nun die Prognose für x_{t+1} aus den Werten $x_1, \ldots, x_t$ für $t \in \mathbb{N}_0$. Die entsprechenden Prognosen und Prognosefehler bezeichnen wir hier mit $\hat{x}_{t+1|t}$ und $u_{t+1|t}$. Für $t = 0$ setzen wir $x_{1|0} = 0$ und $u_{1|0} = x_1$. Zeigen Sie nun

(1) $\dim(\text{sp}\{x_t, \ldots, x_1\}) = \text{rg } \Gamma_t$.
(2) $\text{sp}\{x_t, \ldots, x_1\} = \text{sp}\{u_{t|t-1}\} \oplus \text{sp}\{x_{t-1}, \ldots, x_1\} = \text{sp}\{u_{t|t-1}\} \oplus \text{sp}\{u_{t-1|t-2}\} \oplus \cdots \oplus \text{sp}\{u_{1|0}\}$,
  wobei die Teilräume zueinander orthogonal sind, d. h. z. B. $\text{sp}\{u_{t|t-1}\} \perp \text{sp}\{x_{t-1}, \ldots, x_1\}$.
(3)
$$\text{rg}(\Gamma_{t+1}) = \text{rg}(\Gamma_t) + \text{rg}(\Sigma_{1,t}) \tag{2.10}$$
$$(\Gamma_{t+1} > 0) \iff ((\Gamma_t > 0) \text{ und } (\Sigma_{1,t} > 0)) \tag{2.11}$$
$$(\det(\Gamma_t) = 0) \implies (\det(\Sigma_{1,t-1}) = 0) \implies (\det(\Sigma_{1,t}) = 0). \tag{2.12}$$

Aufgabe (Fortsetzung der obigen Aufgabe)

Wir nehmen jetzt zusätzlich an, dass der Prozess skalar ist ($n = 1$) und dass die Toeplitz-Matrix $\Gamma_k > 0$ regulär ist. Betrachten Sie nun die *Cholesky-Zerlegung* der Toeplitz-Matrix Γ_k

$$\Gamma_k = DSD',$$

wobei $D = (d_{ij})_{i,j=1,\ldots,k} \in \mathbb{R}^{k \times k}$ eine *obere* Dreiecksmatrix ($d_{ii} = 1$ und $d_{ij} = 0$ für $i > j$) und $S \in \mathbb{R}^{k \times k}$ eine Diagonalmatrix ist. Die Inverse von D bezeichnen wir mit $C = D^{-1} = (c_{ij})_{i,j=1,\ldots,k}$. Es gilt $c_{ii} = 1$ und $c_{ij} = 0$ für $i > j$. Zeigen Sie:

$$(u_{k|k-1}, u_{k-1|k-2}, \ldots, u_{1|0})' = C(x_k, x_{k-1}, \ldots, x_1)'$$

und $S = \text{diag}(\sigma_{1,k-1}^2, \sigma_{1,k-2}^2, \ldots, \sigma_{1,0}^2)$, wobei $\sigma_{t,t-1}^2 = \mathbf{E} u_{t|t-1}^2$. Daher folgt auch für $1 \leq l < k$

$$\hat{x}_{t,1,l} = -(c_{k-l,k-l+1} x_t + c_{k-l,k-l+2} x_{t-1} + \cdots + c_{k-l,k} x_{t+1-l}).$$

Aufgabe

Gegeben sei der Prozess $(x_t = \cos(\lambda t) \,|\, t \in \mathbb{N})$, wobei λ eine auf $[-\pi, \pi]$ gleichverteilte Zufallsvariable ist. In der Aufgabe am Ende von Abschn. 1.2 sollte man zeigen, dass $\mathbf{E}x_t = 0$ und $\gamma(k) = \mathbf{E}x_{t+k}x_t = 0$ für $t + k > t \geq 0$ gilt. Die optimale, *lineare* Prognose ist also gleich null, d. h. $\hat{x}_{t,h,k} = 0$ für $1 \leq k < t$. Dieser Prozess erlaubt aber eine perfekte, *nichtlineare* Prognose. Zeigen Sie:

$$x_{t+1} = 2x_t x_1 - x_{t-1}$$
$$x_t = 2x_{t-1}x_1 - x_{t-2}$$

$$\text{und damit} \quad x_{t+1} = \frac{x_t^2 - x_{t-1}^2 + x_t x_{t-2}}{x_{t-1}}.$$

Aufgabe

Wir betrachten den skalaren AR(1)-Prozess $x_t = ax_{t-1} + \epsilon_t$, mit $|a| < 1$ und $(\epsilon_t) \sim \text{WN}(\sigma^2)$, siehe auch (1.16) und (1.17). Zeigen Sie mithilfe der Gleichungen (2.4) und (2.5), dass für $k \geq 1$

$$\hat{x}_{t,h,k} = a^h x_t \ \text{ und } \sigma_{h,k}^2 = \sigma^2 \frac{(1 - a^{2h})}{(1 - a^2)}.$$

Aufgabe

Betrachten Sie den MA(1)-Prozess $x_t = \epsilon_t - \epsilon_{t-1}$, wobei $(\epsilon_t) \sim \text{WN}(\sigma^2)$ weißes Rauschen mit Varianz $\mathbf{E}\epsilon_t^2 = \sigma^2$ ist. Beweisen Sie folgende Formeln für die Einschrittprognose $\hat{x}_{t,1,k}$ aus k vergangenen Werten und den entsprechenden Prognosefehler $u_{t,1,k} = x_{t+1} - \hat{x}_{t,1,k}$:

$$\hat{x}_{t,1,k} = \frac{-1}{k+1}(kx_t + (k-1)x_{t-1} + \cdots + 2x_{t+2-k} + 1x_{t+1-k})$$
$$u_{t,1,k} = \frac{1}{k+1}((k+1)\epsilon_{t+1} - \epsilon_t - \epsilon_{t-1} - \cdots - \epsilon_{t+1-k} - \epsilon_{t-k})$$
$$\sigma_{1,k}^2 = \mathbf{E}(u_{t,1,k}^2) = \sigma^2 + \frac{\sigma^2}{k+1} = \sigma^2 \frac{k+2}{k+1}.$$

Zeigen Sie auch, dass der Einschrittprognosefehler für $k \to \infty$ gegen ϵ_{t+1} konvergiert, d. h.

$$\underset{k \to \infty}{\text{l.i.m}} \, u_{t,1,k} = \epsilon_{t+1}.$$

Wie schon oben erwähnt kann man mit der selben Strategie auch die Kleinst-Quadrate-Prognose für nicht stationäre (aber quadratisch integrierbare) Prozesse bestimmen.

Aufgabe

Sei (x_t) ein Prozess der Form $x_t = \mu_t + y_t$, wobei μ_t ein deterministische Funktion der Zeit und (y_t) ein stationärer, zentrierter Prozess ist. Überzeugen Sie sich, dass

$$\hat{x}_{t,h,k} = \mu_{t+h} + \hat{y}_{t,h,k} = \mu_{t+h} + c_1 y_t + \cdots + c_k y_{t+1-k}$$
$$= (\mu_{t+h} - c_1\mu_t - \cdots - c_k\mu_{t+1-k}) + c_1 x_t + \cdots + c_k x_{t+1-k}$$

die beste affine Prognose für x_{t+h} aus k vergangenen Werten ist. Hier bezeichnet $\hat{y}_{t,h,k} = c_1 y_t + \cdots + c_k y_{t+1-k}$ die h-Schrittprognose für y_{t+h}. Für den Prognosefehler gilt $x_{t+h} - \hat{x}_{t,h,k} = y_{t+h} - \hat{y}_{t,h,k}$.

Aufgabe

Sei (y_t) ein zentrierter stationärer Prozess und $(x_t \mid t \in \mathbb{N}_0)$ der durch $x_t = x_0 + \sum_{j=1}^{t} y_j$ definierte integrierte Prozess. Wir nehmen an, dass der Startwert x_0 quadratisch integrierbar und unkorreliert zu y_s, $s \geq 1$ ist. Zeigen Sie, dass

$$\hat{x}_{t+h} = x_t + \hat{y}_{t,1,t} + \hat{y}_{t,2,t} + \cdots + \hat{y}_{t,h,t}$$

die beste Prognose für x_{t+h} aus den Werten $x_0, \ldots, x_t$ ist.

Ist $(y_t) \sim \mathrm{WN}(\sigma^2)$ weißes Rauschen (d. h. (x_t) eine Irrfahrt), dann ist die naive Prognose $\hat{x}_{t+h} = x_t$ die optimale.

2.2   Prognose aus der unendlichen Vergangenheit

In diesem Abschnitt betrachten wir den Grenzwert der Prognosen $\hat{x}_{t,h,k}$ für $k \to \infty$, d. h. wir verwenden die gesamte Informationen aus der Vergangenheit für die Prognose. Die Prognose aus der unendlichen Vergangenheit zeigt gewisse strukturelle Eigenschaften des zugrunde liegenden Prozesses auf, wie im nächsten Abschnitt gezeigt wird. Wir betrachten wieder nur den Fall von zentrierten Prozessen, d. h. $\mathbf{E}x_t = 0$. Alle Resultate lassen sich aber ohne weiteres auf den allgemeinen Fall übertragen. Es gilt folgender Satz.

Satz 2.1 *Die Folge* $(\hat{x}_{t,h,k} \mid k \in \mathbb{N})$ *konvergiert (im quadratischen Mittel) und der Grenzwert ist die Projektion von* x_{t+h} *auf den Raum* $\mathbb{H}_t(x) = \overline{\mathrm{sp}}\{x_{is} \mid 1 \leq i \leq n,\, s \leq t\} = \overline{\mathrm{sp}}\{x_s \mid s \leq t\}$, *also*

$$\mathop{\mathrm{l.i.m}}_{k \to \infty} \hat{x}_{t,h,k} = \mathrm{P}_{\mathbb{H}_t(x)}\, x_{t+h} =: \hat{x}_{t,h}.$$

Die Varianz des entsprechenden Fehlers $u_{t,h} = x_{t+h} - \hat{x}_{t,h}$ *ist*

$$\Sigma_h := \mathbf{Var}(u_{t,h}) = \mathbf{E}u_{t,h}u'_{t,h} = \lim_{k \to \infty} \Sigma_{h,k}.$$

Beweis Sei $\mathbb{H}_{t,k}(x) = \mathrm{sp}\{x_s \mid t+1-k \leq s \leq t\}$. Aus $\mathbb{H}_{t,k}(x) \subset \mathbb{H}_t(x)$ folgt dann $\mathrm{P}_{\mathbb{H}_{t,k}(x)} = \mathrm{P}_{\mathbb{H}_{t,k}(x)} \mathrm{P}_{\mathbb{H}_t(x)}$ und somit $\hat{x}_{t,h,k} = \mathrm{P}_{\mathbb{H}_{t,k}(x)}\, \hat{x}_{t,h}$ wobei $\hat{x}_{t,h} = \mathrm{P}_{\mathbb{H}_t(x)} x_{t+h}$. Andererseits gilt $\hat{x}_{t,h} = \mathrm{l.i.m}_k\, x^{(k)}$ für eine geeignet gewählte Folge von Zufallsvektoren $x^{(k)} \in (\mathbb{H}_{t,k}(x))^n$, da $\hat{x}_{t,h}$ eine Grenzwert von endlichen Summen ist. Aus den Eigenschaften der Projektion folgt schließlich

$$\mathbf{E}(\hat{x}_{t,h} - \hat{x}_{t,h,k})(\hat{x}_{t,h} - \hat{x}_{t,h,k})' \leq \mathbf{E}(\hat{x}_{t,h} - x^{(k)})(\hat{x}_{t,h} - x^{(k)})'$$

und somit die Konvergenz von $\hat{x}_{t,h,k}$ gegen $\hat{x}_{t,h}$ für $k \to \infty$. $\qquad\square$

Mit der Ein-Schritt-Prognose aus der unendlichen Vergangenheit erhalten wir eine Zerlegung des Prozesses der Form

$$x_{t+1} = \hat{x}_{t,1} + u_{t,1},$$

wobei $\hat{x}_{t,1}$ der Teil von x_{t+1} ist, der aus der Vergangenheit bestimmt ist, und $u_{t,1}$ ist der „nicht vorhersehbare" Anteil. Daher nennt man die Ein-Schritt-Prognosefehler aus der unendlichen Vergangenheit die *Innovationen* des Prozesses.

Satz 2.2 *Die Innovationen* $(u_t = u_{t-1,1} \mid t \in \mathbb{Z})$ *eines stationären Prozesses sind weißes Rauschen.*

Beweis Klarerweise sind die Innovationen (schwach) stationär und der Erwartungswert ist gleich null $(\mathbf{E}u_{t,1} = 0)$. Es gilt $u_{t-1,1} \in \mathbb{H}_t(x)$ und $u_{t-1,1} \perp \mathbb{H}_{t-1}(x)$. Daher gilt $u_{t-1,1} \perp u_{s-1,1} \in \mathbb{H}_s(x) \subset \mathbb{H}_{t-1}(x)$ für alle $s \leq t-1$ und damit also auch $u_{t,1} \perp u_{s,1}$ für alle $s \neq t$. $\square$

Die Ungleichung

$$\Sigma_{h+1} \geq \Sigma_h \tag{2.13}$$

folgt unmittelbar aus $\mathbb{H}_{t-1}(x) \subset \mathbb{H}_t(x)$ und $\hat{x}_{t-1,h+1} = \mathrm{P}_{\mathbb{H}_{t-1}(x)} \, x_{t+h}$ und $\hat{x}_{t,h} = \mathrm{P}_{\mathbb{H}_t(x)} \, x_{t+h}$.

Das hier diskutierte Prognoseverfahren basiert auf der Kovarianzfunktion des Prozesses. Hat man ein parametrisches Modell für den Prozess (wie z. B. ein AR-Modell oder ein Zustandsraummodell) zur Verfügung, dann kann die Prognose erheblich vereinfacht werden. Wir werden das in den entsprechenden Kapiteln noch diskutieren.

2.3   Reguläre und singuläre Prozesse und die Wold-Zerlegung

Die Wold-Zerlegung eines stationären Prozesses teilt den Prozess in einen „deterministischen" und einen „regulären" Anteil. Hier bedeutet „deterministisch", dass die Zukunft komplett durch die Vergangenheit bestimmt ist, während „regulär" bedeutet, dass die unendlich ferne Vergangenheit für die Zukunft keine Rolle spielt. Ist die Wold-Zerlegung eines Prozesses bekannt, so erhält man eine einfache und explizite Darstellung der Prognose des regulären Teils (für beliebige $h > 0$).

Definition
Ein stationärer Prozess (x_t) ist

- *regulär* („*regular*", „*purely non-deterministic*"), wenn $\mathrm{l.i.m.}_{h\to\infty} \hat{x}_{t,h} = 0$ (und daher $\lim_{h\to\infty} \Sigma_h = \mathbf{E}x_t x_t'$) gilt. Der Erwartungswert eines regulären Prozesses muss null sein $(\mathbf{E}x_t = 0)$.
- *singulär* („*singular*", „*deterministic*"), wenn $\Sigma_h = 0$ für ein $h > 0$ (und daher auch für alle $h > 0$) gilt. Einen singulären Prozess nennt man auch *deterministisch*, weil die Zukunft aus der Vergangenheit bestimmt ist.

Aufgabe

Zeigen Sie, dass $\Sigma_{\bar{h}} = 0$ für ein $\bar{h} > 0$ auch $\Sigma_h = 0$ für alle $h > 0$ impliziert.

Aufgabe

Zeigen Sie, dass harmonische Prozesse (siehe Gleichung (1.19)) singulär sind. Hinweis: Beweisen Sie $\hat{x}_{t,1,k} = x_{t+1}$ für $k \geq K$.

Beispiele

(1) MA(q) Prozesse sind regulär, da $\hat{x}_{t,h} = \lim_{k \to \infty} \hat{x}_{t,h,k} = 0$ für $h > q$.

(2) Prozesse mit einer kausalen MA(∞)-Darstellung sind regulär:

Sei $x_t = \sum_{k \geq 0} b_k \epsilon_{t-k}$ eine kausale MA(∞)-Darstellung für den Prozess (x_t). Da $x_s \in \mathbb{H}_t(\epsilon)$ $\forall s \leq t$ folgt $\mathbb{H}_t(x) \subset \mathbb{H}_t(\epsilon)$. Wir betrachten nun die Projektion $\tilde{x}_{t,h} = P_{\mathbb{H}_t(\epsilon)} x_{t+h}$ von x_{t+h} auf $\mathbb{H}_t(\epsilon)$. Da (ϵ_t) weißes Rauschen ist, ist diese Projektion sehr einfach zu berechnen:

$$\tilde{x}_{t,h} = P_{\mathbb{H}_t(\epsilon)} x_{t+h} = \sum_{k \geq 0} b_k\, P_{\mathbb{H}_t(\epsilon)} \epsilon_{t+h-k} = \sum_{k \geq h} b_k \epsilon_{t+h-k}.$$

Für $h \to \infty$ konvergiert $\tilde{x}_{t,h}$ gegen null, d. h. $\text{l.i.m}_{h\to\infty}\, \tilde{x}_{t,h} = 0$. Da $\mathbb{H}_t(x)$ ein Teil-Hilbert-Raum von $\mathbb{H}_t(\epsilon)$ ist, folgt auch $\mathbf{E}(x_{t+h} - \hat{x}_{t,h})(x_{t+h} - \hat{x}_{t,h})' \geq \mathbf{E}(x_{t+h} - \tilde{x}_{t,h})(x_{t+h} - \tilde{x}_{t,h})'$ bzw. $\mathbf{E}(\hat{x}_{t,h})(\hat{x}_{t,h})' \leq \mathbf{E}(\tilde{x}_{t,h})(\tilde{x}_{t,h})'$. Zusammen ergibt das $\text{l.i.m}_{h\to\infty}\, \hat{x}_{t,h} = 0$ wie behauptet. Das folgende Theorem (Wold-Zerlegung) wird zeigen, dass umgekehrt jeder reguläre Prozess eine kausale MA(∞)-Darstellung besitzt.

Satz 2.3 (Wold-Zerlegung)

(1) *Jeder stationäre Prozess (x_t) besitzt eine eindeutige Zerlegung $x_t = y_t + z_t$ mit folgenden Eigenschaften:*

   (a) *(y_t) ist regulär und (z_t) ist singulär.*

   (b) *Die Prozesse (y_t) und (z_t) sind zueinander orthogonal ($\mathbf{E}y_t z_s' = 0$ für alle $t, s \in \mathbb{Z}$).*

   (c) *$y_t \in \text{sp}\{1\} + \mathbb{H}_x(t)$ und $z_t \in \text{sp}\{1\} + \mathbb{H}_x(t)$.*

(2) *Der reguläre Prozess (y_t) besitzt eine kausale MA(∞)-Darstellung*

$$y_t = \sum_{j \geq 0} b_j \epsilon_{t-j}, \quad \text{mit } b_0 = I \text{ und } \sum_{j \geq 0} \|b_j\|^2 < \infty, \tag{2.14}$$

wobei (ϵ_t) ein weißes Rauschen ist. Es gilt $\mathbb{H}_\epsilon(t) = \mathbb{H}_y(t)$ und die ϵ_ts sind sowohl die Innovationen von (x_t) als auch von (y_t).

Beweis Um den Beweis etwas zu vereinfachen, nehmen wir an, dass $\mathbf{E}x_t = 0$ gilt. Für den allgemeinen Fall betrachtet man einfach die Wold-Zerlegung $\tilde{x}_t = \tilde{y} + \tilde{z}_t$ des zentrierten Prozesses $\tilde{x}_t = x_t - \mathbf{E}x_t$ und setzt $y_t = \tilde{y}_t$ und $z_t = \tilde{z}_t + \mathbf{E}x_t$.

Zunächst definieren wir die Innovationen

$$\epsilon_t = x_t - P_{\mathbb{H}_{t-1}(x)} x_t \tag{2.15}$$

des Prozesses (x_t) und merken an, dass

$$\epsilon_t \in (\mathbb{H}_t(x))^n \tag{2.16}$$

$$\mathbb{H}_t(\epsilon) \subset \mathbb{H}_t(x)$$

$$\epsilon_t \perp \mathbb{H}_{t-1}(x).$$

Die Prozesse (y_t) und (z_t) definieren wir durch

$$y_t = \mathrm{P}_{\mathbb{H}_t(\epsilon)}\, x_t \tag{2.17}$$

$$z_t = x_t - y_t. \tag{2.18}$$

Der Prozess (ϵ_t) ist weißes Rauschen (siehe Satz 2.2) und daher besitzt $y_t \in \mathbb{H}_t(\epsilon)$ eine kausale MA(∞)-Darstellung

$$y_t = \sum_{j \geq 0} b_j \epsilon_{t-j}$$

mit quadratisch summierbaren Koeffizienten $(b_j)_{j \geq 0}$. Wegen

$$b_0 \epsilon_t = \mathrm{P}_{\mathrm{sp}\{\epsilon_t\}}\, x_t = \mathrm{P}_{\mathrm{sp}\{\epsilon_t\}}\, \epsilon_t + \mathrm{P}_{\mathrm{sp}\{\epsilon_t\}}\, \mathrm{P}_{\mathbb{H}_{t-1}(x)}\, x_t = \epsilon_t$$

können wir o. B. d. A. $b_0 = I$ setzen. Wir sehen auch, dass

$$y_t \in (\mathbb{H}_t(\epsilon))^n$$

$$\mathbb{H}_t(y) \subset \mathbb{H}_t(\epsilon) \subset \mathbb{H}_t(x)$$

$$z_t \in (\mathbb{H}_t(x))^n$$

$$\mathbb{H}_t(z) \subset \mathbb{H}_t(x)$$

$$z_t \perp \mathbb{H}_t(\epsilon).$$

Die Prozesse (z_t) und (ϵ_t) sind orthogonal zueinander, d. h.

$$z_t \perp \epsilon_s \text{ für alle } s, t \in \mathbb{Z}.$$

Für $t \geq s$ folgt diese Behauptung aus $z_t \perp \mathbb{H}_t(\epsilon)$, $\epsilon_s \in (\mathbb{H}_t(\epsilon))^n$ und für $s > t$ aus $\epsilon_s \perp \mathbb{H}_t(x)$, $z_t \in (\mathbb{H}_t(x))^n$. Da $\mathbb{H}_t(y) \subset \mathbb{H}_t(\epsilon)$ sind auch die Prozesse (y_t) und (z_t) orthogonal zueinander. Es gilt $x_t = y_t + z_t$ und daher $\mathbb{H}_t(x) \subset \mathbb{H}_t(y) \oplus \mathbb{H}_t(z)$. Andererseits haben wir aber auch $\mathbb{H}_t(y) \oplus \mathbb{H}_t(z) \subset \mathbb{H}_t(x)$ wegen $\mathbb{H}_t(y) \subset \mathbb{H}_t(x)$ und $\mathbb{H}_t(z) \subset \mathbb{H}_t(x)$. Der Unterraum $\mathbb{H}_t(x)$ ist also die Summe von zwei orthogonalen Unterräumen

$$\mathbb{H}_t(x) = \mathbb{H}_t(y) \oplus \mathbb{H}_t(z).$$

Wegen $\mathbb{H}_t(\epsilon) \subset \mathbb{H}_t(x) = \mathbb{H}_t(y) \oplus \mathbb{H}_t(z)$, $\mathbb{H}_t(\epsilon) \perp \mathbb{H}_t(z)$ und $\mathbb{H}_t(y) \subset \mathbb{H}_t(\epsilon)$ folgt auch

$$\mathbb{H}_t(\epsilon) = \mathbb{H}_t(y).$$

Wir betrachten nun die Prognose von y_{t+h} aus der eigenen, unendlichen Vergangenheit. Dazu zerlegen wir y_{t+h} in

$$y_{t+h} = \underbrace{\sum_{j=0}^{h-1} b_j \epsilon_{t+h-j}}_{\perp \mathbb{H}_t(\epsilon) = \mathbb{H}_t(y)} + \underbrace{\sum_{j \geq h} b_j \epsilon_{t+h-j}}_{\in \mathbb{H}_t(\epsilon) = \mathbb{H}_t(y)}.$$

Der zweite Teil der rechten Seite ist in $\mathbb{H}_t(y) = \mathbb{H}_t(\epsilon)$ enthalten und der erste ist orthogonal auf diesen Raum. Daher ist die Prognose gleich

$$\hat{y}_{t,h} = P_{\mathbb{H}_t(y)} y_{t+h} = \sum_{j \geq h} b_j \epsilon_{t+h-j} \tag{2.19}$$

und wir sehen, dass der Prozess (y_t) regulär ist, da

$$\operatorname*{l.i.m.}_{h \to \infty} \hat{y}_{t,h} = \operatorname*{l.i.m.}_{h \to \infty} \sum_{j \geq h} b_j \epsilon_{t+h-j} = 0.$$

Der Fehler der Ein-Schritt-Prognose für y_{t+1} ist $b_0 \epsilon_{t+1} = \epsilon_{t+1}$. Das heißt, die ϵ_t's sind auch die Innovationen von (y_t).

Aufgrund der Orthogonalitätsbeziehung $\epsilon_t \perp \mathbb{H}_{t-1}(x)$, siehe (2.16) und (2.15), können wir den Raum $\mathbb{H}_t(x)$ auch folgendermaßen in eine Summe von orthogonalen Räumen zerlegen

$$\begin{aligned} \mathbb{H}_t(x) &= \mathrm{sp}\{\epsilon_t\} \oplus \mathbb{H}_{t-1}(x) \\ &= \mathrm{sp}\{\epsilon_t\} \oplus \mathrm{sp}\{\epsilon_{t-1}\} \oplus \mathbb{H}_{t-2}(x) \\ &\;\;\vdots \\ &= \mathrm{sp}\{\epsilon_t\} \oplus \cdots \oplus \mathrm{sp}\{\epsilon_{t+1-k}\} \oplus \mathbb{H}_{t-k}(x). \end{aligned}$$

Der Zufallsvektor z_t ist orthogonal auf $\mathbb{H}_t(\epsilon)$, d. h. auf alle ϵ_s, $s \leq t$. Daher folgt aus der obigen Zerlegung von $\mathbb{H}_t(x)$ (zusammen mit $z_t \in \mathbb{H}_t(x)$), dass

$$z_t \in \mathbb{H}_s(x) \text{ für alle } s \leq t.$$

Insbesondere gilt $z_{t+1} \in \mathbb{H}_t(x) = \mathbb{H}_t(y) \oplus \mathbb{H}_t(z)$ und wegen $z_{t+1} \perp \mathbb{H}_t(y)$ auch $z_{t+1} \in \mathbb{H}_t(z)$. Das bedeutet aber

$$\hat{z}_{t,1} = P_{\mathbb{H}_t(z)} z_{t+1} = z_{t+1}$$

und wir haben somit gezeigt, dass (z_t) ein singulärer Prozess ist.

Es bleibt nur noch die Eindeutigkeit dieser Wold-Zerlegung zu beweisen. Sei also $x_t = y_t + z_t$ eine (beliebige) Zerlegung, die die Bedingungen (a)–(c) erfüllt. Damit folgt $\mathbb{H}_t(x) = \mathbb{H}_t(y) \oplus \mathbb{H}_t(z)$, $\mathbb{H}_t(y) \perp \mathbb{H}_t(z)$ und daher

$$
\underset{s \to -\infty}{\text{l.i.m}}\, \mathrm{P}_{\mathbb{H}_s(x)}\, x_t = \text{l.i.m}(\mathrm{P}_{\mathbb{H}_s(y)} + \mathrm{P}_{\mathbb{H}_s(z)})(y_t + z_t)
$$

$$
= \underbrace{\text{l.i.m}\,\mathrm{P}_{\mathbb{H}_s(y)}\, y_t}_{=0} + \underbrace{\text{l.i.m}\,\mathrm{P}_{\mathbb{H}_s(z)}\, z_t}_{=z_t}
$$

$$
= z_t.
$$

Das heißt z_t (und damit natürlich auch y_t) ist eindeutig.   □

Der Beweis zeigt auch, dass die h-Schritt-Prognose für x_{t+h} (aus der unendlichen Vergangenheit) gegeben ist durch

$$
\hat{x}_{t,h} = \hat{y}_{t,h} + z_{t+h}.
$$

Folgendes Korollar ist eine unmittelbare Folgerung des obigen Satzes bzw. dessen Beweises.

Folgerung 2.4 *Ein stationärer Prozess (x_t) ist dann und nur dann regulär, wenn er eine kausale MA(∞)-Darstellung $x_t = \sum_{j \geq 0} b_j \epsilon_{t-j}$ mit $b_0 = I$ und $\mathbb{H}_t(x) = \mathbb{H}_t(\epsilon)$ besitzt. Die ϵ_t's sind die Innovationen des Prozesses (x_t) und für die h-Schritt-Prognose gilt*

$$
\hat{x}_{t,h} = \sum_{j \geq h} b_j \epsilon_{t+h-j}
$$

$$
u_{t,h} = \sum_{j=0}^{h-1} b_j \epsilon_{t+h-j}
$$

$$
\Sigma_h = \sum_{j=0}^{h-1} b_j \Sigma b_j'.
$$

Eine Konsequenz von Satz 2.3 ist, dass man die Prognose für x_{t+h} (aus der unendlichen Vergangenheit) dadurch erhält, dass man den regulären und den singulären Teil getrennt aus ihrer jeweiligen Vergangenheit prognostiziert und die Prognosen dann addiert. Ist (z_t) ein harmonischer Prozess, so kann die Prognose auf Basis der Formel (1.19) erfolgen. Die Extraktion des harmonischen Teils kann durch Regression auf harmonische Funktionen erfolgen. Zur Prognose des regulären Teiles benötigt man zunächst die Koeffizienten b_j in der Wold-Zerlegung. Wie man aus den zweiten Momenten von (y_t) die

Wold-Darstellung (2.14) und damit den Prädiktor erhält, ist relativ allgemein in [39, Kapitel 2] beschrieben. Die praktisch wichtigsten Fälle, AR-Prozesse bzw. ARMA-Prozesse und Prozesse, die mit Zustandsraumsystemen modelliert werden, werden in den entsprechenden Kap. 5 bzw. 6 und 7 diskutiert.

Die beste (i. Allg. nicht lineare) Kleinst-Quadrate-Prognose ist der bedingte Erwartungswert $\mathbf{E}[x_{t+h} \mid x_t, x_{t-1}, \ldots]$. Wir betrachten nun einen regulären Prozess (x_t) wie in der obigen Folgerung, nehmen aber zusätzlich an, dass die Innovationen (ϵ_t) eine *Martingal-Differenzenfolge* sind, d. h. dass $\mathbf{E}[\epsilon_{t+h} \mid \epsilon_t, \epsilon_{t-1}, \ldots] = 0$ für alle t und $h > 0$ gilt. Die von $\{x_s \mid s \leq t\}$ und $\{\epsilon_s \mid s \leq t\}$ erzeugten σ-Algebren sind wegen $\mathbb{H}_t(x) = \mathbb{H}_t(\epsilon)$ gleich und daher folgt

$$
\mathbf{E}[x_{t+h} \mid x_t, x_{t-1}, \ldots] = \hat{x}_{t,h} + \mathbf{E}[u_{t,h} \mid x_t, x_{t-1}, \ldots]
$$
$$
= \hat{x}_{t,h} + \sum_{j=0}^{h-1} b_j \underbrace{\mathbf{E}[\epsilon_{t+h-1} \mid \epsilon_t, \epsilon_{t-1}, \ldots]}_{=0} = \hat{x}_{t,h}.
$$

Der bedingte Erwartungswert ist hier also linear und somit bedeutet die Beschränkung auf lineare Funktionen keinen Verlust der Prognosegüte. Der Innovationsprozess ist insbesondere dann eine Martingal-Differenz, wenn (ϵ_t) ein IID (unabhängig, identisch, verteilter) Prozess ist, oder noch stärker, wenn (ϵ_t) bzw. (x_t) ein Gauß-Prozess ist.

Aufgabe (Charakterisierung von MA(q)-Prozessen)
Zeigen Sie, dass ein Prozess (x_t) mit $\gamma(q) \neq 0$ und $\gamma(k) = 0$ für $|k| > q > 0$ ein MA(q)-Prozess ist. Hinweis: Zeigen Sie zunächst $\hat{x}_{t,h} = 0$ für $h > q$ und verwenden Sie dann die Wold-Zerlegung von (x_t) und die entsprechende Darstellung der $(q+1)$-Schritt-Prognose $\hat{x}_{t,q+1}$.

Aufgabe
Sei $(\epsilon_t) \sim \text{WN}(\sigma^2)$ ein skalares weißes Rauschen, z eine quadratisch integrierbare Zufallsvariable (mit $\mathbf{E}z\epsilon_t = 0 \ \forall t \in \mathbb{Z}$) und $(y_t = \epsilon_t - b\epsilon_{t-1})$, $b \in \mathbb{R}$ ein MA(1)-Prozess. Zeigen Sie

(1) Der Prozess (y_t) ist regulär und der Prozess $(z_t = z)$ ist singulär.
(2) Der Prozess $(x_t = y_t + z)$ ist weder singulär noch regulär. Der Prozess (y_t) ist der reguläre Teil und $(z_t = z)$ der singuläre Teil von (x_t). Siehe Punkte (1) im Satz 2.3.

Wir werden in Abschn. 4.5 zeigen, dass die Darstellung $y_t = \epsilon_t - b\epsilon_{t-1}$ dann und nur dann der Wold-Darstellung (2.14) entspricht, wenn $|b| \leq 1$ gilt. Nur in diesem Fall sind die ϵ_ts also die Innovationen von (y_t) und von (x_t).

Spektraldarstellung

In diesem Kapitel werden wir zeigen, dass sich jeder stationäre Prozess approximativ als Summe von harmonischen Schwingungen (mit zufälligen und unkorrelierten Amplituden) darstellen lässt. Das heißt, man kann den Prozess (punktweise in t) beliebig genau durch einen harmonischen Prozess

$$x_t \approx a_0 + a_M(-1)^t + \sum_{m=1}^{M-1} [a_m \cos(\lambda_m t) + b_m \sin(\lambda_m t)]$$

approximieren (vergleiche auch (1.23)). Der Grenzwert dieser Summen führt zu einer Integraldarstellung, der sogenannten Spektraldarstellung von stationären Prozessen. Diese Spektraldarstellung ist eine Verallgemeinerung der Fourier-Darstellung von deterministischen Folgen auf stationäre Prozesse. Sie ist von zentraler Bedeutung für die Theorie stationärer Prozesse und für die Interpretation. Die Spektraldarstellung definiert eine bijektive Isometrie zwischen dem Zeitbereich $\mathbb{H}^{\mathbb{C}}(x)$ und dem sogenannten Frequenzbereich $\mathbb{H}_F(x)$ des Prozesses. In diesem Frequenzbereich können lineare dynamische Transformationen von stationären Prozessen (siehe Kap. 4) besonders einfach durchgeführt und interpretiert werden. Die der Spektraldarstellung des Prozesses entsprechende Fourier-Darstellung der Kovarianzfunktion erlaubt eine äquivalente Beschreibung der linearen Abhängigkeitsstruktur des Prozesses.

Die Spektraldarstellung der Kovarianzfunktion geht auf Chintschin, Wold und Cramér zurück. Die Spektraldarstellung stationärer Prozesse kann auf unterschiedliche Weise hergeleitet werden, z. B. über die Spektraldarstellung des Vorwärts-Shift-Operators U. Dies war der Zugang von Kolmogorov [27]. Unser hier gewählter Zugang basiert auf Cramér [8] und Doob [11]. In diesem Zugang wird zuerst die Spektraldarstellung der Kovarianzfunktion hergeleitet. Darauf basierend konstruiert man den zum Zeitbereich (als Hilbert-Raum) isometrisch isomorphen Frequenzbereich des Prozesses und erhält damit im letzten Schritt die Spektraldarstellung des Prozesses. Der multivariate Fall wurde erst von Rosenberg [38] und Rozanov [39] vollständig gelöst.

© Springer International Publishing AG 2018
M. Deistler, W. Scherrer, *Modelle der Zeitreihenanalyse*, Mathematik Kompakt,
https://doi.org/10.1007/978-3-319-68664-6_3

Wir zeigen hier die wesentlichen Beweisschritte der Spektraldarstellung stationärer Prozesse. Obwohl die Struktur des Beweises wesentliche Einblicke gibt, kann der Leser beim ersten Lesen technische Einzelheiten überspringen. Auch wir verweisen für einige technische Details aus der Maßtheorie auf die einschlägige Literatur. Es werden in diesem Kapitel, wenn nicht ausdrücklich erwähnt, nur zentrierte Prozesse ($\mathbf{E}x_t = 0$) betrachtet. Alle Resultate können aber ohne große Schwierigkeiten auf den allgemeinen Fall übertragen werden.

3.1 Die Fourier-Darstellung der Kovarianzfunktion

In diesem ersten Abschnitt wird die Fourier-Darstellung (Spektraldarstellung) der Kovarianzfunktion eines stationären Prozesses hergeleitet und die spektrale Verteilungsfunktion und die spektrale Dichte eines stationären Prozesses eingeführt.

Wir verwenden dazu folgende Notation: Für eine Menge B bezeichnet $\mathbb{1}_B$ die entsprechende Indikatorfunktion. Der linksseitige Grenzwert einer Funktion $\lambda \mapsto F(\lambda)$ an der Stelle λ wird (soweit er existiert) mit $F(\lambda-) = \lim_{\epsilon \downarrow 0} F(\lambda - \epsilon)$ bezeichnet.

Zunächst benötigen wir den Begriff einer positiv semidefiniten, symmetrischen Verteilungsfunktion auf $[-\pi, \pi]$ und einige wichtige Eigenschaften solcher Verteilungsfunktionen. (Siehe auch [38].)

Definition (positiv semidefinite, symmetrische Verteilungsfunktion)
Eine Funktion $F: [-\pi, \pi] \longrightarrow \mathbb{C}^{n \times n}$ nennen wir *positiv semidefinite, symmetrische Verteilungsfunktion*, wenn sie folgende Bedingungen erfüllt

(1) $F(-\pi) = 0 \in \mathbb{C}^{n \times n}$.
(2) F ist monoton nicht fallend[1] im Sinne von $F(\lambda_1) \leq F(\lambda_2)$ für $\lambda_1 \leq \lambda_2$.
(3) F ist rechtsstetig.
(4) (Symmetrie) $F(-\lambda)' = F(\pi-) - F(\lambda-)$ für $-\pi < \lambda < \pi$ und $F(\pi) \in \mathbb{R}^{n \times n}$.

Aus den Bedingungen (1) und (2) folgt $0 \leq F(\lambda) \leq F(\pi)$ und daher ist $F(\lambda)$ immer positiv semidefinit und damit auch hermitesch ($F(\lambda) = F(\lambda)^*$). Die Diagonalelemente $F_{ii}(\cdot)$ sind Verteilungsfunktionen von positiven Maßen und die Nebendiagonalelemente $F_{ij}(\cdot)$, $i \neq j$ sind Verteilungsfunktionen von komplexwertigen Maßen. Für skalare (messbare) Funktion $a: [-\pi, \pi] \to \mathbb{C}$ interpretieren wir das Integral $\int a(\lambda) dF(\lambda)$ einfach komponentenweise, d. h.

$$\int_{-\pi}^{\pi} a(\lambda) dF(\lambda) = \left(\int_{-\pi}^{\pi} a(\lambda) dF_{ij}(\lambda) \right)_{i,j=1,\dots,n} .$$

---

[1] Zur Erinnerung, für zwei hermitesche Matrizen A, B bedeutet die Notation $A \geq B$, dass $(A - B)$ positiv semidefinit ist.

Die Verteilungsfunktion F definiert ein matrixwertiges Maß μ_F auf den Borel-Mengen $\mathcal{B}$ des Intervalls $[-\pi, \pi]$:

$$B \in \mathcal{B} \longmapsto \mu_F(B) = \int_{-\pi}^{\pi} \mathbb{1}_B(\lambda) dF(\lambda) \in \mathbb{C}^{n \times n}.$$

Ganz allgemein heißt eine Funktion μ von einer Sigma-Algebra $\mathcal{B}$ in einen Banach-Raum $\mathbb{M}$ Maß[2], wenn $\mu(\varnothing) = 0 \in \mathbb{M}$ und μ σ-additiv ist, d.h. für eine disjunkte Folge $(B_j)_{j>0} \in \mathcal{B}$ gilt

$$\mu\left(\bigcup_{j>0} B_j\right) = \sum_{j>0} \mu(B_j).$$

Das Maß μ_F heißt positiv semidefinit, weil $\mu_F(B)$ immer positiv semidefinit ist: Für jeden Vektor $a \in \mathbb{C}^{1 \times n}$ ist $F_{aa}(\lambda) := a F(\lambda) a^*$ die Verteilungsfunktion eines positiven Maßes und daher gilt

$$a \mu_F(B) a^* = a \left[\int \mathbb{1}_B(\lambda) dF(\lambda)\right] a^* = \int \mathbb{1}_B(\lambda) dF_{aa}(\lambda) \geq 0.$$

Die Spur $F^\tau(\lambda) = \sum_{i=1}^{n} F_{ii}(\lambda)$ ist die Verteilungsfunktion eines positiven Maßes μ^τ und die den F_{ij} zugeordneten Maße μ_{ij} sind absolut stetig bezüglich μ^τ: Wenn $\mu^\tau(B) = 0$ gilt, dann folgt wegen $\mu_F(B) \geq 0$ auch $\mu_{ij}(B) = 0$. Sei $f^\tau = (f_{ij}^\tau)$ die Matrix der Radon-Nikodym-Ableitungen[3] von μ_{ij} nach μ^τ. Es ist leicht zu zeigen, dass $f^\tau(\lambda) \geq 0$ und $\mathrm{tr}(f^\tau(\lambda)) = 1$ μ^τ-fast überall gilt. Für (Zeilen-)Funktionen $a \colon [-\pi, \pi] \to \mathbb{C}^{1 \times n}$ und $b \colon [-\pi, \pi] \to \mathbb{C}^{1 \times n}$ definiert man nun

$$\int_{-\pi}^{\pi} [a(\lambda) dF(\lambda) b(\lambda)^*] := \int_{-\pi}^{\pi} [a(\lambda) f^\tau(\lambda) b(\lambda)^*] dF^\tau(\lambda), \tag{3.1}$$

falls das Integral auf der rechten Seite existiert. Wenn für alle $i, j = 1, \ldots, n$ die Integrale $\int a_i(\lambda) \overline{b_j(\lambda)} dF_{ij}(\lambda)$ existieren (also insbesondere, wenn die Funktionen a und b beschränkt sind), dann gilt

$$\int_{-\pi}^{\pi} [a(\lambda) dF(\lambda) b(\lambda)^*] = \sum_{i,j=1}^{n} \int_{-\pi}^{\pi} a_i(\lambda) \overline{b_j(\lambda)} dF_{ij}(\lambda).$$

---

[2] Man nennt μ auch vektorwertiges Maß, siehe z. B. [12].
[3] Siehe z. B. [6, Satz von Radon-Nikodym (IX.1)]

Satz 3.1 (Herglotz) *Eine Folge* $(\gamma(k) \in \mathbb{R}^{n \times n} \,|\, k \in \mathbb{Z})$ *ist dann und nur dann die Kovarianzfunktion eines stationären Prozesses, wenn eine positiv semidefinite Verteilungsfunktion* $F: [-\pi, \pi] \longrightarrow \mathbb{C}^{n \times n}$ *existiert, sodass*

$$\gamma(k) = \int_{-\pi}^{\pi} e^{i\lambda k} \, dF(\lambda) \quad \forall k \in \mathbb{Z}. \tag{3.2}$$

Die Verteilungsfunktion F *ist für gegebenes* γ *eindeutig bestimmt.*

Die durch (3.2) definierte Verteilungsfunktion nennt man die *spektrale Verteilungsfunktion* des zugrunde liegenden Prozesses.

Beweis Wir zeigen zunächst, dass die durch (3.2) definierte Folge γ reellwertig und positiv semidefinit ist, wenn F eine positiv semidefinite Verteilungsfunktion ist. Nach Satz 1.1 ist γ dann die Kovarianzfunktion eines stationären Prozesses.

Aus der Symmetriebedingung (4) folgt $F(\pi-) = \lim_{\lambda \downarrow -\pi} (F(-\lambda)' + F(\lambda-)) = F(\pi-)'$. Daher ist der Beitrag $e^{i\pi k}(F(\pi) - F(\pi-))$ einer Punktmasse im Punkt π zum Integral (3.2) reell. Wir können also für den Beweis, dass $\gamma(k) \in \mathbb{R}^{n \times n}$, o. B. d. A. annehmen, dass $F(\pi) = F(\pi-)$ gilt. Sei $\tilde{\mu}_F$ das Bildmaß von μ_F unter der Abbildung $\lambda \mapsto -\lambda$, d. h. für $B \in \mathcal{B}$ und $-B := \{\lambda \,|\, -\lambda \in B\}$ gilt $\tilde{\mu}_F(-B) = \mu_F(B)$. Für die entsprechende Verteilungsfunktion, die wir mit $\tilde{F}$ bezeichnen, gilt

$$\tilde{F}(\lambda) = F(\pi) - F((-\lambda)-) = F(\lambda)' = \overline{F(\lambda)} \quad \text{für } -\pi < \lambda \text{ und}$$
$$\tilde{F}(-\pi) = F(\pi) - F(\pi-) = 0.$$

Mit dem Transformationssatz für Integrale folgt nun

$$\gamma(k) = \int_{-\pi}^{\pi} e^{i\lambda k} \, dF(\lambda) = \int_{-\pi}^{\pi} e^{-i\lambda k} \, d\tilde{F}(\lambda) = \overline{\int_{-\pi}^{\pi} e^{i\lambda k} \, dF(\lambda)} = \overline{\gamma(k)},$$

d. h. $\gamma(k)$ ist wie behauptet eine reelle Matrix.

Eine Folge $(\gamma(k) \,|\, k \in \mathbb{Z})$ ist dann und nur dann positiv semidefinit, wenn

$$\sum_{k,l=0}^{p-1} a_k \gamma(l-k) a_l^* \geq 0, \quad \forall p \in \mathbb{N} \text{ und } a_k \in \mathbb{C}^{1 \times n}, \, k = 0, \dots, p-1.$$

Diese Bedingung wiederum folgt durch elementare Umformungen aus der Spektraldarstellung (3.2) von $\gamma(k)$:

$$
\sum_{k,l=0}^{p-1} a_k \gamma(l-k) a_l^* = \sum_{k,l=0}^{p-1} a_k \left[\int_{-\pi}^{\pi} e^{i(l-k)\lambda} dF(\lambda) \right] a_l^*
$$

$$
= \sum_{k,l=0}^{p-1} \int_{-\pi}^{\pi} \left[(a_k e^{-i\lambda k}) dF(\lambda) (a_l e^{-i\lambda l})^* \right]
$$

$$
= \int_{-\pi}^{\pi} \left[\left(\sum_{k=0}^{p-1} a_k e^{-i\lambda k} \right) f^{\tau}(\lambda) \left(\sum_{k=0}^{p-1} a_k e^{-i\lambda k} \right)^* \right] dF^{\tau}(\lambda) \geq 0.
$$

Sei nun umgekehrt eine Kovarianzfunktion γ gegeben. Für $q \in \mathbb{N}$ betrachten wir die zeitdiskrete Fourier-Transformation der Folge $(\gamma^{(q)}(k)|\, k \in \mathbb{Z})$, die definiert ist durch

$$
\gamma^{(q)}(k) = \begin{cases} \left(1 - \frac{|k|}{q}\right)\gamma(k) & \text{für } |k| < q, \\ 0 & \text{sonst.} \end{cases}
$$

Es folgt

$$
f^{(q)}(\lambda) = \frac{1}{2\pi} \sum_{k=-\infty}^{\infty} e^{-i\lambda k} \gamma^{(q)}(k) = \frac{1}{2\pi} \sum_{k=-q+1}^{q-1} e^{-i\lambda k} \left(1 - \frac{|k|}{q}\right) \gamma(k), \ \lambda \in [-\pi, \pi].
$$

Die Fourier-Transformation $f^{(q)}(\lambda)$ ist positiv semidefinit, da (für $a \in \mathbb{C}^{1 \times n}$)

$$
2\pi a f^{(q)}(\lambda) a^* = \sum_{k=-q+1}^{q-1} e^{-i\lambda k} \left(1 - \frac{|k|}{q}\right) a\gamma(k) a^*
$$

$$
= \frac{1}{q} \sum_{k,l=0}^{q-1} (ae^{-i\lambda k}) \gamma(l-k) (ae^{-i\lambda l})^* \geq 0
$$

und symmetrisch im Sinne von $f^{(q)}(\lambda)' = f^{(q)}(-\lambda)$. Diese Symmetrie folgt unmittelbar aus der Symmetrie der Kovarianzfunktion $\gamma(k)' = \gamma(-k)$. Damit kann man nun leicht zeigen, dass

$$
F^{(q)}(\lambda) = \int_{-\pi}^{\lambda} f^{(q)}(v) dv
$$

eine positive semidefinite, symmetrische Verteilungsfunktion ist. Das entsprechende Maß bezeichnen wir mit $\mu_F^{(q)}$. Die Folge $\gamma^{(q)}$ kann durch die inverse Fourier-Transformation aus $f^{(q)}$ berechnet werden, d. h. für $k < |q|$ folgt

$$\left(1 - \frac{|k|}{q}\right)\gamma(k) = \int_{-\pi}^{\pi} e^{i\lambda k} f^{(q)}(\lambda) d\lambda = \int_{-\pi}^{\pi} e^{i\lambda k} dF^{(q)}(\lambda) = \int_{-\pi}^{\pi} e^{i\lambda k} \mu_F^{(q)}(d\lambda). \quad (3.3)$$

Insbesondere gilt $\gamma(0) = \int_{-\pi}^{\pi} \mu_F^{(q)}(d\lambda) = \mu_F^{(q)}([-\pi,\pi])$. Die Maße $\mu_F^{(q)}$ sind beschränkt $(\mu_F^{(q)}(\Delta) \le \gamma(0))$ und daher folgt aus einer Verallgemeinerung des Auswahlsatzes von Helly für positiv semidefinite Maße (siehe z. B. [15]), dass eine Teilfolge $\mu_F^{(q_r)}$ existiert, die schwach gegen ein positiv semidefinites Maß μ_F konvergiert. Mit (3.3) und der schwachen Konvergenz $\mu_F^{(q_r)} \longrightarrow \mu_F$ erhält man folgende Darstellung der Kovarianzfunktion

$$\gamma(k) = \lim_{r\to\infty}\left(1 - \frac{|k|}{q_r}\right)\gamma(k) = \lim_{r\to\infty}\int_{-\pi}^{\pi} e^{i\lambda k} \mu_F^{(q_r)}(d\lambda) = \int_{-\pi}^{\pi} e^{i\lambda k} \mu_F(d\lambda). \quad (3.4)$$

Wir definieren nun eine Verteilungsfunktion aus μ_F durch:

$$F(\lambda) = \mu_F((-\pi,\lambda]) \text{ für } \lambda < \pi$$
$$F(\pi) = \mu_F([-\pi,\pi]).$$

Dadurch wird eine eventuell vorhandene Punktmasse von μ_F bei $-\pi$ nach π verschoben, um $F(-\pi) = 0$ zu erreichen. Diese Operation verändert das Integral (3.4) nicht, d. h.

$$\gamma(k) = \int_{-\pi}^{\pi} e^{i\lambda k} \mu_F(d\lambda) = \int_{-\pi}^{\pi} e^{i\lambda k} dF(\lambda) \ \forall k \in \mathbb{Z}.$$

Es ist noch zu zeigen, dass die so konstruierte Grenzverteilung F die Symmetriebedingungen (4) erfüllt. Es gilt $F(\pi) = \mu_F([-\pi,\pi]) = \gamma(0) \in \mathbb{R}^{n\times n}$. Ist F in den Punkten $-\lambda_1, -\lambda_2, \lambda_1, \lambda_2, -\pi < \lambda_1 < \lambda_2 < \pi$ stetig, dann folgt aus der Symmetrie der $F^{(q)}$'s und der schwachen Konvergenz $\mu_F^{(q_r)} \to \mu_F$, dass

$$F(-\lambda_1)' - F(-\lambda_2)' = F(\lambda_2) - F(\lambda_1).$$

Der Grenzwert für $\lambda_2 \uparrow \pi$ und $\lambda_1 \uparrow \lambda$ liefert dann

$$F(-\lambda)' - \underbrace{F(-\pi)'}_{=0} = F(\pi-) - F(\lambda-).$$

Die Verteilungsfunktion F ist eindeutig, da aus $\int e^{i\lambda k}(dF(\lambda) - d\tilde{F}(\lambda)) = 0, \forall k \in \mathbb{Z}$ folgt, dass die beiden positiv semidefiniten Verteilungsfunktion identisch sind, d. h. $F(\lambda) = \tilde{F}(\lambda) \ \forall \lambda \in [-\pi,\pi]$. Hier verwendet man die Tatsache, dass die trigonometrischen Polynome dicht sind im Hilbert-Raum der bezüglich F quadratisch integrierbaren Funktionen, wie wir am Ende von Abschn. 3.2 zeigen werden. $\square$

Ist die spektrale Verteilungsfunktion F von (x_t) absolut stetig bezüglich des Lebesgue-Maßes μ, dann existiert eine Funktion $f : [-\pi, \pi] \to \mathbb{C}^{n \times n}$, sodass

$$F(\lambda) = \int_{-\pi}^{\lambda} f(\nu) d\nu \ \forall \lambda \in [-\pi, \pi]. \tag{3.5}$$

Man nennt f die *spektrale Dichte* des Prozesses. Es gilt natürlich

$$\gamma(k) = \int_{-\pi}^{\pi} e^{i\lambda k} f(\lambda) d\lambda \ \forall k \in \mathbb{Z}. \tag{3.6}$$

Es ist klar, dass die spektrale Dichte f nur μ-f.ü. eindeutig bestimmt ist.

Aus dem Satz von Herglotz folgt unmittelbar folgende Charakterisierung von spektralen Dichten.

Satz 3.2 *Eine Funktion $f : [-\pi, \pi] \longrightarrow \mathbb{C}^{n \times n}$ ist die spektrale Dichte eines stationären Prozesses genau dann, wenn gilt*

(1) *f ist integrierbar (komponentenweise bzgl. des Lebesgue-Maßes)*
(2) *$f(\lambda) \geq 0$ gilt μ-f.ü.*
(3) *$f(-\lambda) = f(\lambda)'$ gilt μ-f.ü.*

Die spektrale Dichte ist auch durch die Bedingung (3.6) (μ-f.ü.) bestimmt. Das heißt, wenn eine Funktion f diese Gleichungen erfüllt, dann ist f (eine) spektrale Dichte des zugehörigen Prozesses. Aufgrund dieser Beobachtung folgt nun

Folgerung 3.3 *Ist die Kovarianzfunktion γ absolut summierbar ($\sum_k \|\gamma(k)\| < \infty$), dann ist die zeitdiskrete Fourier-Transformation von γ*

$$f(\lambda) = \frac{1}{2\pi} \sum_{k=-\infty}^{\infty} e^{-i\lambda k} \gamma(k), \ \lambda \in [-\pi, \pi] \tag{3.7}$$

eine spektrale Dichte des Prozesses.

Die absolute Summierbarkeit der Kovarianzfunktion ist eine hinreichende aber nicht notwendige Bedingung für die Existenz der spektralen Dichte. Wenn die Autokovarianzfunktion absolut summierbar ist, dann konvergieren die Partialsummen $\frac{1}{2\pi} \sum_{k=-q}^{q} e^{-i\lambda k} \gamma(k)$ gleichmäßig auf $[-\pi, \pi]$ gegen f und die spektrale Dichte f ist daher in diesem Fall stetig (siehe z. B. [42, Satz VIII.35]).

Aufgabe

Gegeben sei eine Funktion $g : [-\pi, \pi] \longrightarrow \mathbb{R}$, $\lambda \longmapsto g(\lambda) = g_0 + 2g_1 \cos(\lambda)$. Zeigen Sie, dass g dann und nur dann eine spektrale Dichte ist, wenn $g_0 \geq 0$ und $2|g_1| \leq g_0$ gilt. Vergleiche auch die Aufgabe über die Autokovarianzfunktion von MA(1)-Prozessen in Abschn. 1.4.

Aufgabe

Gegeben sei eine (skalare) Autokovarianzfunktion $\gamma : \mathbb{Z} \longrightarrow \mathbb{R}$. Wir betrachten nun die „gestutzte" Funktion γ^q:

$$\gamma^q(k) = \begin{cases} \gamma(k) & \text{für } |k| \leq q, \\ 0 & \text{für } |k| > q. \end{cases}$$

Finden Sie ein Beispiel für γ, sodass γ^q keine Autokovarianzfunktion ist.

Natürlich besitzt nicht jeder stationäre Prozess eine spektrale Dichte. Die spektrale Verteilungsfunktion eines harmonischen Prozesses, siehe (1.25), ist eine Treppenfunktion mit endlich vielen Sprüngen und daher nicht absolut stetig. Derartige Prozesse haben also keine spektrale Dichte.

Betrachtet man einen gestapelten Prozess $(z_t = (x_t', y_t')'$ und partitioniert man die spektrale Dichte (falls sie existiert) entsprechend in

$$f_z = \begin{pmatrix} f_x & f_{xy} \\ f_{yx} & f_y \end{pmatrix},$$

dann nennt man f_x, f_y die Autospektren der Prozesse (x_t) bzw. (y_t) und f_{yx}, f_{xy} sind die sogenannten Kreuzspektren zwischen (y_t) und (x_t) bzw. zwischen (x_t) und (y_t).

Für einen n-dimensionalen Prozess (x_t) mit spektraler Dichte $f = (f_{ij})_{i,j=1,\ldots,n}$ ist f_{ii} das Autospektrum des Komponentenprozesses (x_{it}) und f_{ij} ist das Kreuzspektrum zwischen den beiden (skalaren) Prozessen (x_{it}) und (x_{jt}).

3.2   Der Frequenzbereich stationärer Prozesse

In diesem Abschnitt führen wir den Frequenzbereich, einen zum Zeitbereich isometrisch isomorphen Hilbert-Raum, ein. In diesem Hilbert-Raum lassen sich gewisse Operationen leichter durchführen.

Wir betrachten nun (Zeilen-)Funktionen $a : [-\pi, \pi] \longrightarrow \mathbb{C}^{1 \times n}$. Wir sagen a ist bezüglich F quadratisch integrierbar, wenn

$$\int_{-\pi}^{\pi} [a(\lambda) dF(\lambda) a(\lambda)^*] = \int_{-\pi}^{\pi} a(\lambda) f^\tau(\lambda) a(\lambda)^* dF^\tau(\lambda) < \infty.$$

Die Menge dieser quadratisch integrierbaren Funktionen – genauer gesagt die Menge von geeigneten Äquivalenzklassen solcher Funktionen – wollen wir nun mit einer

Hilbert-Raum-Struktur versehen. Dabei sind zwei Funktionen a, b äquivalent, wenn $\int_{-\pi}^{\pi} [(a(\lambda) - b(\lambda))dF(\lambda)(a(\lambda) - b(\lambda))^*] = 0$. Wie in [39, S. 29f] gezeigt ist, hängt sowohl das obige Integral als auch der Hilbert-Raum nicht von der speziellen Wahl einer Verteilungsfunktion (wie F^τ) bezüglich der μ_F absolut stetig ist ab.

Sind alle Komponenten a_i bzgl. F^τ quadratisch integrierbar, dann ist a bzgl. F quadratisch integrierbar. Die Umkehrung gilt aber i. Allg. nicht, wie folgende Aufgabe zeigt:

Aufgabe

Zeigen Sie, dass die mit $a(\lambda) = (1 - e^{-i\lambda})^{-1}(1, -1)$ für $\lambda \neq 0$ und $a(0) = (0, 0)$ definierte Funktion a bezüglich

$$F(\lambda) = \begin{pmatrix} 1 & 1 \\ 1 & 1 \end{pmatrix} (\lambda + \pi)$$

quadratisch integrierbar ist. Die Komponenten a_1, a_2 sind aber bezüglich $F^\tau = 2(\lambda + \pi)$ nicht quadratisch integrierbar.

Für positiv semidefinite Matrizen $M \in \mathbb{C}^{n \times n}$, $M \geq 0$ kann man eine eindeutige hermitesche, positiv semidefinite Wurzel konstruieren, d. h. eine Matrix $N \in \mathbb{C}^{n \times n}$, die $N \geq 0$, $N = N^*$ und $M = NN$ erfüllt. Die zu M gehörige Wurzel bezeichnen wir oft mit $M^{1/2}$ und die Matrixdarstellungen der Projektion auf den Zeilenraum von M bezeichnen wir mit M^p. Sei nun $f^{\tau/2}(\lambda)$ die Wurzel von $f^\tau(\lambda)$ und $f^p(\lambda)$ die entsprechenden Projektionsmatrix. Die Wurzel $M^{1/2}$ und die Projektionsmatrix M^p sind stetige Funktionen der Elemente von M. Daher sind $f^{\tau/2}$ und f^p messbare Funktionen. Die obige quadratische Form kann nun geschrieben werden als

$$\int_{-\pi}^{\pi} [a(\lambda)dF(\lambda)a(\lambda)^*] = \int_{-\pi}^{\pi} [a(\lambda)f^\tau(\lambda)a(\lambda)^*] \, dF^\tau(\lambda)$$

$$= \int_{-\pi}^{\pi} a(\lambda)f^{\tau/2}(\lambda) \left[a(\lambda)f^{\tau/2}(\lambda) \right]^* dF^\tau(\lambda).$$

Das heißt a ist genau dann bezüglich F quadratisch integrierbar, wenn die Komponenten $(a(\cdot)f^{\tau/2}(\cdot))_k$ von $(a(\cdot)f^{\tau/2}(\cdot))$ bezüglich F^τ quadratisch integrierbar sind. Sind nun a, b zwei solche quadratisch integrierbare Funktionen, dann folgt aus dieser Beobachtung, dass das Integral

$$\int_{-\pi}^{\pi} [a(\lambda)dF(\lambda)b(\lambda)^*] = \int_{-\pi}^{\pi} [a(\lambda)f^\tau(\lambda)b(\lambda)^*] \, dF^\tau(\lambda)$$

$$= \int_{-\pi}^{\pi} a(\lambda)f^{\tau/2}(\lambda) \left[b(\lambda)f^{\tau/2}(\lambda) \right]^* dF^\tau(\lambda)$$

existiert und daher sind auch beliebige Linearkombinationen $(\alpha a(\lambda) + \beta b(\lambda))$, $\alpha, \beta \in \mathbb{C}$ quadratisch integrierbar. Wir sagen zwei quadratisch integrierbare Funktion a, b sind (bezüglich F) äquivalent, wenn die Differenz

$$\int_{-\pi}^{\pi} [(a(\lambda) - b(\lambda)) dF(\lambda)(a(\lambda) - b(\lambda))^*] = 0$$

erfüllt. Um die Darstellung zu vereinfachen, werden wir im Folgenden dasselbe Symbol für die Funktionen und die Äquivalenzklassen verwenden. Die Abbildung

$$(a, b) \mapsto \langle a, b \rangle_F := \int_{-\pi}^{\pi} [a(\lambda) dF(\lambda) b(\lambda)^*]$$

ist ein inneres Produkt und die entsprechende Norm bezeichnen wir mit $\|a\|_F = \sqrt{\langle a, a \rangle_F}$. Den (komplexen) Vektorraum der (Äquivalenzklassen von) quadratisch integrierbaren Zeilenfunktionen mit dem oben definierten inneren Produkt bezeichnen wir als $\mathbb{L}_2^{\mathbb{C}}([-\pi, \pi], \mathcal{B}, F)$. Dieser Raum ist vollständig und daher ein Hilbert-Raum.

Die Vollständigkeit von $\mathbb{L}_2^{\mathbb{C}}([-\pi, \pi], \mathcal{B}, F)$ kann man folgendermaßen zeigen: Sei $(a_r)_{r>0}$ eine Cauchy-Folge, d. h.

$$\lim_{r,s \to \infty} \int \left[(a_r - a_s) f^{\tau/2} \left[(a_r - a_s) f^{\tau/2} \right]^* \right] dF^{\tau}(\lambda)$$

$$= \lim_{r,s \to \infty} \sum_k \int \left| (a_r f^{\tau/2})_k - (a_s f^{\tau/2})_k \right|^2 dF^{\tau}(\lambda) = 0.$$

Da $\mathbb{L}_2^{\mathbb{C}}([-\pi, \pi], \mathcal{B}, F^{\tau})$ ein Hilbert-Raum ist, folgt $(a_r f^{\tau/2})_k \to \tilde{a}_k \in \mathbb{L}_2^{\mathbb{C}}([-\pi, \pi], \mathcal{B}, F^{\tau})$ für $k = 1, \ldots, n$. Wir setzen $\tilde{a} = (\tilde{a}_1, \ldots, \tilde{a}_n)$ und $a = \tilde{a} f^{\dagger/2}$, wobei $f^{\dagger/2}$ die Moore-Penrose-Inverse von $f^{\tau/2}$ bezeichnet. Damit erhalten wir $a f^{\tau/2} = \tilde{a} f^p$ und wegen

$$(a_r f^{\tau/2} - a f^{\tau/2})(a_r f^{\tau/2} - a f^{\tau/2})^* = (a_r f^{\tau/2} - \tilde{a}) f^p (a_r f^{\tau/2} - \tilde{a})^*$$

$$\leq (a_r f^{\tau/2} - \tilde{a})(a_r f^{\tau/2} - \tilde{a})^*$$

die gewünschte Konvergenz von $a_n \longrightarrow a$ (bzgl. $\| \cdot \|_F$). Siehe [39, Kapitel I, Lemma 7.1] und [38].

Definition (Frequenzbereich)

Ist F die spektrale Verteilungsfunktion des Prozesses (x_t), so bezeichnet $\mathbb{H}_F(x) := \mathbb{L}_2^{\mathbb{C}}([-\pi, \pi], \mathcal{B}, F)$ den *Frequenzbereich* von (x_t).

Aufgabe

Zeigen Sie: Für eine messbare, beschränkte Funktion $a \colon [-\pi, \pi] \to \mathbb{C}$ gilt $a \in \mathbb{H}_F(x)$ für jeden beliebigen skalaren stationären Prozess (x_t).

Im Folgenden betrachten wir nun vielfach anstatt des reellen Hilbert-Raumes $\mathbb{L}_2(\Omega, \mathcal{A}, \mathbf{P})$ den Hilbert-Raum der komplexwertigen, quadratisch integrierbaren Zufallsvariablen $\mathbb{L}_2^{\mathbb{C}}(\Omega, \mathcal{A}, \mathbf{P})$ mit den komplexen Zahlen als Multiplikatoren. Das innere Produkt auf diesem Raum ist definiert durch $\langle x, y \rangle = \mathbf{E} x \overline{y}$. Dementsprechend ist der komplexe Zeitbereich $\mathbb{H}^{\mathbb{C}}(x)$ eines stationären Prozesses (x_t) der von den Komponenten x_{it} in $\mathbb{L}_2^{\mathbb{C}}(\Omega, \mathcal{A}, \mathbf{P})$ erzeugte Unterraum

$$\mathbb{H}^{\mathbb{C}}(x) = \overline{\mathrm{sp}}\{x_{it}, i = 1, \ldots, n, \, t \in \mathbb{Z}\} \subset \mathbb{L}_2^{\mathbb{C}}(\Omega, \mathcal{A}, \mathbf{P}).$$

Klarerweise kann man $\mathbb{H}(x)$ als Teilmenge von $\mathbb{H}^{\mathbb{C}}(x)$ betrachten. Obwohl wir nur reelle Prozesse betrachten, ermöglicht der komplexe Hilbert-Raum $\mathbb{H}^{\mathbb{C}}(x)$ oft eine einfachere Darstellung. Der Übergang zum komplexen Zeitbereich führt auch nicht zu „unerwünschten" komplexen Resultaten, wie z. B. folgende Aufgabe zeigt:

Aufgabe
Sei $y \in \mathbb{H}(x)$ und $\mathbb{M} \subset \mathbb{H}(x)$ ein Teil-Hilbert-Raum von $\mathbb{H}(x)$. Der von $\mathbb{M}$ in $\mathbb{H}^{\mathbb{C}}(x)$ erzeugte Teilraum sei $\mathbb{M}^{\mathbb{C}} = \overline{\mathrm{sp}}\{x \mid x \in \mathbb{M}\} \subset \mathbb{H}^{\mathbb{C}}(x)$. Zeigen Sie nun, dass die Projektion von y auf $\mathbb{M}$ (in $\mathbb{H}(x)$) dasselbe Ergebnis wie die Projektion von y auf $\mathbb{M}^{\mathbb{C}}$ (in $\mathbb{H}^{\mathbb{C}}(x)$) liefert.

Im Folgenden bezeichnet u_k den k-ten (Zeilen-)Einheitsvektor in $\mathbb{C}^{1 \times n}$.

Satz 3.4 *Die Abbildung*

$$x_{kt} \in \mathbb{H}^{\mathbb{C}}(x) \longmapsto u_k e^{i \cdot t} \in \mathbb{H}_F(x), \; k = 1, \ldots, n, \, t \in \mathbb{Z},$$

kann auf eindeutige Weise zu einer bijektiven Isometrie

$$\Phi \colon \mathbb{H}^{\mathbb{C}}(x) \longrightarrow \mathbb{H}_F(x)$$

zwischen dem Zeitbereich $\mathbb{H}^{\mathbb{C}}(x)$ und dem Frequenzbereich $\mathbb{H}_F(x)$ fortgesetzt werden.

Die Abbildung Φ ist als Isometrie zwischen zwei Hilbert-Räumen linear und stetig.

Beweis Entsprechend der Konstruktion des Spektralmaßes F gilt

$$\langle x_{kt}, x_{ls} \rangle = \gamma_{kl}(t - s) = u_k \left[\int e^{i\lambda(t-s)} dF(\lambda) \right] u_l^*$$

$$= \int_{-\pi}^{\pi} \left[(u_k e^{i\lambda t}) dF(\lambda)(u_l e^{i\lambda s})^* \right] = \langle u_k e^{i \cdot t}, u_l e^{i \cdot s} \rangle_F.$$

Es ist leicht zusehen, dass diese Isometrieeigenschaft auch für die lineare Fortsetzung und schließlich für die stetige Fortsetzung erhalten bleibt (siehe auch die Diskussion über den Vorwärts-Shift im Abschnitt über den Zeitbereich stationärer Prozesse). Damit ist gezeigt, dass Φ eine bijektive Isometrie zwischen dem komplexen Zeitbereich und dem von den trigonometrischen Polynomen erzeugten Teil-Hilbert-Raum in $\mathbb{H}_F(x) = \mathbb{L}_2^{\mathbb{C}}([-\pi,\pi], \mathcal{B}, F)$ ist. Um den Beweis des Satzes abzuschließen, müssen wir also nur noch zeigen, dass die trigonometrischen Polynome dicht in $\mathbb{L}_2^{\mathbb{C}}([-\pi,\pi], \mathcal{B}, F)$ sind, d. h.

$$\overline{\mathrm{sp}}\{u_k e^{i\cdot t} \mid k = 1, \ldots, n, \ t \in \mathbb{Z}\} = \mathbb{L}_2^{\mathbb{C}}([-\pi,\pi], \mathcal{B}, F).$$

[39] argumentiert hier folgendermaßen. Die skalaren trigonometrischen Polynome sind dicht in $\mathbb{L}_2^{\mathbb{C}}([-\pi,\pi], \mathcal{B}, F_{kk})$ und die Funktionen $a = (a_1, \ldots, a_n)$ mit $a_k \in \mathbb{L}_2^{\mathbb{C}}([-\pi,\pi], \mathcal{B}, F_{kk})$ sind dicht in $\mathbb{L}_2^{\mathbb{C}}([-\pi,\pi], \mathcal{B}, F)$. $\square$

Aufgabe
Zeigen Sie:

$$\Phi(\mathbb{H}(x)) = \{a \in \mathbb{H}_F(x) \mid a(\lambda) = \overline{a}(-\lambda) \ \mu^\tau - \text{f.ü.}\}.$$

3.3   Die Spektraldarstellung stationärer Prozesse

Mithilfe der Umkehrabbildung Φ^{-1} können wir jeder Funktion $a \in \mathbb{H}_F(x)$ ein Element in $\mathbb{H}^{\mathbb{C}}(x)$ zuordnen. Insbesondere gilt das für die Funktionen der Form $u_k \mathbb{1}_B$, wobei $B \in \mathcal{B}$. Daher können wir jeder Borel-Menge B einen Zufallsvektor

$$z(B) = (z_k(B))_{k=1,\ldots,n}, \ \ z_k(B) = \Phi^{-1}(u_k \mathbb{1}_B) \in \mathbb{H}^{\mathbb{C}}(x)$$

zuordnen. Diese Abbildung ist σ-additiv, da Φ^{-1} linear und stetig ist: Für eine Folge von disjunkten Borel-Mengen $(B_m)_{m>0}$ gilt

$$z_k\left(\bigcup_{m=1}^{\infty} B_m\right) = \Phi^{-1}\left(\sum_{m=1}^{\infty} u_k \mathbb{1}_{B_m}\right) = \sum_{m=1}^{\infty} \Phi^{-1}(u_k \mathbb{1}_{B_m}) = \sum_{m=1}^{\infty} z_k(B_m).$$

Daher ist z ein „Zufallsmaß", genauer ein Zufallsvariablen wertiges Maß

$$z \colon \mathcal{B} \longrightarrow (\mathbb{L}_2^{\mathbb{C}})^n.$$

Siehe auch [39]. Für zwei Borel-Mengen B_1, $B_2 \in \mathcal{B}$ folgt

$$\mathbf{E} z_k(B_1)\overline{z_l(B_2)} = \left\langle \Phi^{-1}(u_k \mathbb{1}_{B_1}), \Phi^{-1}(u_l \mathbb{1}_{B_2})\right\rangle = \langle u_k \mathbb{1}_{B_1}, u_l \mathbb{1}_{B_2}\rangle_F$$

$$= \int_{-\pi}^{\pi} \left[\mathbb{1}_{B_1}(\lambda) u_k \, dF(\lambda) \mathbb{1}_{B_2}(\lambda) u_l^*\right] = \mu_{kl}(B_1 \cap B_2)$$

$$\mathbf{E} z(B_1) z(B_2)^* = \mu_F(B_1 \cap B_2). \tag{3.8}$$

Wir definieren nun mit

$$(z(\lambda) = z([-\pi, \lambda]) \,|\, \lambda \in [-\pi, \pi])$$

den sogenannten *Spektralprozess* des Prozesses (x_t). Dieser Spektralprozess kann als „Zufallsverteilungsfunktion" interpretiert werden. Unsere Notation ist etwas schlampig, da wir für das Zufallsmaß $z(B)$ und die Zufallsverteilungsfunktion $z(\lambda)$ dasselbe Symbol verwenden. Die jeweilige Bedeutung von $z(.)$ sollte aber aus dem Kontext ersichtlich sein.

Satz   *Der Spektralprozess hat folgende Eigenschaften:*

(1) $z(-\pi) = 0$ *f.s.*
(2) $\mathbf{E}z(\lambda)^* z(\lambda) < \infty$ *für alle* $\lambda \in [-\pi, \pi]$ *(der Prozess ist quadratisch integrierbar).*
(3) $\mathbf{E}z(\lambda) = 0$ *(die Erwartungswerte sind null).*
(4) $\mathrm{l.i.m.}_{\epsilon \downarrow 0}\, z(\lambda + \epsilon) = z(\lambda)$ *für* $\lambda \in [-\pi, \pi)$ *(der Prozess ist rechts-stetig).*
(5) $\mathbf{E}\left[(z(\lambda_4) - z(\lambda_3))(z(\lambda_2) - z(\lambda_1))^*\right] = 0$ *für* $-\pi \le \lambda_1 < \lambda_2 \le \lambda_3 < \lambda_4 \le \pi$
   (die Inkremente des Prozesses sind orthogonal).
(6) $\mathbf{E}\left[z(\lambda)z(\lambda)^*\right] = F(\lambda)$ *für* $-\pi \le \lambda \le \pi$.
(7) $\mathbf{E}\left[(z(\lambda_2) - z(\lambda_1))(z(\lambda_2) - z(\lambda_1))^*\right] = F(\lambda_2) - F(\lambda_1)$ *für* $-\pi \le \lambda_1 < \lambda_2 \le \pi$.

Die Eigenschaften (2) und (3) folgen aus $z_k(\lambda) \in \mathbb{H}^{\mathbb{C}}(x)$ und $\mathbf{E}x_t = 0$. Alle anderen Eigenschaften sind unmittelbare Folgerungen von (3.8) und der Rechtsstetigkeit von F.

Definition (Prozess mit orthogonalen Inkrementen)
Einen stochastischen Prozess $(z(\lambda) \,|\, \lambda \in [-\pi, \pi])$ mit komplexwertigen Zufallsvektoren $z(\lambda)\colon \Omega \to \mathbb{C}^n$ nennt man *Prozess mit orthogonalen Inkrementen*, wenn die obigen Eigenschaften (1)–(5) erfüllt sind.

Mithilfe des Spektralprozesses können wir nun eine „explizite" Darstellung der Umkehrabbildung $\Phi^{-1}\colon \mathbb{H}_F(x) \longrightarrow \mathbb{H}^{\mathbb{C}}(x)$ angeben. Zunächst betrachten wir einfache Funktionen $a \in \mathbb{H}_F(x)$, d. h. Funktionen der Form

$$a(\lambda) = \sum_{m=1}^{M} a_m \mathbb{1}_{B_m}(\lambda), \quad a_m = (a_{m1}, \dots, a_{mn}) \in \mathbb{C}^{1 \times n}, \; B_m \in \mathcal{B}.$$

Aufgrund der Linearität von Φ^{-1} ist unmittelbar klar, dass dann

$$\Phi^{-1}(a) = \Phi^{-1}\left(\sum_{m=1}^{M}\left(\sum_{k=1}^{n} a_{mk}(u_k \mathbb{1}_{B_m})\right)\right) = \sum_{m=1}^{M} a_m z(B_m).$$

Jede Funktion $a \in \mathbb{H}_F(x)$ kann durch einfache Funktionen approximiert werden, d. h. es existiert eine Folge von einfachen Funktionen $(a^{(k)} \in \mathbb{H}_F(x))_{k \geq 1}$, sodass $a = \lim_k a^{(k)}$. Aufgrund der Stetigkeit von Φ^{-1} folgt daher

$$\Phi^{-1}(a) = \underset{k}{\text{l.i.m}} \, \Phi^{-1}(a^{(k)}).$$

Man nennt die Umkehrabbildung Φ^{-1} aufgrund dieser Konstruktion daher auch stochastisches Integral bezüglich z und schreibt

$$\Phi^{-1}(a) = \int_{-\pi}^{\pi} a(\lambda) dz(\lambda).$$

Wie wir schon gesehen haben, ist es oft eleganter mit Zufallsvektoren zu arbeiten, deren Komponenten Elemente des Zeitbereichs $\mathbb{H}^{\mathbb{C}}(x)$ sind. Analog betrachten wir auch oft Matrizenfunktionen $a : [-\pi, \pi] \longrightarrow \mathbb{C}^{m \times n}$, deren Zeilen a_k, $k = 1, \ldots, m$ Elemente des Frequenzbereichs $\mathbb{H}_F(x)$ sind. Wir stellen nun einige nützliche Definitionen und Notationen für solche Zufallsvektoren bzw. Matrizenfunktionen zusammen.

Für Zufallsvektoren $y = (y_1, \ldots, y_m)'$ bedeutet $y \in (\mathbb{H}^{\mathbb{C}}(x))^m$, dass $y_k \in \mathbb{H}^{\mathbb{C}}(x)$ für $k = 1, \ldots, m$. Für eine Matrizenfunktion $a : [-\pi, \pi] \longrightarrow \mathbb{C}^{m \times n}$ schreiben wir $a \in (\mathbb{H}_F(x))^m$ wenn alle Zeilen a_k, $k = 1, \ldots, m$ Elemente des Frequenzbereichs $\mathbb{H}_F(x)$ sind. Für Zufallsvektoren $y \in (\mathbb{H}^{\mathbb{C}}(x))^m$ und Matrizen $a \in (\mathbb{H}_F(x))^m$ definiert man $\Phi(y)$ bzw. $\Phi^{-1}(a)$ einfach komponentenweise bzw. zeilenweise, d. h.

$$\Phi(y) := (\Phi(y_1)', \ldots, \Phi(y_m)')' \text{ und}$$

$$\Phi^{-1}(a) = \int_{-\pi}^{\pi} a(\lambda) dz(\lambda) := \begin{pmatrix} \Phi^{-1}(a_1) \\ \vdots \\ \Phi^{-1}(a_m) \end{pmatrix} = \begin{pmatrix} \int_{-\pi}^{\pi} a_1(\lambda) dz(\lambda) \\ \vdots \\ \int_{-\pi}^{\pi} a_m(\lambda) dz(\lambda) \end{pmatrix}.$$

Für den Fall $a(\lambda) = a_0(\lambda) I_n$, wobei $a_0 : [-\pi, \pi] \longrightarrow \mathbb{C}$ eine skalare, komplexwertige Funktion ist, schreiben wir auch kurz $\Phi^{-1}(a) = \int a(\lambda) dz(\lambda) = \int a_0(\lambda) dz(\lambda)$. Das „innere Produkt" von zwei Zufallsvektoren $y \in (\mathbb{H}^{\mathbb{C}}(x))^m$, $z \in (\mathbb{H}^{\mathbb{C}}(x))^n$ ist die Matrix

$$\langle y, z \rangle := (\langle y_k, z_l \rangle)_{k,l} = \mathbf{E} y z^*$$

und für $a \in (\mathbb{H}_F(x))^m$, $b \in (\mathbb{H}_F(x))^n$ setzen wir

$$\langle a, b \rangle_F := (\langle a_k, b_l \rangle_F)_{k,l} = \int_{-\pi}^{\pi} [a(\lambda) dF(\lambda) b(\lambda)^*] = \int_{-\pi}^{\pi} [a(\lambda) f^\tau(\lambda) b(\lambda)^*] \, dF^\tau(\lambda).$$

Mit dieser Notation und der Isometrie von Φ^{-1} erhalten wir nun

$$\mathbf{E}\left[\left(\int a(\lambda)dz(\lambda)\right)\left(\int b(\lambda)dz(\lambda)\right)^{*}\right] = \langle\Phi^{-1}(a),\Phi^{-1}(b)\rangle = \langle a,b\rangle_{F} \qquad (3.9)$$

$$= \int_{-\pi}^{\pi}[a(\lambda)dF(\lambda)b(\lambda)^{*}] \qquad (3.10)$$

und für den wichtigen Fall, dass eine spektrale Dichte f existiert:

$$\mathbf{E}\left[\left(\int a(\lambda)dz(\lambda)\right)\left(\int b(\lambda)dz(\lambda)\right)^{*}\right] = \int_{-\pi}^{\pi}[a(\lambda)f(\lambda)b(\lambda)^{*}]d\lambda. \qquad (3.11)$$

Die Integraldarstellung von $x_t = \Phi^{-1}(e^{i\cdot t}I_n)$ ist besonders wichtig. Diese Darstellung

$$x_t = \int_{-\pi}^{\pi}e^{i\lambda t}dz(\lambda) \qquad (3.12)$$

nennt man *Spektraldarstellung* des stationären Prozesses (x_t). Wir können auch eine konkrete Folge von Treppenfunktionen angeben, um die harmonische Funktionen $e^{i\cdot t}$ (gleichmäßig) zu approximieren

$$e^{i\lambda t} \approx \sum_{k=0}^{K-1}e^{i\lambda_k^K t}\mathbb{1}_{(\lambda_k^K,\lambda_{k+1}^K]}(\lambda),\ \lambda_k^K = -\pi + \frac{2\pi k}{K},\ k = 0,\ldots,K,$$

und haben damit

$$x_t = \int_{-\pi}^{\pi}e^{i\lambda t}dz(\lambda) = \operatorname*{l.i.m}_{K\to\infty}\sum_{k=0}^{K-1}e^{i\lambda_k^K t}(z(\lambda_{k+1}^K) - z(\lambda_k^K))\ \forall t \in \mathbb{Z}.$$

Die obige Spektraldarstellung (3.12) ist (im Wesentlichen) eindeutig, d. h. wenn $(\tilde{z}(\lambda)\,|\,\lambda \in [-\pi,\pi])$ ein Prozess mit orthogonalen Inkrementen ist und der Prozess (x_t) sich darstellen lässt als

$$x_t = \operatorname*{l.i.m}_{K\to\infty}\sum_{k=0}^{K-1}e^{i\lambda_k^K t}(\tilde{z}(\lambda_{k+1}^K) - \tilde{z}(\lambda_k^K))\ \forall t \in \mathbb{Z},$$

dann gilt $z(\lambda) = \tilde{z}(\lambda)$ f.s. für alle $\lambda \in [-\pi,\pi]$. Wir geben hier nur eine Skizze für den Beweis dieser Eindeutigkeit der Spektraldarstellung. Ein Prozess $\tilde{z}$ mit orthogonalen

Inkrementen definiert ein Zufallsmaß auf $[-\pi, \pi]$ und daher kann man das stochastisches Integral (bzgl. $\tilde{z}$) ganz analog zu oben konstruieren. Das Integral $\int a\, d\tilde{z}(\lambda)$ ist definiert für Funktionen $a \in \mathbb{L}_2([-\pi, \pi], \mathcal{B}, \tilde{F})$, wobei $\tilde{F} = \mathbf{E}\tilde{z}(\lambda)\tilde{z}(\lambda)^*$ eine positiv semidefinite Verteilungsfunktion ist. Insbesondere folgt dann $\gamma(k) = \mathbf{E}x_k x_0^* = \mathbf{E}(\int e^{i\lambda k} d\tilde{z}(\lambda))(\int e^{i\lambda 0} d\tilde{z}(\lambda))^* = \int_{-\pi}^{\pi} e^{i\lambda k} d\tilde{F}(\lambda)$. Weil die spektrale Verteilungsfunktion eindeutig ist, folgt $\tilde{F} = F$ und $\mathbb{L}_2([-\pi, \pi], \mathcal{B}, \tilde{F}) = \mathbb{L}_2([-\pi, \pi], \mathcal{B}, F) = \mathbb{H}_F(x)$. Es gilt $x_t = \int e^{i\lambda t} dz(\lambda) = \int e^{i\lambda t} d\tilde{z}(\lambda)$ für alle $t \in \mathbb{Z}$ und da die trigonometrischen Polynome dicht in $\mathbb{L}_2([-\pi, \pi], \mathcal{B}, F)$ sind, gilt $\int a(\lambda) dz(\lambda) = \int a(\lambda) d\tilde{z}(\lambda)$ für alle $a \in \mathbb{L}_2([-\pi, \pi], \mathcal{B}, F)$. Für die Indikatorfunktion $u_k \mathbb{1}_{[-\pi, \lambda]}$ folgt nun

$$z_k(\lambda) = \int u_k \mathbb{1}_{[-\pi, \lambda]}(v) dz(v) = \int u_k \mathbb{1}_{[-\pi, \lambda]}(v) d\tilde{z}(v) = \tilde{z}_k(\lambda).$$

Die obige Gleichung ist eine Identität im $\mathbb{L}_2(\Omega, \mathcal{A}, \mathbf{P})$, daher heißt das genauer $z(\lambda) = \tilde{z}(\lambda)$ f.s.

Wir fassen diese Ergebnisse in folgendem Satz zusammen:

Satz (Spektraldarstellung stationärer Prozesse) *Zu jedem stationären (zentrierten) Prozess (x_t) existiert ein Prozess mit orthogonalen Inkrementen $(z(\lambda) \mid \lambda \in [-\pi, \pi])$, sodass*

$$x_t = \int_{-\pi}^{\pi} e^{i\lambda t} dz(\lambda) = \underset{K}{\mathrm{l.i.m}} \sum_{k=0}^{K-1} e^{i\lambda_k^K t} (z(\lambda_{k+1}^K) - z(\lambda_k^K)) \; \forall t \in \mathbb{Z}. \tag{3.13}$$

Der sogenannte Spektralprozess ist f.s. eindeutig und es gilt $z_j(\lambda) \in \mathbb{H}^{\mathbb{C}}(x)$, für $j = 1, \ldots, n$.

Dieses Resultat zeigt, dass jeder stationäre Prozess beliebig genau durch einen harmonischen Prozess $(x_t^K = \sum_{k=0}^{K-1} e^{i\lambda_k^K t}(z(\lambda_{k+1}^K) - z(\lambda_k^K)))$ approximiert werden kann. Allerdings ist diese Approximation nicht gleichmäßig in t, d. h. im Allgemeinen konvergiert $\sup_t \mathbf{E}(x_t - x_t^K)'(x_t - x_t^K)$ mit $K \to \infty$ nicht gegen null. Das erklärt auch den scheinbaren Widerspruch, dass man einen regulären Prozess als „Grenzwert" von singulären Prozessen beschreiben kann.

Aufgabe

Wir betrachten einen Prozess $(z(\lambda) \mid \lambda \in [-\pi, \pi])$ mit $z(\lambda) = \sigma W(\lambda + \pi)$, wobei $(W(s) \mid s \in \mathbb{R}, s \geq 0)$ ein Wiener Prozess (Brown'sche Bewegung) ist. Zeigen Sie, dass z ein Prozess mit orthogonalen Inkrementen ist und, dass der durch z erzeugte Prozess $x_t = \int_{-\pi}^{\pi} e^{i\lambda t} dz(\lambda)$ ein Gauß'sches weißes Rauschen ist.

Die Spektraldarstellung lässt sich auch für Prozesse mit Erwartungswert $\mathbf{E}x_t \neq 0$ definieren. In diesem Fall hat der Spektralprozess $z(\cdot)$ einen Sprung $z(0) - z(0-)$ bei der Frequenz $\lambda = 0$ und es gilt $\mathbf{E}(z(0) - z(0-)) = \mathbf{E}x_0 = \mathbf{E}x_t$. Die spektrale Verteilung F hat in diesem Fall ebenfalls eine Unstetigkeitsstelle an der Stelle $\lambda = 0$ und es existiert also keine spektrale Dichte. Zudem beschreibt F dann die nichtzentrierten zweiten Momente $\mathbf{E}x_s x_0' = \gamma(s) + \mathbf{E}x_0(\mathbf{E}x_0)'$ und nicht die Autokovarianz-Funktion.

Es gilt $\mathrm{U}\, x_t = x_{t+1} = \int_{-\pi}^{\pi} e^{\lambda(t+1)} dz(\lambda) = \int_{-\pi}^{\pi} e^{i\lambda} e^{i\lambda t} dz(\lambda)$ und daher entspricht die Anwendung des Vorwärts-Shifts im Zeitbereich der Multiplikation mit Funktion $e^{i\cdot}$ im Frequenzbereich, d. h. das folgende Diagramm kommutiert

$$
\begin{array}{ccc}
\mathbb{H}^{\mathbb{C}}(x) & \xrightarrow{\ \mathrm{U}^k\ } & \mathbb{H}^{\mathbb{C}}(x) \\[4pt]
\Phi\Big\downarrow & & \Big\uparrow\Phi^{-1} \\[4pt]
\mathbb{H}_F(x) & \xrightarrow{\ (e^{i\cdot k})\cdot\ } & \mathbb{H}_F(x).
\end{array}
$$

Daher ist, wie wir im nächsten Kapitel sehen werden, die Analyse von Filtern im Frequenzbereich einfacher.

Interpretation des Spektrums

Die Spektraldarstellung (3.13) stellt den Prozess (x_t) approximativ als Summe von harmonischen Schwingungen dar. Wir betrachten jetzt ein Frequenzband $B = (\lambda_1, \lambda_2] \subset (0, \pi)$ und wollen den Beitrag der zugehörigen Schwingungen zum Prozess genauer quantifizieren. Um den Prozess in *reelle* Komponenten zu zerlegen, müssen wir auch das „gespiegelte" Frequenzband $-B = [-\lambda_2, -\lambda_1)$ mit berücksichtigen. Wir definieren die zwei Indikatorfunktionen

$$
\mathbb{1}_1 = \mathbb{1}_{B \cup -B} \ \text{und} \ \mathbb{1}_2 = 1 - \mathbb{1}_1
$$

und zerlegen x_t entsprechend in zwei Komponenten

$$
x_t = \int_{-\pi}^{\pi} e^{i\lambda t} dz(\lambda) = \underbrace{\int_{-\pi}^{\pi} \mathbb{1}_1(\lambda) e^{i\lambda t} dz(\lambda)}_{=:x_t^{(1)}} + \underbrace{\int_{-\pi}^{\pi} \mathbb{1}_2(\lambda) e^{i\lambda t} dz(\lambda)}_{=:x_t^{(2)}}.
$$

Die erste Komponente $x_t^{(1)}$ ist der Anteil des Prozesses, der von den Schwingungen mit Frequenzen im Band $(\lambda_1, \lambda_2]$ erzeugt wird und $x_t^{(2)}$ ist der „Rest". Die beiden Komponenten sind orthogonal zueinander, da sich die entsprechenden Frequenzbereiche nicht überlapp en ($\mathbb{1}_1 \mathbb{1}_2 = 0$). Es gilt (siehe Gleichung (3.9) und die Symmetriebedingungen für F)

$$\mathbf{E} x_t^{(1)} (x_t^{(2)})' = \int_{-\pi}^{\pi} \mathbb{1}_1(\lambda) e^{i\lambda t} \overline{(\mathbb{1}_2(\lambda) e^{i\lambda t})} dF(\lambda) = 0$$

$$\mathbf{E} x_t^{(1)} (x_t^{(1)})' = \int_{-\pi}^{\pi} \underbrace{|\mathbb{1}_1(\lambda) e^{i\lambda t}|^2}_{=\mathbb{1}_1(\lambda)} dF(\lambda)$$

$$= \underbrace{(F(\lambda_2) - F(\lambda_1))}_{:=\Delta F} + \underbrace{(F((-\lambda_1)-) - F((-\lambda_2)-))}_{=(\Delta F)'} = \Delta F + (\Delta F)'$$

$$\mathbf{E} x_t^{(2)} (x_t^{(2)})' = \int_{-\pi}^{\pi} \underbrace{|\mathbb{1}_2(\lambda) e^{i\lambda t}|^2}_{=\mathbb{1}_2(\lambda)} dF(\lambda)$$

$$\gamma(0) = \mathbf{E} x_t x_t' = \int_{-\pi}^{\pi} (\mathbb{1}_1(\lambda) + \mathbb{1}_2(\lambda)) dF(\lambda) = \mathbf{E} x_t^{(1)} (x_t^{(1)})' + \mathbf{E} x_t^{(2)} (x_t^{(2)})'.$$

Der Quotient

$$0 \le \frac{2 \Delta F_{kk}}{\gamma_{kk}(0)} \le 1$$

ist der relative Anteil der Varianz (die in der Elektrotechnik oft als Leistung interpretierbar ist) der k-ten Komponente x_{kt}, der von den Schwingungen mit Frequenzen im Intervall $(\lambda_1, \lambda_2]$ erklärt wird. Frequenzintervalle, in denen die *(auto-)spektrale Verteilung* F_{kk} relativ stark wächst (also das Inkrement ΔF_{kk} relativ groß ist) sind also „wichtig" für den Prozess. Existiert die spektrale Dichte, so können wir dieses Inkrement auch schreiben als

$$\Delta F = \int_{\lambda_1}^{\lambda_2} f(\nu) d\nu \approx f(\lambda_1)(\lambda_2 - \lambda_1).$$

Die Approximation $\Delta F \approx f(\lambda_1)(\lambda_2 - \lambda_1)$ ist natürlich umso besser, je kleiner $(\lambda_2 - \lambda_1)$ ist und umso glatter f ist. Spitzen in der *spektralen Dichte* f_{kk} zeigen somit „wichtige Frequenzen" (bzw. Frequenzbereiche) an. Siehe Abb. 3.1 für ein Beispiel.

$(\Delta F_{kl} + \overline{\Delta F_{kl}})$ ist die Kovarianz zwischen $x_{kt}^{(1)}$ und $x_{lt}^{(1)}$, d. h. ein Maß für die lineare Abhängigkeit zwischen x_{kt} und x_{lt} im Frequenzband $(\lambda_1, \lambda_2]$. Für kleine Intervalle gilt wieder $\Delta F_{kl} \approx f_{kl}(\lambda_1)(\lambda_2 - \lambda_1)$ und wir können daher die kreuzspektrale Dichte $f_{kl}(\lambda)$ als Maß für die lineare Abhängigkeit der beiden Komponenten x_{kt} und x_{lt} in der „Nähe" der Frequenz λ interpretieren. Das wird im Abschn. 4.4 über das Wiener-Filter noch genauer diskutiert.

Die Frequenzen $\lambda = 0$ und $\lambda = \pi$ müssen gesondert behandelt werden. Allerdings kann man das Obengesagte sinngemäß auch auf diese Frequenzen übertragen.

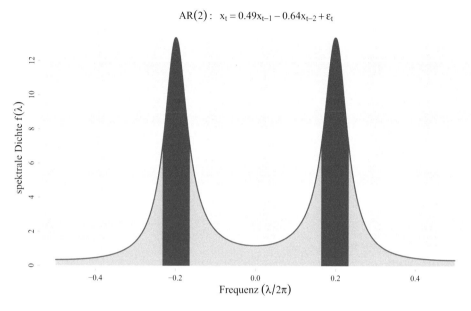

Abb. 3.1 Die Abbildung zeigt die spektrale Dichte eines AR(2)-Prozesses $x_t = 0{,}49x_{t-1} - 0{,}64x_{t-2} + \epsilon_t$. Das dunkel markierte Frequenzband erklärt 50% der Leistung des Prozesses

Beispiele

Beispiel (Harmonische Prozesse)

Der Spektralprozess eines skalaren, reellwertigen, stationären, harmonischen Prozesses $x_t = \sum_k z_k e^{i\lambda_k t}$ (siehe (1.24) und (1.25)) ist

$$z(\lambda) = \sum_{\{k\,|\,\lambda_k \leq \lambda\}} z_k$$

und die spektrale Verteilungsfunktion ist

$$F(\lambda) = \mathbf{E}|z(\lambda)|^2 = \sum_{\{k\,|\,\lambda_k \leq \lambda\}} \mathbf{E}|z_k|^2.$$

Die Verteilungsfunktion F ist eine monoton nicht fallende, rechtsstetige Treppenfunktion (mit $F(-\pi) = 0$ und $F(\pi) = \mathbf{E}|z(\pi)|^2 = \mathbf{E}x_t^2 < \infty$) und definiert daher ein *diskretes* Maß auf dem Intervall $[-\pi, \pi]$. Es existiert also keine spektrale Dichte. Die Sprungstellen markieren die Frequenzen λ_k und die Sprunghöhen die entsprechenden Amplituden, genauer gesagt den Erwartungswert der quadrierten Absolutbeträge der (zufälligen) Amplituden.

Beispiel (Weißes Rauschen)

Sei $(\epsilon_t) \sim \mathrm{WN}(\Sigma)$ ein weißes Rauschen. Die spektrale Dichte von (ϵ_t)

$$f_\epsilon(\lambda) = \frac{1}{2\pi} \sum_{k=-\infty}^{\infty} \gamma_\epsilon(k) e^{-i\lambda k} = \frac{1}{2\pi} \Sigma \tag{3.14}$$

ist konstant (unabhängig von der Frequenz). (Siehe Folgerung 3.3.) Das heißt alle Frequenzen (Frequenzbänder gleicher Länge) sind für den Prozess gleich wichtig. In Analogie zu weißem Licht, das eine gleichmäßige Überlagerung von allen Farben ($\doteq$ Frequenzen) ist, nennt man diese Prozesse daher „weißes Rauschen" bzw. „white noise".

Ist umgekehrt die spektrale Dichte eines Prozesses (x_t) konstant ($f(\lambda) \equiv f_0$), dann folgt

$$\gamma(k) = \int_{-\pi}^{\pi} f(\lambda)e^{i\lambda k}\,d\lambda = f_0 \int_{-\pi}^{\pi} e^{i\lambda k}\,d\lambda = \begin{cases} 2\pi f_0 & \text{für } k = 0, \\ 0 & \text{für } k \neq 0. \end{cases}$$

Das heißt ein Prozess ist dann und nur dann weißes Rauschen, wenn die spektrale Dichte konstant ist.

Beispiel (MA(q)-Prozesse)
Sei $(x_t = b_0\epsilon_t + \cdots + b_q\epsilon_{t-q})$ ein MA(q)-Prozess, wobei $(\epsilon_t) \sim \text{WN}(\Sigma)$. Die spektrale Dichte von (x_t) ist

$$f(\lambda) = \frac{1}{2\pi}\sum_{k=-q}^{q}\gamma(k)e^{-i\lambda k} = \frac{1}{2\pi}\sum_{k=-q}^{q}\sum_{j=0}^{q}b_{j+k}e^{-i\lambda(j+k)}\Sigma b_j' e^{i\lambda j}$$

$$\underbrace{=}_{(j+k)\to k} \frac{1}{2\pi}\sum_{k=0}^{q}\sum_{j=0}^{q}b_k e^{-i\lambda k}\Sigma b_j' e^{i\lambda j}$$

$$= \left(\sum_{j=0}^{q} b_j e^{-ij\lambda}\right)\left(\frac{1}{2\pi}\Sigma\right)\left(\sum_{j=0}^{q} b_j e^{-ij\lambda}\right)^*. \tag{3.15}$$

Hier haben wir, wie in Gleichung (1.7), die Koeffizienten b_j der Einfachheit halber mit Nullen fortgesetzt, d. h. wir setzen $b_j = 0$ für $j < 0$ und $j > q$.

Beispiel (MA(∞)-Prozesse)
Für MA(∞)-Prozesse $x_t = \sum_{j=-\infty}^{\infty} b_j\epsilon_{t-j}$ mit absolut summierbaren Koeffizienten ($\sum_j \|b_j\| < \infty$) ist die Autokovarianzfunktion auch absolut summierbar und daher besitzt (x_t) eine spektrale Dichte. Ganz analog zum MA(q)-Fall erhält man

$$f(\lambda) = b(\lambda) f_\epsilon(\lambda) b(\lambda)^*, \tag{3.16}$$

wobei $f_\epsilon(\lambda) = \frac{1}{2\pi}\Sigma$ die spektrale Dichte des weißen Rauschen (ϵ_t) ist und

$$b(\lambda) = \sum_{j=-\infty}^{\infty} b_j e^{-i\lambda j}.$$

Wir werden im nächsten Kapitel zeigen, dass jeder MA(∞)-Prozess ($x_t = \sum_j b_j\epsilon_{t-j}$, $\epsilon_t \sim \text{WN}(\Sigma)$) eine spektrale Dichte besitzt, nämlich

$$f(\lambda) = \frac{1}{2\pi}b(\lambda)\Sigma b(\lambda)^*,$$

wobei $b(\lambda) = \sum_j b_j e^{-i\lambda j}$. Diese unendliche Sinne konvergiert wegen $\sum_j \|b_j\|^2 < \infty$ im $\mathbb{L}_2([-\pi, \pi], \mathcal{B}, \mu)$ Sinne. (Hier bezeichnet μ das Lebesque-Maß.) Das gilt natürlich insbesondere für jeden regulären Prozess, wie aus der Wold-Darstellung hervorgeht. Umgekehrt ist die Existenz einer spektralen Dichte aber nicht hinreichend für die Regularität des Prozesses. Insbesondere ist ein Prozess, dessen spektrale Dichte auf einem Intervall gleich null ist, singulär. Siehe z. B. [5, Example 5.6.1] für ein Beispiel. Eine genauere Charakterisierung gibt folgendes Resultat, das wir ohne Beweis anführen ([39, Theoreme 6.1 und 6.2 in Kapitel II]).

Satz (verallgemeinertes Szegö-Theorem) *Ein multivariater stationärer Prozess mit spektraler Dichte f, die μ-f.ü. vollen Rang hat, ist dann und nur dann regulär, wenn*

$$\int_{-\pi}^{\pi} \log(\det(f(\lambda)) d\lambda > -\infty.$$

In diesem Fall gilt

$$\det \Sigma = \exp\left(\frac{1}{2\pi} \int_{-\pi}^{\pi} \log(\det(2\pi f(\lambda))) d\lambda\right),$$

wobei Σ die Varianz der Innovationen von (x_t) bezeichnet.

Abschließend empfehlen wir dem Leser noch folgende Aufgaben zu lösen.

Aufgabe
Gegeben sei ein skalarer, zentrierter stationärer Prozess (x_t) mit Autokovarianzfunktion $\gamma(k)$ und spektraler Dichte $f(\lambda)$. Wir betrachten nun trigonometrische Polynome der Form $a(\lambda) = \sum_{k=0}^{q} a_k e^{-i\lambda k}$, $a_k \in \mathbb{R}$. Zeigen Sie:

(1) $a \in \mathbb{H}_F(x)$ und $\Phi^{-1}(ae^{i\cdot t}) = \sum_{k=0}^{q} a_k x_{t-k}$.
(2) Sind a, b zwei solche Polynome dann gilt

$$\langle ae^{i\cdot t}, be^{i\cdot t}\rangle_F = \int_{-\pi}^{\pi} a(\lambda)e^{i\lambda t} f(\lambda)\overline{b(\lambda)e^{i\lambda t}} d\lambda$$

$$= \sum_{k,l=0}^{q} a_k \gamma(l-k)b_l = (a_0, \ldots, a_q)\Gamma_{q+1}(b_0, \ldots, b_q)'$$

mit $\Gamma_{q+1} = (\gamma(l-k))_{k,l=1,\ldots,q+1}$.

(3)

$$\frac{1}{2\pi} \int_{-\pi}^{\pi} a(\lambda)\overline{b(\lambda)}d\lambda = \sum_{k=0}^{q} a_k b_k.$$

(4) Gilt $\sum_{k=0}^{q} a_k^2 = 1$ so folgt

$$\underline{\lambda}(\Gamma_{q+1}) \leq (a_0, \ldots, a_q)\Gamma_{q+1}(a_0, \ldots, a_q)' \leq \overline{\lambda}(\Gamma_{q+1})$$

$$\inf_{\lambda \in [-\pi, \pi]} f(\lambda) \leq \quad \frac{1}{2\pi}\int_{-\pi}^{\pi} |a(\lambda)|^2 f(\lambda)d\lambda \quad \leq \sup_{\lambda \in [-\pi, \pi]} f(\lambda),$$

wobei $0 \leq \underline{\lambda}(\Gamma_{q+1}) \leq \overline{\lambda}(\Gamma_{q+1})$ den minimalen bzw. maximalen Eigenwert der Toeplitz-Matrix Γ_{q+1} bezeichnet. Diese Ungleichungen implizieren die folgende Beziehung zwischen der spektralen Dichte f und den Eigenwerten der Toeplitz-Matrizen Γ_{q+1}:

$$2\pi \inf_{\lambda \in [-\pi, \pi]} f(\lambda) \leq \underline{\lambda}(\Gamma_{q+1}) \text{ und } \overline{\lambda}(\Gamma_{q+1}) \leq 2\pi \sup_{\lambda \in [-\pi, \pi]} f(\lambda).$$

Aufgabe

Sei $a(\lambda) = \sum_{k=-\infty}^{\infty} a_k e^{-i\lambda k}$, $a_k \in \mathbb{R}$ und (x_t) ein skalarer Prozess mit spektraler Dichte f. Beweisen Sie:

(1) Ist die spektrale Dichte f nach oben beschränkt ($\sup_{\lambda \in [-\pi, \pi]} f(\lambda) \leq c < \infty$) und sind die Koeffizienten$(a_k \mid k \in \mathbb{Z})$ quadratisch summierbar ($\sum_k a_k^2 < \infty$), dann existiert $\sum_{k=-\infty}^{\infty} a_k e^{-i\lambda k}$ als Grenzwert im $\mathbb{H}_F(x)$ Sinne, d. h. $a \in \mathbb{H}_F(x)$.

(2) Ist die spektrale Dichte nach *unten* beschränkt ($\inf_{\lambda \in [-\pi, \pi]} f(\lambda) \geq c > 0$) und existiert $\sum_{k=-\infty}^{\infty} a_k e^{-i\lambda k}$ als Grenzwert im $\mathbb{H}_F(x)$ Sinne ($a \in \mathbb{H}_F(x)$), dann sind die Koeffizienten quadratisch summierbar ($\sum_k a_k^2 < \infty$).

(3) Ist (x_t) weißes Rauschen, dann gilt $a \in \mathbb{H}_F(x)$ dann und nur dann, wenn die Koeffizienten quadratisch summierbar sind.

Hinweis: Verwenden Sie die obigen Aufgabe und vergleichen Sie auch Satz 1.4.

Aufgabe

Seien (x_t) und (y_t) zwei n-dimensionale, zentrierte und zueinander unkorrelierte stationäre Prozesse (d. h. $\mathbf{E}(x_s y_t') = 0 \, \forall s, t \in \mathbb{Z}$). Zeigen Sie nun für den „Summenprozess" ($z_t = x_t + y_t$) folgende Behauptungen (in offensichtlicher Notation):

$$\gamma_z(k) = \gamma_x(k) + \gamma_y(k)$$
$$z_z(\lambda) = z_x(\lambda) + z_y(\lambda)$$
$$F_z(\lambda) = F_x(\lambda) + F_y(\lambda)$$
$$f_z(\lambda) = f_x(\lambda) + f_y(\lambda) \text{ falls } f_x, f_y \text{ existieren.}$$

Aufgabe

Verifizieren Sie folgende Darstellung der Kovarianzfunktion γ eines Prozesses mit spektraler Dichte f:

$$\gamma_{ij}(k) = 2\int_0^{\pi} \left[\cos(k\lambda)\Re(f_{ij}(\lambda)) - \sin(k\lambda)\Im(f_{ij}(\lambda))\right] d\lambda \text{ für } i \neq j$$

$$\gamma_{ii}(k) = 2\int_0^{\pi} \left[\cos(k\lambda)\Re(f_{ii}(\lambda))\right] d\lambda.$$

Aufgabe (Abtasten und Aliasing)

Sei $(x_t \mid t \in \mathbb{Z})$ ein stationärer Prozess mit spektraler Dichte f_x und $\Delta \in \mathbb{N}$. Zeigen Sie, dass der Prozess $(y_s = x_{\Delta s} \mid s \in \mathbb{Z})$ stationär ist mit einer spektralen Dichte

$$f_y(\lambda) = \frac{1}{\Delta} \sum_{j=0}^{\Delta-1} f_x\left(\frac{\lambda + 2\pi j}{\Delta}\right).$$

Hinweis: Verifizieren Sie folgende Gleichung(en):

$$\gamma_y(k) = \gamma_x(k\Delta) = \int_{-\pi}^{\pi} e^{i\lambda\Delta k} f_x(\lambda)d\lambda = \int_{-\pi}^{\pi} e^{i\lambda k} f_y(\lambda)d\lambda.$$

Lineare zeitinvariante dynamische Filter und Differenzengleichungen

4

In diesem Kapitel betrachten wir zunächst lineare, zeitinvariante, im Allgemeinen dynamische Transformationen stationärer Prozesse. Solche Transformationen werden auch Filter oder Systeme genannt, der ursprüngliche Prozess ist dabei der Input und der transformierte Prozess der Output.

Die wichtigsten Anwendungsbereiche solcher Filter oder Systeme sind:

- Derartige Systeme dienen als (mathematisches) Modell für reale Systeme (z. B. technische oder ökonomische Systeme)
- Filter sind Rechenverfahren, etwa zur Extraktion („Ausfilterung") von Komponenten wie etwa Störungen oder Saisonschwankungen aus Zeitreihen.
- Lineare Transformationen werden z. B. verwendet um aus „elementaren" Prozessen, insbesondere weißem Rauschen, andere Prozesse, etwa MA(∞)-Prozesse, aufzubauen. Das Filter beinhaltet dann wesentliche Informationen über den transformierten Prozess.

Wir betrachten zunächst allgemeine Transformationen stationärer Prozesse und dann sogenannte l_1-Filter, beides im Zeit- und Frequenzbereich. Ein Abschnitt ist der Interpretation solcher Filter im Frequenzbereich gewidmet. Im vorletzten Abschnitt dieses Kapitels wird das Wiener-Filter behandelt. Der letzte Abschnitt beschäftigt sich mit der Lösung von linearen Differenzengleichungen. Diese Lösungen erhält man durch sogenannte rationale Filter, die im Weiteren im Zentrum unsere Behandlung stehen werden.

4.1 Lineare, zeitinvariante, dynamische Transformationen stationärer Prozesse im Zeit- und Frequenzbereich

Wir ordnen einem stationären Inputprozess (x_t) durch

$$y_t = \text{l.i.m}_{q \to \infty} \sum_{j=-q}^{q} a_j^q x_{t-j}, \ a_j^q \in \mathbb{R}^{m \times n}, \ t \in \mathbb{Z}, \tag{4.1}$$

© Springer International Publishing AG 2018
M. Deistler, W. Scherrer, *Modelle der Zeitreihenanalyse*, Mathematik Kompakt,
https://doi.org/10.1007/978-3-319-68664-6_4

einen Outputprozess (y_t) zu. Das Filter (4.1) wird durch die sogenannte *Gewichtsfunktion* $(a_j^q \mid j = -q,\dots,q, q \in \mathbb{N})$ beschrieben. Damit der Grenzwert auf der rechten Seite von (4.1) existiert, müssen die Koeffizienten natürlich (i. Allg. vom Input abhängige) Bedingungen erfüllen. Siehe auch die Diskussion zu den MA(∞)-Prozessen, insbesondere Satz 1.4. Existiert der Grenzwert für ein t, dann existiert er aufgrund der Stationarität des Inputs für alle $t \in \mathbb{Z}$. Aus (4.1) ist unmittelbar ersichtlich, dass diese Transformation *linear* und *zeitinvariant* ist, letzteres da die Koeffizienten a_j^q nicht von t abhängen. Dabei heißt zeitinvariant, dass dem zeitverschobenen Inputprozess $(x_{t-s} \mid t \in \mathbb{Z})$ der zeitverschobene Outputprozess $(y_{t-s} \mid t \in \mathbb{Z})$ entspricht. Gilt $a_j^q = 0 \; \forall j \neq 0$, $q \in \mathbb{N}$, so nennt man das Filter *statisch*, sonst ist das Filter *dynamisch*. Gilt $a_j^q = 0 \; \forall j < 0$, $q \in \mathbb{N}$ so heißt das Filter *kausal*.

Ist $\mathbb{H}(x)$ der Zeitbereich von (x_t), so gilt klarerweise

$$y_{it} \in \mathbb{H}(x), \; i = 1,\dots,m, \, t \in \mathbb{Z}.$$

Der Zeitbereich $\mathbb{H}(y) = \overline{\mathrm{sp}}\{y_{it} \mid i = 1,\dots,m, \, t \in \mathbb{Z}\}$ ist also ein Teil-Hilbert-Raum von $\mathbb{H}(x)$. Sei $U \colon \mathbb{H}(x) \longrightarrow \mathbb{H}(x)$ der dem Prozess (x_t) zugeordnete Vorwärts-Shift, siehe Satz 1.3, also $U\,x_{it} = x_{i,t+1}$ bzw. in „Vektorform" $U x_t = x_{t+1}$, so folgt aus der Linearität und Stetigkeit von U

$$y_{t+1} = \operatorname*{l.i.m}_{q\to\infty} \sum_{j=-q}^{q} a_j^q x_{t+1-j} = \operatorname*{l.i.m}_{q\to\infty} \sum_{j=-q}^{q} a_j^q \, U\,x_{t-j} = U \operatorname*{l.i.m}_{q\to\infty} \sum_{j=-q}^{q} a_j^q x_{t-j} = U\,y_t.$$

Also ist die Einschränkung von U auf $\mathbb{H}(y)$ der Vorwärts-Shift von (y_t). Die Unitarität von U impliziert unmittelbar, dass der „gestapelte" Prozess $((x_t', y_t')' \mid t \in \mathbb{Z}) = (U^t(x_0', y_0')' \mid t \in \mathbb{Z})$ stationär ist und für den Erwartungswert $\mathbf{E} y_t$ sowie die entsprechenden Kovarianzen $\gamma_{yx}(k)$ und $\gamma_y(k)$ gilt wegen der Stetigkeit des inneren Produktes

$$\mathbf{E} y_t = \left(\lim_{q\to\infty} \sum_{j=-q}^{q} a_j^q \right) \mathbf{E} x_t \tag{4.2}$$

$$\gamma_{yx}(k) = \mathbf{Cov}(y_k, x_0) = \lim_{q\to\infty} \sum_{j=-q}^{q} a_j^q \gamma_x(k - j) \tag{4.3}$$

$$\gamma_y(k) = \mathbf{Cov}(y_k, y_0) = \lim_{q\to\infty} \sum_{j,l=-q}^{q} a_j^q \gamma_x(k + l - j)(a_l^q)'. \tag{4.4}$$

Somit haben wir folgenden Satz gezeigt:

Satz *Ist (y_t) durch die lineare Transformation (4.1) aus (x_t) entstanden, so ist $(x_t', y_t')'$ stationär und die Kreuzkovarianzfunktion $\gamma_{yx}(k) = \mathbf{Cov}(y_{t+k}, x_t)$ ist durch (4.3) und die (Auto)kovarianzfunktion $\gamma_y(k) = \mathbf{Cov}(y_{t+k}, y_t)$ durch (4.4) gegeben.*

Im Folgenden behandeln wir nur noch zentrierte Prozesse, da sich die Erwartungswerte mit (4.2) relativ einfach diskutieren lassen.

Aufgabe

Gegeben sei der MA(1)-Prozess $x_t = \epsilon_t - \epsilon_{t-1}$, $(\epsilon_t) \sim WN(\sigma^2)$. Zeigen Sie, dass

$$y_t = \text{l.i.m}_{q \to \infty} \sum_{j=0}^{q-1} \frac{q-j}{q} x_{t-j}$$

existiert. Hinweis: Zeigen Sie zunächst $\sum_{j=0}^{q-1} \frac{q-j}{q} x_{t-j} = \epsilon_t - \frac{1}{q} \sum_{j=1}^{q} \epsilon_{t-j}$ und damit $\text{l.i.m}_{q \to \infty} \sum_{j=0}^{q-1} \frac{q-j}{q} x_{t-j} = \epsilon_t$.

Nehmen Sie nun an, dass $(x_t) \sim WN(\sigma^2)$ ein weißes Rauschen ist. Zeigen Sie, dass in diesem Fall die obige lineare Transformation *nicht* existiert. Hinweis: Analysieren Sie die Varianz von $\sum_{j=0}^{q-1} \frac{q-j}{q} x_{t-j}$ für $q \to \infty$.

Betrachten wir nun den zum Zeitbereich $\mathbb{H}^{\mathbb{C}}(x)$ nach Satz 3.4 isometrisch isomorphen Frequenzbereich $\mathbb{H}_F(x)$. Der Gewichtsfunktion $(a_j^q \mid j = -q, \ldots, q, q \in \mathbb{N})$ im Zeitbereich entspricht dann die sogenannte *Transferfunktion*

$$a(\lambda) = \lim_{q \to \infty} \sum_{j=-q}^{q} a_j^q e^{-i\lambda j} \tag{4.5}$$

im Frequenzbereich. Es ist leicht zu sehen, dass die Transferfunktion a das Bild von $y_0 \in (\mathbb{H}^{\mathbb{C}}(x))^n$ unter der Isometrie Φ ist, d. h. $a = \Phi(y_0)$. Der Grenzwert in (4.5) ist (zeilenweise) bezüglich der Konvergenz in $\mathbb{H}_F(x)$ zu verstehen. Ferner gilt

$$y_0 = \Phi^{-1}(a) = \int_{-\pi}^{\pi} a(\lambda) dz(\lambda) \tag{4.6}$$

und

$$y_t = \Phi^{-1}(e^{i \cdot t} a) = \int_{-\pi}^{\pi} e^{i\lambda t} a(\lambda) dz(\lambda). \tag{4.7}$$

Aus $\mathbb{H}^{\mathbb{C}}(y) \subset \mathbb{H}^{\mathbb{C}}(x)$ folgt $\mathbb{H}_F(y) \subset \mathbb{H}_F(x)$. Die obigen Gleichungen zeigen, dass der Output des Filters (und damit das Filter selbst) eindeutig durch die Transferfunktion a bestimmt ist.

Wir wollen im Folgenden aus Gründen der Einfachheit annehmen, dass der Prozess (x_t) eine spektrale Dichte f_x besitzt. Dann gilt wegen der Isometrie zwischen Zeit- und Frequenzbereich (siehe Gleichung (3.11))

$$\mathbf{E} \begin{pmatrix} x_k \\ y_k \end{pmatrix} \begin{pmatrix} x_0 \\ y_0 \end{pmatrix}' = \int_{-\pi}^{\pi} e^{i\lambda k} \begin{pmatrix} I_n \\ a(\lambda) \end{pmatrix} f_x(\lambda) \begin{pmatrix} I_n \\ a(\lambda) \end{pmatrix}^* d\lambda \quad \forall k \in \mathbb{Z}. \tag{4.8}$$

Da (4.8) für alle $k \in \mathbb{Z}$ gilt, existiert die spektrale Dichte $\begin{pmatrix} f_x & f_{xy} \\ f_{yx} & f_y \end{pmatrix}$ des gestapelten Prozesses und es gilt

$$f_{yx}(\lambda) = a(\lambda) f_x(\lambda) \tag{4.9}$$

$$f_y(\lambda) = a(\lambda) f_x(\lambda) a(\lambda)^*. \tag{4.10}$$

Somit haben wir gezeigt:

Satz 4.1 *Besitzt (x_t) eine spektrale Dichte f_x und ist (y_t) durch die lineare Transformation (4.1) aus (x_t) entstanden, so existiert die spektrale Dichte des Prozesses $(x_t', y_t')'$ und es gilt (4.9) und (4.10).*

Dieser Satz zeigt insbesondere, dass jeder $MA(\infty)$-Prozess (und damit auch jeder reguläre Prozess) eine spektrale Dichte besitzt.

Man überlegt sich leicht, dass allgemein, wenn die spektralen Dichten nicht notwendigerweise existieren,

$$f_{yx}^\tau(\lambda) = a(\lambda) f_x^\tau(\lambda)$$

$$f_y^\tau(\lambda) = a(\lambda) f_x^\tau(\lambda) a(\lambda)^*$$

gilt, wobei $\begin{pmatrix} f_x^\tau & f_{xy}^\tau \\ f_{yx}^\tau & f_y^\tau \end{pmatrix}$ die Radon-Nikodym-Ableitungen der spektralen Verteilungsfunktion von $(x_t', y_t')'$ bezüglich des „Spurmaßes" μ^τ von (x_t) sind.

Aufgabe
Sei $a: [-\pi, \pi] \longrightarrow \mathbb{C}^{n \times n}$ eine unitäre Transferfunktion (d. h. $a(\lambda)(a(\lambda))^* = I_n$ für alle $\lambda \in [-\pi, \pi]$) und $(\epsilon_t) \sim WN(\Sigma)$ weißes Rauschen mit $\Sigma = \sigma^2 I_n$, $\sigma^2 \in \mathbb{R}$. Verifizieren Sie, dass der transformierte Prozess $(x_t = \Phi^{-1}(a e^{i \cdot t}))$ auch ein weißes Rauschen ist. Das entsprechende Filter nennt man „All-Pass"-Filter.

Aufgabe
Eine rationale Funktion $\underline{k}(z) = \frac{1 - \overline{z_0} z}{z - z_0}$, $z_0 \in \mathbb{C}$ nennt man *Blaschke-Faktor*. Zeigen Sie, dass

$$\underline{k}\,\underline{k}^* = 1$$

Blaschke-Faktoren sind also am Einheitskreis unitär (d. h. $|\underline{k}(e^{i\lambda})| \equiv 1$). Berechnen Sie das Produkt der zu $z_0 = (a + ib)$ und $\overline{z_0} = (a - ib)$ gehörigen Blaschke-Faktoren

$$\frac{1 - \overline{z_0} z}{z - z_0} \frac{1 - z_0 z}{z - \overline{z_0}}.$$

Aufgabe
Gegeben sei der $MA(1)$-Prozess $x_t = \epsilon_t - \epsilon_{t-1}$, $(\epsilon_t) \sim WN(\sigma^2)$. Zeigen Sie, dass die Transferfunktion

$$a(\lambda) = \frac{1}{1 - e^{-i\lambda}}$$

ein Element des Frequenzbereichs $\mathbb{H}_F(x)$ ist. Die Funktion a ist die Transferfunktion des in der obigen Aufgabe definierten Filters: Zeigen Sie mithilfe der Identität

$$\sum_{j=0}^{q-1} \frac{q-j}{q} z^j = \frac{z(z^q - 1) + q(1-z)}{q(1-z)^2} \text{ für } z \neq 1,$$

dass $a^{(q)}(\lambda) := \sum_{j=0}^{q-1} \frac{q-j}{q} e^{-i\lambda j}$ punktweise für alle $\lambda \neq 0$ und im $\mathbb{H}_F(x)$ Sinne gegen $a(\lambda)$ konvergiert. Hinweis:

$$\left(a^{(q)}(\lambda) - \frac{1}{1 - e^{-i\lambda}} \right) (1 - e^{-i\lambda}) = -\frac{1}{q} (e^{-i\lambda} + \cdots + e^{-i\lambda q})$$

und

$$\frac{1}{2\pi} \int_{-\pi}^{\pi} \left| \frac{1}{q} (e^{-i\lambda} + \cdots + e^{-i\lambda q}) \right|^2 d\lambda = \frac{1}{q}.$$

Das Argument ist also eine genaue Kopie des Arguments im Zeitbereich.

4.2 l_1-Filter

Für gegebene Gewichtsfunktion ist i. Allg. die lineare Transformation (4.1) nicht für jeden stationären Inputprozess (x_t) definiert. Im Folgenden betrachten wir sogenannte l_1-Filter für die (4.1) für alle stationären Inputs existiert:

Definition (l_1-Filter)
Ist die Gewichtsfunktion einer linearen Transformation (4.1) von der Form

$$(a_j^q = a_j \mid j = -q, \ldots, q, \ q \in \mathbb{N}) \quad \text{und gilt} \quad \sum_{j=-\infty}^{\infty} \|a_j\| < \infty, \tag{4.11}$$

so spricht man von einem l_1-*Filter*.

Die Wahl der Matrixnorm ist hier nicht wesentlich, da alle Matrixnormen äquivalent sind. Wenn nicht eigens betont, werden wir die Spektralnorm verwenden.

Satz   *Für jedes l_1-Filter existiert*

$$\sum_{j=-\infty}^{\infty} a_j x_{t-j} \tag{4.12}$$

für jeden stationären Inputprozess (x_t) im Sinne der Konvergenz im quadratischen Mittel.

Beweis Für quadratisch integrierbare Zufallsvektoren x definieren wir $\|x\| = \sqrt{\mathbf{E}x'x}$. Wie man leicht sieht, gilt die Dreiecksungleichung $\|x + y\| \leq \|x\| + \|y\|$ und für eine Matrix mit Spektralnorm $\|a\|$ folgt $\|ax\| \leq \|a\|\|x\|$. Die Folge der Partialsummen $\sum_{j=-q}^{q} a_j x_{t-j}$ konvergiert weil

$$\left\| \sum_{m<|j|\leq q} a_j x_{t-j} \right\| \leq \|x_t\| \sum_{m<|j|\leq q} \|a_j\| \leq \|x_t\| \sum_{m<|j|} \|a_j\|$$

und weil nach Annahme $\sum_{j=-\infty}^{\infty} \|a_j\| < \infty$ gilt. □

Der Beweis zeigt auch, dass die Konvergenz von (4.12) auch allgemeiner für Inputprozesse mit beschränkten zweiten Momenten gilt. Die Gewichtsfunktion $(a_j \mid j \in \mathbb{Z})$ des Filters nennt man auch *Impulsantwort*, da ein „Impuls" $(x_t = \delta_{0t} u \mid t \in \mathbb{Z})$, $u \in \mathbb{R}^n$ als Input einen Output $(y_t = a_t u \mid t \in \mathbb{Z})$ liefert. Das Kronecker-Symbol δ_{st} ist definiert durch $\delta_{st} = 1$ für $s = t$ und $\delta_{st} = 0$ sonst.

Eine elegante Darstellung von Filtern erhält man durch die Einführung des *Lag-Operators* L. Für beliebige stochastische Prozesse definiert man

$$\mathrm{L}(x_t \mid t \in \mathbb{Z}) := (x_{t-1} \mid t \in \mathbb{Z}).$$

Der zu L inverse Operator existiert und wird mit L^{-1} bezeichnet und L^k für $k \in \mathbb{Z}$ ist durch $\mathrm{L}^k(x_t) = (x_{t-k})$ definiert. Natürlich gilt $\mathrm{L}^k \mathrm{L}^r = \mathrm{L}^{k+r}$. Ein Filter mit Gewichtsfunktion $(a_j \mid j \in \mathbb{Z})$ können wir nun als formale Laurent-Reihe im Lag-Operator

$$\underline{a}(\mathrm{L}) = \sum_j a_j \mathrm{L}^j$$

interpretieren und schreiben dementsprechend

$$(y_t) = \underline{a}(\mathrm{L})(x_t) = \left(\sum_j a_j \mathrm{L}^j \right)(x_t)$$

für den Output (y_t) des Filters für einen Input (x_t). Diese Operatornotation macht auch explizit, dass ein Filter eine Abbildung (Operator) ist, die einem Input (x_t) einen Output $(y_t = \sum_j a_j x_{t-j})$ zuordnet.

Wir unterscheiden den Lag-Operator L vom Rückwärts-Shift U^{-1}. Der Rückwärts-Shift U^{-1} ist auf dem Zeitbereich $\mathbb{H}(x)$, also auf einer Menge von Zufallsvariablen definiert, während der Lag-Operator auf Mengen von stochastischen Prozessen definiert ist. Für die Konstruktion des Rückwärts-Shifts (bzw. des Vorwärts-Shift-Operators U) ist die Stationarität des zugrunde liegenden Prozesses essenziell. Für allgemeine Prozesse kann $x_t = x_s$ und $x_{t-1} \neq x_{s-1}$ für $t \neq s$ gelten und damit ist $x_t \longmapsto x_{t-1}$ keine wohldefinierte Abbildung auf $\{x_s \mid s \in \mathbb{Z}\}$, vergleiche auch Satz (1.3). Im Gegensatz dazu ist der Lag-Operator für beliebige Mengen von stochastischen Prozessen sinnvoll definiert.

Die Transferfunktion eines l_1-Filters $\underline{a}(\mathrm{L}) = \sum_{j=-\infty}^{\infty} a_j \, \mathrm{L}^j$ ist

$$a(\lambda) = \sum_{j=-\infty}^{\infty} a_j e^{-i\lambda j}. \tag{4.13}$$

Die Summe (4.13) existiert nicht nur als Grenzwert im $\mathbb{H}_F$ Sinne, sondern auch punktweise für jedes $\lambda \in [-\pi, \pi]$. Zudem ist diese Konvergenz gleichmäßig auf diesem Intervall und die Grenzfunktion $a(\cdot)$ ist stetig. Die Eins-zu-eins-Beziehung zwischen der Gewichtsfunktion (4.11) und der Transferfunktion ist durch die Fourier-Transformation

$$a_j = \frac{1}{2\pi} \int_{-\pi}^{\pi} a(\lambda) e^{i\lambda j} \, d\lambda$$

gegeben.

Die Transferfunktion $a(\cdot)$ ist beschränkt und daher existiert

$$\int_{-\pi}^{\pi} a(\lambda) f^\tau(\lambda) a^*(\lambda) dF^\tau(\lambda)$$

für jede beliebige spektrale Verteilung der Inputs (x_t). Das zeigt aus einem anderen Blickwinkel, dass für l_1-Filter der Output für alle stationären Inputs definiert ist.

Aufgabe

Zeigen Sie: Ist $a: [-\pi, \pi] \longrightarrow \mathbb{C}^{m \times n}$ eine beschränkte Transferfunktion (d. h. $\|a(\lambda)\| \le c < \infty$ $\forall \lambda \in [-\pi, \pi]$) dann ist der Output des entsprechenden Filters für alle stationären Inputs wohldefiniert!

Aufgabe

Sei (x_t) ein skalarer Prozess, $\underline{k}(\mathrm{L}) = \sum_{j=-\infty}^{\infty} k_j \, \mathrm{L}^j$, $k_j \in \mathbb{R}$ ein l_1-Filter und $(y_t) = \underline{k}(\mathrm{L})(x_t)$. Beweisen Sie folgende Abschätzung:

$$\gamma_y(0) \le \gamma_x(0) \left(\sum_{j=-\infty}^{\infty} |k_j| \right)^2.$$

Man betrachtet oft die Hintereinanderschaltung von Filtern, wie in der folgenden Abbildung dargestellt:

$$c(\lambda) = b(\lambda) a(\lambda)$$

Der Inputprozess (x_t) wird dabei durch das Filter mit Transferfunktion $a(\lambda)$ auf den Prozess (y_t) abgebildet und dieser ist wiederum Input für das Filter mit Transferfunktion $b(\lambda)$.

Satz (Hintereinanderschaltung von l_1-Filtern) *Sind $\underline{a}(\mathrm{L}) = \sum_j a_j \mathrm{L}^j$, $a_j \in \mathbb{R}^{m \times n}$ und $\underline{b}(\mathrm{L}) = \sum_j b_j \mathrm{L}^j$, $b_j \in \mathbb{R}^{l \times m}$ zwei l_1-Filter, dann ist die Hintereinanderschaltung dieser beiden Filter wieder ein l_1-Filter $\underline{c}(\mathrm{L}) = \sum_j c_j \mathrm{L}^j$. Das heißt genauer: Ist (x_t) ein stationärer Prozess, $y_t = \sum_j a_j x_{t-j}$ und $z_t = \sum_j b_j y_{t-j}$, dann gilt $z_t = \sum_j c_j x_{t-j}$, wobei die Gewichtsfunktion (c_j) gegeben ist durch*

$$c_j = \sum_{k=-\infty}^{\infty} b_k a_{j-k}, \quad \sum_j \|c_j\| < \infty \tag{4.14}$$

und die entsprechende Transferfunktion $c(\lambda)$ ist gleich

$$c(\lambda) = \sum_j c_j e^{-i\lambda j} = \sum_j b_j e^{-i\lambda j} \sum_j a_j e^{-i\lambda j} = b(\lambda) a(\lambda). \tag{4.15}$$

Beweis Es gilt

$$z_t = \sum_j b_j y_{t-j} = \sum_j \sum_k b_j a_k x_{t-j-k}$$

$$= \sum_j \sum_k b_k a_{j-k} x_{t-j} = \sum_j c_j x_{t-j}.$$

Wir dürfen hier die Summanden umordnen, da

$$\sum_j \sum_k \|b_j a_k x_{t-j-k}\| < \infty$$

gilt. Dies folgt aus

$$\sum_{j,k} \|b_j a_k x_{t-j-k}\| \leq \sum_{j,k} \|b_j\| \|a_k\| \|x_{t-j-k}\| = \|x_0\| \sum_j \|b_j\| \sum_k \|a_k\| < \infty.$$

Die Gewichtsfunktion (c_j) ist absolut summierbar, da

$$\sum_j \|c_j\| = \sum_j \left\| \sum_k b_k a_{j-k} \right\| \leq \sum_j \sum_k \|b_k\| \|a_{j-k}\| = \left(\sum_j \|b_j\| \right) \left(\sum_j \|a_j\| \right) < \infty$$

und die Darstellung der Transferfunktion folgt aus

$$c(\lambda) = \sum_j c_j e^{-i\lambda j} = \sum_j \sum_k (b_k e^{-i\lambda k})(a_{j-k} e^{-i\lambda(j-k)}) = b(\lambda) a(\lambda). \qquad \square$$

Mithilfe des oben eingeführten Lag-Operators können wir dieses Ergebnis auch schreiben als

$$\underline{b}(L)(\underbrace{\underline{a}(L)(x_t)}_{(y_t)}) = \underbrace{(\underline{b}(L)\underline{a}(L))}_{\underline{c}(L)}(x_t) = \underline{c}(L)(x_t).$$

Die Gewichtsfunktion der Hintereinanderschaltung der beiden Filter berechnet sich durch die Faltung der Gewichtsfunktionen der beiden Filter. In diesem Sinne kann man also mit Filtern, also mit Laurent-Reihen im Lag-Operator, gleich wie mit gewöhnlichen Laurent-Reihen (in einer komplexen Variablen) rechnen.

Wir betrachten nun ein quadratisches l_1-Filter $\underline{a}(L) = \sum_j a_j L^j$, $a_j \in \mathbb{R}^{n \times n}$. Ein l_1-Filter $\underline{b}(L) = \sum_j b_j L^j$, $b_j \in \mathbb{R}^{n \times n}$ heißt das zu $\underline{a}(L)$ inverse Filter, wenn die Hintereinanderschaltung von $\underline{a}(L)$ und $\underline{b}(L)$, bzw. von $\underline{b}(L)$ und $\underline{a}(L)$, die Identität ergibt, d. h. $\underline{a}(L)\underline{b}(L) = \underline{b}(L)\underline{a}(L) = I_n L^0$. Für die Transferfunktionen gilt dann

$$b(\lambda)a(\lambda) = a(\lambda)b(\lambda) = I_n \quad \forall \lambda \in [-\pi, \pi].$$

Daher muss die Transferfunktion $a(\lambda)$ für alle $\lambda \in [-\pi, \pi]$ regulär sein, d. h.

$$\det a(\lambda) \neq 0 \quad \forall \lambda \in [-\pi, \pi] \tag{4.16}$$

und die Transferfunktion des inversen Filters ist gleich

$$b(\lambda) = a(\lambda)^{-1} \quad \forall \lambda \in [-\pi, \pi]. \tag{4.17}$$

Dass die Bedingung (4.16) auch hinreichend für die Existenz eines inversen l_1-Filters ist folgt aus Wieners $1/f$-Theorem, siehe z. B. [34]. Den wichtigen Spezialfall von rationalen l_1-Filtern diskutieren wir ausführlich in Abschn. 4.5.

4.3 Interpretation von Filtern im Frequenzbereich

In diesem Abschnitt zeigen wir, dass lineare Filter im Frequenzbereich besonders einfach interpretiert werden können. Dabei beschränken wir uns auf l_1-Filter und auf sogenannte SISO-Filter (single input, single output), d. h. Filter mit skalaren Input- und Outputprozessen. Die Transferfunktion $k(\lambda) = \sum_{j=-\infty}^{\infty} k_j e^{-i\lambda j}$ des l_1-Filters schreiben wir in Polarkoordinatendarstellung als $k(\lambda) = r(\lambda)e^{i\Phi(\lambda)}$. Die Funktion $r \colon \lambda \mapsto r(\lambda) = |k(\lambda)|$ nennt man *Amplitudengang* („gain") des Filters und $\phi \colon \lambda \mapsto \Phi(\lambda) = \Im(\log(k(\lambda)))$ den *Phasengang* des Filters. Der Phasengang $\phi(\lambda)$ ist für $k(\lambda) = 0$ nicht bestimmt und für $k(\lambda) \neq 0$ ist $\phi(\lambda)$ nur bis auf ganzzahlige Vielfache von 2π bestimmt. Man kann daher z. B. annehmen, dass $\phi(\lambda) \in [-\pi, \pi)$ gilt. Da die Filterkoeffizienten reell sind, folgt $r(-\lambda) = r(\lambda)$ und für $r(\lambda) > 0$ und $-\pi < \phi(\lambda)$ gilt $\phi(-\lambda) = -\phi(\lambda)$. Insbesondere gilt auch $k(\lambda) \in \mathbb{R}$ für $\lambda \in \{-\pi, 0, \pi\}$.

Wir beginnen die Diskussion mit einem skalaren, harmonischen Prozess

$$x_t = \sum_{m=-M+1}^{M} e^{i\lambda_m t} z_m$$

$$= a_0 + a_M(-1)^t + \sum_{m=1}^{M-1} a_m \cos(\lambda_m t) + b_m \sin(\lambda_m t)$$

mit Frequenzen $0 = \lambda_0 < \lambda_1 < \cdots < \lambda_M = \pi$ und $\lambda_{-m} = -\lambda_m$. Vergleiche auch (1.20) und (1.23). Der Outputprozess ($y_t = \sum_j a_j x_{t-j}$) hat die Spektraldarstellung (siehe (4.7))

$$y_t = \int_{-\pi}^{\pi} e^{i\lambda t} k(\lambda) dz(\lambda)$$

$$= \sum_{m=-M+1}^{M} e^{i\lambda_m t} k(\lambda_m) z_m = \sum_{m=-M+1}^{M} e^{i(\lambda_m t + \phi(\lambda_m))} r(\lambda_m) z_m$$

$$= k(0)a_0 + k(\pi)a_M(-1)^t$$

$$+ \sum_{m=1}^{M-1} r(\lambda_m) a_m \cos(\lambda_m t + \phi(\lambda_m)) + r(\lambda_m) b_m \sin(\lambda_m t + \phi(\lambda_m)).$$

Das heißt, der Outputprozess ist – wie der Inputprozess – eine Linearkombination von harmonischen Schwingungen (mit denselben Frequenzen). Das Filter ändert allerdings die Amplituden um den Faktor $r(\lambda_m)$ und führt zu einer gewissen Phasenverschiebung $\phi(\lambda_m)$. Die Schwingungen mit Frequenz λ_m werden um den Faktor $r(\lambda_m)$ verstärkt oder abgeschwächt, d. h. man kann insbesondere gewisse Frequenzen „herausfiltern". Die Phasenverschiebung $\phi(\lambda_m)$ entspricht einer zeitlichen Verzögerung um $s = -\phi(\lambda)/\lambda$.

Für einen allgemeinen stationären Prozess kann man folgendes Argument verwenden. Der Prozess (x_t) kann durch eine Folge von harmonischen Prozessen approximiert werden:

$$x_t \approx \sum_{m=-M+1}^{M-1} e^{i\lambda_m^M t}(z(\lambda_{m+1}^M) - z(\lambda_m^M))$$

und entsprechend erhält man folgende Approximation des Outputprozesses

$$y_t \approx \sum_{m=-M+1}^{M-1} e^{i\lambda_m^M t} k(\lambda_m^M)(z(\lambda_{m+1}^M) - z(\lambda_m^M))$$

$$= \sum_{m=-M+1}^{M-1} e^{i(\lambda_m^M t + \phi(\lambda_m^M))} r(\lambda_m^M)(z(\lambda_{m+1}^M) - z(\lambda_m^M)),$$

die ganz analog zu oben interpretiert werden kann.

Der Amplitudengang $r(\lambda)$ kann auch mithilfe der spektralen Dichten (wenn sie existieren) interpretiert werden. Wie in Abschn. 3.3 diskutiert, ist $f_x(\lambda)\Delta\lambda$ ein Maß für den Beitrag der Schwingungen im Frequenzband $[\lambda, \lambda + \Delta\lambda]$ zum Prozess. Analog ist auch $f_y(\lambda)\Delta\lambda$ zu interpretieren. Nach der Formel (4.10) gilt

$$f_y(\lambda)\Delta\lambda = |k(\lambda)|^2 f_x(\lambda)\Delta\lambda.$$

Daher werden diese Schwingungen

- für $|k(e^{-i\lambda})| < 1$ abgeschwächt und
- für $|k(e^{-i\lambda})| > 1$ verstärkt.

Mithilfe des Filters kann man also gewisse Schwingungen verstärken bzw. abschwächen.

Beispiel (Lag-Operator L)
Die Transferfunktion des Lag-Operators L ist $k(\lambda) = e^{-i\lambda}$ und der Amplitudengang $r(\lambda) = |e^{-i\lambda}| = 1$ ist konstant gleich eins. Der Lag-Operator verändert also die „Amplituden" der Schwingungen nicht. Die Phasenverschiebung ist $\phi(\lambda) = -\lambda$, entsprechend der Verzögerung um eine Zeiteinheit ($s = -\phi(\lambda)/\lambda = 1$).

Beispiel (Differenzenfilter $\Delta = (1 - L)$)
Die Transferfunktion des *Differenzenfilters* $\Delta = (1 - L)$ ist $k(\lambda) = (1 - e^{-i\lambda}) = (1 - \cos(\lambda) + i\sin(\lambda))$ und der Amplitudengang ist $|1 - e^{-i\lambda}| = \sqrt{2 - 2\cos(\lambda)}$. Langsame Schwingungen ($\lambda \approx 0$) werden also abgeschwächt, während Schwingungen mit hohen Frequenz $\lambda \approx \pi$ verstärkt werden. Daher wird dieses Filter in der Zeitreihenanalyse oft zur Trendbereinigung verwendet. Der Phasengang ist $\phi(\lambda) = ((2\pi - \lambda) \bmod 2\pi) - \pi)/2$.

Viele ökonomische Zeitreihen, wie etwa die Arbeitslosenzahlen, zeigen neben Trend auch Jahres- bzw. Saisonmuster. Für Quartalsdaten z. B. verwendet man daher oft den Filter $(1 - L^4)$, um sowohl Trend- als auch Saisonkomponenten zu eliminieren. Amplituden- und Phasengang für diesen Filter sind $r(\lambda) = |1 - e^{-i4\lambda}| = \sqrt{2 - 2\cos(4\lambda)}$ und $\phi(\lambda) = ((2\pi - 4\lambda) \bmod 2\pi) - \pi)/2$. Siehe Abb. 4.1.

Beispiel (Trend- und Saisonbereinigung)
Filter spielen in der Zeitreihenanalyse eine wichtige Rolle. Insbesondere kann man solche Filter, wie schon oben erwähnt, zur Trend- bzw. Saisonbereinigung verwenden. Die Transferfunktion ist dabei ein wichtiges Instrument für die Analyse der Eigenschaften dieser Filter. Abb. 4.2 zeigt zwei Beispiele von Filtern zur Trendbereinigung (von Quartalsdaten). Der Amplitudengang sollte für Frequenzen bei null möglichst klein sein und für alle anderen Frequenzen sollte $r(\lambda) \approx 1$ gelten. Für den Phasengang wünscht man sich $\phi(\lambda) = 0$. Diese letzte Forderung erreicht man nur mit symmetrischen Filtern $\sum_j a_j L^j$, $a_j = a_{-j}$, d. h. mit Filtern, die eine symmetrische Gewichtsfunktion haben.

Beispiel (Tiefpass-, Hochpass- und Bandpassfilter)
In der Signalverarbeitung benötigt man oft Filter, die gewisse Frequenzbereiche möglichst komplett löschen und andere dagegen möglichst ungestört durchlassen. Von besonderer Bedeutung sind dabei die folgenden idealisierten Filter

- Tiefpass: $k(\lambda) = \mathbb{1}_{[-\lambda_0, \lambda_0]}(\lambda)$
- Hochpass: $k(\lambda) = 1 - \mathbb{1}_{[-\lambda_0, \lambda_0]}(\lambda)$
- Bandpass: $k(\lambda) = \mathbb{1}_{[-\lambda_2, -\lambda_1]}(\lambda) + \mathbb{1}_{[\lambda_1, \lambda_2]}(\lambda)$

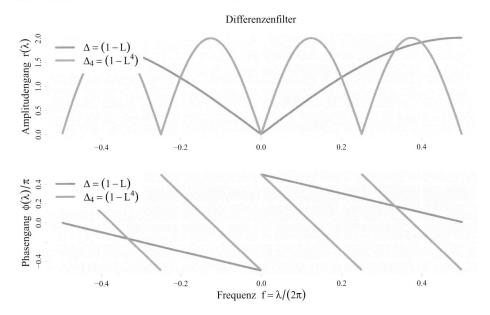

Abb. 4.1 Transferfunktion (Amplituden- und Phasengang) der Differenzenfilter $\Delta = (1 - L)$ und $\Delta_4 = (1 - L^4)$

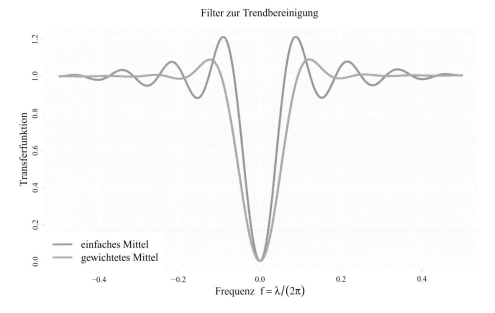

Abb. 4.2 Transferfunktion von zwei Filtern zur Trendbereinigung. Einfaches Mittel: $\underline{a}(L) = L^0 - (0{,}5\,L^{-8} + L^{-7} + \cdots + L^7 + 0{,}5\,L^8)/16$ und „gewichtetes" Mittel: $\underline{a}(L) = L^0 - \sum_{j=-8}^{8} w_j\,L^j$ mit $w_j = (1 - |j/9|^3)^3 / \left(\sum_{j=-8}^{8} (1 - |j/9|^3)^3 \right)$. Das einfache Mittel ist etwas schärfer um die Null, hat aber dafür größere Nebenmaxima

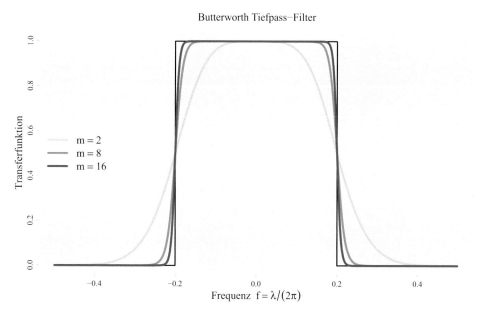

Abb. 4.3 Butterworth-Tiefpassfilter (der Ordnung m) sind charakterisiert durch die Transferfunktion $b_m(\lambda) = |1 + e^{-i\lambda}|^{2m} / (|1 + e^{-i\lambda}|^{2m} + c |1 - e^{-i\lambda}|^{2m})$. Diese Filter sind rational (siehe Abschn. 4.5) und haben eine symmetrische Gewichtsfunktion. Die obige Abbildung zeigt wie gut Butterworth-Filter der Ordnung $m = 2, 8, 16$ ein ideales Tiefpassfilter ($k(\lambda) = \mathbb{1}_{[-0,4\pi, 0,4\pi]}(\lambda)$) approximieren. (Der Parameter c ist für jede Ordnung m so gewählt, dass $b_m(0,4\pi) = 0,5$ gilt)

Die Transferfunktionen dieser idealisierten Filter sind nicht stetig, daher können sie mit einem l_1-Filter nicht realisiert werden. Allerdings können diese idealisierten Transferfunktion mit l_1-Filtern beliebig genau approximiert werden. Siehe Abb. 4.3.

Aufgabe
Zeigen Sie folgende Behauptung für skalare l_1-Filter $\underline{k}(L) = \sum_j k_j L^j$: Die Transferfunktion $k(\lambda) = \sum_j k_j e^{-i\lambda j}$ ist dann und nur dann reellwertig und symmetrisch ($k(\lambda) = k(-\lambda) \in \mathbb{R}$, $\forall \lambda \in [-\pi, \pi]$), wenn die Gewichtsfunktion symmetrisch und reellwertig ist ($k_j = k_{-j} \in \mathbb{R}$, $\forall j \in \mathbb{Z}$).

4.4 Das Wiener-Filter

Das Wiener-Filter-Problem kann im Zusammenhang stationärer Prozesse wie folgt formuliert werden: Sei $(x_t', y_t')'$ ein stationärer Prozess. Wir suchen die beste lineare Kleinst-Quadrate-Approximation von y_t durch (x_t). Dabei unterscheidet man zwischen der Approximation von y_t durch alle x_{t-j}, $j \in \mathbb{Z}$ und der kausalen Approximation von y_t durch x_{t-j}, $j \in \mathbb{N}_0$. Wir wollen hier nur die erste Approximation untersuchen. Es geht also darum, die Komponenten von y_t auf den Zeitbereich $\mathbb{H}(x)$ zu projizieren und diese Projektion $\hat{y}_t$ als lineare Funktion von (x_t) zu beschreiben. Das Wiener-Filter wurde von Kolmogorov und Wiener (für den skalaren Fall) unabhängig voneinander entwickelt und in [43] veröffentlicht.

Sei

$$\hat{y}_t = \mathrm{P}_{\mathbb{H}(x)}\, y_t = \underset{q \to \infty}{\mathrm{l.i.m}} \sum_{j=-q}^{q} l_j^q x_{t-j} \tag{4.18}$$

und

$$y_t = \hat{y}_t + u_t,\ u_t = (y_t - \hat{y}_t) \perp \mathbb{H}(x). \tag{4.19}$$

Dabei ist (4.18) eine lineare Transformation von (x_t) und der Approximationsfehler u_t ist orthogonal auf $\mathbb{H}(x)$. Sei nun U der dem Prozess $(x_t', y_t')'$ auf dem gemeinsamen Zeitbereich $\mathbb{H}(x, y)$ zugeordnete Vorwärts-Shift. Dann gilt

$$y_{t+1} = \mathrm{U}\, y_t = \mathrm{U}\, \hat{y}_t + \mathrm{U} u_t,$$

wobei $\mathrm{U}\, \hat{y}_t = \mathrm{l.i.m}_q \sum_{j=-q}^{q} l_j^q x_{t+1-j} \in \mathbb{H}(x)$ und $\mathrm{U} u_t \perp \mathbb{H}(x)$. Also ist nach dem Projektionssatz $\hat{y}_{t+1} = \mathrm{U}\, \hat{y}_t$ die Projektion von y_{t+1} auf $\mathbb{H}(x)$ und $u_{t+1} = \mathrm{U} u_t$ das entsprechende Lot. Die Projektion $y_t \mapsto \hat{y}_t = \mathrm{P}_{\mathbb{H}(x)}\, y_t$ ist also eine zeitinvariante Transformation; die Gewichtsfunktion (l_j^q) hängt nicht von t ab. Ferner gilt

$$\gamma_{yx}(k) = \mathbf{E}(\hat{y}_{t+k} + u_{t+k})x_t' = \mathbf{E}\hat{y}_{t+k}x_t' = \gamma_{\hat{y}x}(k)$$

und somit in evidenter Notation $f_{yx}(\lambda) = f_{\hat{y}x}(\lambda) = l(\lambda) f_x(\lambda)$, falls die spektralen Dichten existieren. Aus (4.9) folgt damit der folgende Satz:

Satz (Wiener-Filter) *Sei* $(x_t', y_t')'$ *ein stationärer Prozess mit spektraler Dichte* $\begin{pmatrix} f_x & f_{xy} \\ f_{yx} & f_y \end{pmatrix}$. *Gilt* $f_x(\lambda) > 0$ *μ-f.ü., so ist die Transferfunktion* $l(\lambda)$ *der besten linearen Kleinst-Quadrate-Approximation von* y_t *durch* (x_t) *bestimmt durch*

$$l(\lambda) = f_{yx}(\lambda) f_x^{-1}(\lambda). \tag{4.20}$$

Das durch (4.20) bestimmte Filter wird *Wiener-Filter* genannt. Analog zur Bemerkung nach Satz 4.1 lässt sich (4.20) auch mit f_x^τ und f_{yx}^τ herleiten. Man ist somit nicht an die Existenz der spektralen Dichten gebunden.

Auch die Bedingung $f_x(\lambda) > 0$ ist nicht notwendig. Die wesentliche Bedingung für das Wiener-Filter ist

$$l(\lambda) f_x(\lambda) = f_{yx}(\lambda).$$

Diese Gleichung ist μ-f.ü. lösbar, weil die Matrix

$$\begin{pmatrix} f_x(\lambda) & f_{xy}(\lambda) \\ f_{yx}(\lambda) & f_y(\lambda) \end{pmatrix}$$

μ-f.ü. positiv semidefinit ist. Jede messbare Lösung $l(\lambda)$ ist quadratisch integrierbar, d. h.

$$\int_{-\pi}^{\pi} l(\lambda) f_x(\lambda) l^*(\lambda) d\lambda < \infty,$$

weil $l(\lambda) f_x(\lambda) l^*(\lambda) \leq f_y(\lambda)$ für alle $\lambda \in [-\pi, \pi]$ gilt und entspricht daher einer Transferfunktion. Die beste Approximation $\hat{y}_t$ ist jedoch eindeutig, unabhängig von der Wahl von $l(\lambda)$.

Gilt z. B.

$$\int_{-\pi}^{\pi} \text{tr}(l(\lambda) l(\lambda)^*) d\lambda < \infty,$$

so sind die Koeffizienten der Gewichtsfunktion durch

$$l_j = \frac{1}{2\pi} \int_{-\pi}^{\pi} l(\lambda) e^{i\lambda j} d\lambda$$

bestimmt. Interpretiert man (x_t) als Input und (y_t) also Output, so erhält man folgendes „verrauschte" System,

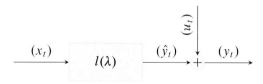

bei dem die „Störungen" (u_t) der, durch die Inputs (x_t) nicht (linear) erklärte Teil des „verrauschten" Outputs (y_t) ist. Hier ist die Betrachtungsweise in gewissem Sinne „invers", da man nicht für gegebenen Input (x_t) und gegebenes Filter den Output bestimmt, sondern man bestimmt aus den zweiten Momenten des beobachteten, aus Input und Output, bestehenden Prozesses $(x'_t, y'_t)'$, das zugrunde liegende (unbekannte) System. Die Bedingung $f_x(\lambda) > 0$ μ-f.ü., die besagt, dass die Inputs „genügend variieren", um die Transferfunktion eindeutig (über (4.20)) festzulegen, nennt man *Bedingung der Persistenz der Erregung*.

Mithilfe des Wiener-Filters können wir nun auch noch eine Interpretation der Kreuzspektren geben. Wir betrachten dazu einen bivariaten Prozess $(x_t, y_t)'$ mit einer spektralen

Dichte und nehmen an, dass das Wiener-Filter ein l_1-Filter ist. Aus der Polarkoordinaten-darstellung des Kreuzspektrums

$$f_{yx}(\lambda) = |f_{yx}(\lambda)|e^{i\phi(\lambda)}$$

folgt

$$l(\lambda) = \frac{f_{yx}(\lambda)}{f_x(\lambda)} = \frac{|f_{yx}(\lambda)|}{f_x(\lambda)}e^{i\phi(\lambda)}.$$

Der Amplitudengang des Wiener-Filters ist also gleich $r(\lambda) = \frac{|f_{yx}(\lambda)|}{f_x(\lambda)}$ und der Phasen-gang $\phi(\lambda)$ ist durch den „Phasengang" des Kreuzspektrums f_{yx} definiert. Die Kleinst-Quadrate-Approximation $\hat{y}_t$ von y_t durch $\{x_t,\ t \in \mathbb{Z}\}$ erhält man mit dem Wiener-Filter. Dabei werden Schwingungen in einem (infinitesimalen) Frequenzband um λ mit dem Fak-tor $r(\lambda)$ verstärkt oder abgeschwächt und um $\phi(\lambda) = \Im(\log(f_{yx}(\lambda)))$ Phasen verschoben.

Die Zerlegung

$$f_y(\lambda) = l(\lambda)f_x(\lambda)l(\lambda)^* + f_u(\lambda) = f_{\hat{y}}(\lambda) + f_u(\lambda), \tag{4.21}$$

wobei f_u, $f_{\hat{y}}$ das Spektrum der Störungen (u_t) bzw. der Approximation ($\hat{y}_t$) bezeichnet, erlaubt eine frequenzspezifische Interpretation der Güte der Erklärung des verrauschten Outputs durch das System. Die *Kohärenz* zwischen (x_t) und (y_t) ist definiert durch

$$C(\lambda) = \frac{f_{\hat{y}}(\lambda)}{f_y(\lambda)} = \frac{l(\lambda)f_x(\lambda)l(\lambda)^*}{f_y(\lambda)} = \frac{|f_{yx}(\lambda)|^2}{f_x(\lambda)f_y(\lambda)}.$$

Wie man leicht sieht, gilt $0 \leq C(\lambda) \leq 1$. Die Kohärenz kann als frequenzspezifisches Bestimmtheitsmaß (bzw. quadrierter Korrelationskoeffizient) interpretiert werden.

4.5 Rationale Filter

Von besonderer praktischer Bedeutung sind sogenannte rationale Filter. Diese entsprechen den stationären Lösungen von linearen Differenzengleichungen und sind daher durch end-lich viele Parameter zu beschreiben. Ein wesentlicher Vorteil rationaler Filter ist, dass Operationen mit diesen Filtern, wie z. B. die Hintereinanderschaltung und die Inversion, auf algebraische Operationen zurückgeführt werden können.

Eine *rationale Matrix* ist eine Matrix, deren Elemente rationale Funktionen (einer kom-plexen Variablen z) sind. Da die rationalen Funktionen, ebenso wie die reellen und die komplexen Zahlen, einen Körper bilden, haben die rationalen Matrizen, von einem ab-strakten Standpunkt aus gesehen, vielfach die gleichen Eigenschaften wie reelle oder komplexe Matrizen. Für eine rationale Matrix $\underline{k}(z)$ setzen wir

$$\underline{k}^*(z) = \left[\underline{k}(\bar{z}^{-1})\right]^*.$$

Damit ist auch $\underline{k}^*$ rational und es gilt $\underline{k}^*(e^{-i\lambda}) = \left[\underline{k}(e^{-i\lambda})\right]^*$, d.h. $\underline{k}^*(e^{-i\lambda})$ ist die hermitesche Transponierte von $\underline{k}(e^{-i\lambda})$. Meistens behandeln wir rationale Matrizen mit reellen Koeffizienten; in diesem Fall gilt $\underline{k}^*(z) = \left[\underline{k}(z^{-1})\right]'$. Falls $\underline{k}$ quadratisch ist und nicht singulär ist, dann schreiben wir $\underline{k}^{-*} = (\underline{k}^*)^{-1} = (\underline{k}^{-1})^*$.

Definition

Sei $\underline{k}\colon \mathbb{C} \longrightarrow \mathbb{C}^{m \times n}$ eine rationale Matrix und $k\colon [-\pi, \pi] \longrightarrow \mathbb{C}^{m \times n}$. Wir sagen $\underline{k}$ ist eine *rationale Fortsetzung* von k, wenn $k(\lambda) = \underline{k}(e^{-i\lambda}) \; \forall \lambda \in [-\pi, \pi]$. Wir sagen dann oft auch kurz, k ist *rational*.

Es ist recht einfach zu sehen, dass die rationale Fortsetzung eindeutig ist. Besitzt eine Transferfunktion eine rationale Fortsetzung, dann nennen wir die Transferfunktion und das zugehörige Filter rational. Analog nennen wir auch eine spektrale Dichte mit einer rationalen Fortsetzung rational. Im Folgenden werden wir auch die rationale Fortsetzung einfach Transferfunktion (bzw. spektrale Dichte) nennen.

Beispiel
Die Transferfunktion eines Filters mit endlich vielen Koeffizienten $\underline{k}(L) = \sum_{j=-q_1}^{q_2} k_j \, L^j$, $q_i \in \mathbb{N}_0$ besitzt eine rationale Fortsetzung $\underline{k}(z) = \sum_{j=-q_1}^{q_2} k_j z^j$. Die rationale Fortsetzung ist eine Polynommatrix, wenn $q_1 = 0$, d.h. für Filter der Form $\sum_{j=0}^{q} k_j \, L^j$.

Beispiel
Sei $\underline{k}(L) = \sum_j k_j \, L^j$ ein l_1-Filter, dessen Transferfunktion die rationale Fortsetzung $\underline{k}(z)$ besitzt. Dann hat auch die spektrale Dichte des MA(∞)-Prozesses $(x_t) = \underline{k}(L)(\epsilon_t)$ eine rationale Fortsetzung: $\underline{f}(z) = \frac{1}{2\pi}\underline{k}(z)\Sigma\underline{k}^*(z)$.

Beispiel
Das Produkt (und die Summe) von zwei rationalen Transferfunktionen ist wieder rational. Daher ist die Hintereinanderschaltung (und die Parallelschaltung) von zwei rationalen l_1-Filtern auch rational. Auch das inverse l_1-Filter eines rationalen Filters (wenn es existiert) ist rational, wie wir am Schluss dieses Abschnittes zeigen werden.

Die Smith-McMillan-Form ist eine nützliche kanonische Darstellung von rationalen Matrizen (siehe z.B. [19]). Dazu benötigen wir zunächst den Begriff einer unimodularen Polynommatrix: Eine quadratische Polynommatrix $\underline{a}(z)$ heißt *unimodular*, wenn $\det \underline{a}(z) \equiv \text{const} \neq 0$. Das folgende Beispiel zeigt, dass diese Bedingung äquivalent ist zur Aussage, dass $\underline{a}^{-1}(z)$ ebenfalls eine Polynommatrix ist.

Beispiel
Die Inverse einer Polynommatrix $\underline{a}(z)$ ist i. Allg. eine rationale Matrix. Nur für den Fall $\det \underline{a}(z) = d_0 \neq 0$ für alle $z \in \mathbb{C}$ erhalten wir

$$\underline{a}^{-1}(z) = \frac{1}{d_0} \operatorname{adj} \underline{a}(z),$$

also eine polynomiale Inverse. Hier bezeichnet $\operatorname{adj} \underline{a}(z)$ die adjungierte Matrix. Die Matrix

$$\underline{a}(z) = \begin{pmatrix} 1 & 0 \\ 0 & 1 \end{pmatrix} + \begin{pmatrix} \alpha & \alpha\beta \\ -\alpha\beta^{-1} & -\alpha \end{pmatrix} z = \begin{pmatrix} 1 + \alpha z & \alpha\beta z \\ -\alpha\beta^{-1}z & 1 - \alpha z \end{pmatrix}$$

zum Beispiel ist unimodular für alle α, $\beta \in \mathbb{R}$, $\beta \neq 0$. Die Inverse ist

$$\underline{a}^{-1}(z) = \begin{pmatrix} 1 - \alpha z & -\alpha\beta z \\ \alpha\beta^{-1}z & 1 + \alpha z \end{pmatrix}.$$

Satz (Smith-McMillan-Form) *Jede rationale $n \times n$-Matrix $\underline{k}(z)$, deren Determinante nicht identisch null ist ($\det \underline{k}(z) \not\equiv 0$), besitzt eine Darstellung der Form*

$$\underline{k}(z) = \underline{u}(z)\underline{\Lambda}(z)\underline{v}(z), \tag{4.22}$$

wobei $\underline{u}(z)$ und $\underline{v}(z)$ unimodulare Polynommatrizen sind und $\underline{\Lambda}(z)$ eine Diagonalmatrix mit Diagonalelementen $d_{ii} = p_{ii}/q_{ii}$ ist. Die Polynome p_{ii} und q_{ii} sind relativ prim, p_{ii} und q_{ii} sind monisch (d. h. die Koeffizienten beim Term mit dem höchsten Grad sind auf 1 normiert), p_{ii} teilt $p_{i+1,i+1}$ und $q_{i+1,i+1}$ teilt q_{ii}. Die Diagonalmatrix $\underline{\Lambda}$ ist eindeutig festgelegt, die unimodularen Matrizen $\underline{u}(z)$ und $\underline{v}(z)$ im Allgemeinen jedoch nicht.

Mithilfe der Smith-McMillan-Form können wir nun auch die Pole und Nullstellen von rationalen (quadratischen) Matrizen definieren.

Definition
Die Nullstellen von $\underline{k}(z)$ sind die Nullstellen der Zählerpolynome p_{ii}, $i = 1, \ldots n$, und die Pole von $\underline{k}(z)$ sind die Nullstellen der Nennerpolynome q_{ii}, $i = 1, \ldots, n$, in der Smith-McMillan-Form von $\underline{k}(z)$.

Eine komplexe Zahl z_0 ist dann und nur dann eine Polstelle von $\underline{k}(z)$, wenn z_0 Polstelle von mindestens einem Element $\underline{k}_{ij}(z)$ ist. Eine komplexe Zahl z_0 ist Nullstelle von $\underline{k}(z)$, wenn z_0 eine Polstelle der Inversen $\underline{k}^{-1}(z)$ ist. Ist z_0 keine Polstelle, dann ist z_0 genau dann eine Nullstelle von $\underline{k}(z)$, wenn $\operatorname{rg}(\underline{k}(z_0)) < n$ gilt.

Aufgabe
Finden Sie ein Beispiel für eine rationale Matrix $\underline{k}(z)$, für die eine komplexe Zahl z_0 gleichzeitig Nullstelle und Polstelle ist.

Die rationale Fortsetzung $\underline{k}(z)$ der Transferfunktion $k(\lambda)$ eines l_1-Filters hat natürlich keine Polstellen am Einheitskreis ($|z| = 1$). Wir zeigen nun, dass umgekehrt jede rationale Matrix $\underline{k}(z)$, die keine Polstellen am Einheitskreis hat, als rationale Fortsetzung der

Transferfunktion eines l_1-Filters interpretiert werden kann. Wir betrachten zunächst den skalaren Fall

$$\underline{k}(z) = \frac{b(z)}{a(z)},$$

wobei $a(z) = a_0 + a_1 z + \cdots + a_{p-1} z^p + 1 z^p$ und $b(z) = b_0 + b_1 z + \cdots + b_q z^q$ zwei relativ prime, skalare Polynome sind. Um zu zeigen, dass $\underline{k}(z)$ die Transferfunktion eines l_1-Filter ist, konstruieren wir eine Laurent-Reihenentwicklung von $\underline{k}(z)$ mit absolut summierbaren Koeffizienten. Nach dem Fundamentalsatz der Algebra besitzt $a(z)$ eine Faktorisierung

$$a(z) = \prod_{j=1}^{p} (z - z_j),$$

wobei z_j die Nullstellen von $a(z)$ sind. Wir haben angenommen, dass $\underline{k}(z)$ keine Polstelle am Einheitskreis hat, dass also $|z_j| \neq 1$ für $j = 1, \ldots, p$ gilt. Die Kehrwerte der Faktoren $(z - z_j)$ können mithilfe der geometrischen Reihe entwickelt werden:

$$\frac{1}{(z - z_j)} = \begin{cases} z^{-1} & \text{für } z_j = 0, |z| > 0, \\ z_j^{-1} \sum_{s=-1}^{-\infty} z_j^{-s} z^s & \text{für } 0 < |z_j| < 1, |z| > |z_j|, \\ -z_j^{-1} \sum_{s=0}^{\infty} z_j^{-s} z^s & \text{für } 1 < |z_j|, |z| < |z_j|. \end{cases} \quad (4.23)$$

Damit besitzt auch $\underline{k}(z)$ eine Laurent-Reihenentwicklung

$$\underline{k}(z) = b(z) z^{-p_0} \prod_{j=p_0+1}^{p_0+p_1} \left[z_j^{-1} \sum_{s=-1}^{-\infty} z_j^{-s} z^s \right] \prod_{j=p_0+p_1+1}^{p} \left[-z_j^{-1} \sum_{s=0}^{\infty} z_j^{-s} z^s \right], \quad (4.24)$$

wobei die Nullstellen geordnet sind nach: $z_j = 0$ für $1 \leq j \leq p_0$, $0 < |z_j| < 1$ für $p_0 + 1 \leq j \leq p_0 + p_1$ und $1 < |z_j|$ für $p_0 + p_1 < j \leq p$.

Im multivariaten Fall, wenn $\underline{k}(z)$ eine rationale Matrix ist, konstruieren wir nach diesem Schema für jedes Element der Matrix eine Reihenentwicklung und erhalten so eine Laurent-Reihenentwicklung der Matrix $\underline{k}(z) = \sum_{j=-\infty}^{\infty} k_j z^j$, die auf einem Kreisring der Form $\rho_1 < |z| < \rho_2$ konvergiert, wobei

$$\rho_1 = \max \{ |z| \mid z \text{ ist Polstelle von } \underline{k} \text{ und } |z| < 1 \}$$

$$\rho_2 = \min \{ |z| \mid z \text{ ist Polstelle von } \underline{k} \text{ und } |z| > 1 \}.$$

Die Koeffizienten k_j konvergieren geometrisch gegen null, d. h. für jedes ρ mit $\rho_1 < \rho < 1 < \rho^{-1} < \rho_2$ existiert eine Konstante $c > 0$, sodass

$$\|k_j\| \leq c \rho^{|j|} \quad \forall j \in \mathbb{Z}. \quad (4.25)$$

Die Koeffizienten k_j sind somit insbesondere absolut summierbar und daher die Gewichtsfunktion eines l_1-Filters $\underline{k}(\mathrm{L}) = \sum_j k_j \mathrm{L}^j$. Diese Konstruktion zeigt auch, dass das Filter genau dann kausal ist, wenn $\underline{k}(z)$ keine Polstellen im oder am Einheitskreis hat. Wir fassen zusammen:

Satz 4.2 *Eine rationale Matrix $\underline{k}(z)$ ist die Transferfunktion eines l_1-Filters genau dann, wenn $\underline{k}(z)$ keine Polstellen am Einheitskreis hat. Die Filterkoeffizienten sind durch die Laurent-Reihenentwicklung (siehe insbesondere (4.24)) bestimmt. Das Filter ist dann und nur dann kausal, wenn $\underline{k}(z)$ keine Polstellen im und am Einheitskreis hat.*

Zum Abschluss diskutieren wir noch die Konstruktion bzw. Berechnung der Inversen eines rationalen Filters.

Satz 4.3 *Sei $\underline{k}(\mathrm{L})$ ein rationales und quadratisches ($m = n$) l_1-Filter. Das zu $\underline{k}(\mathrm{L})$ inverse l_1-Filter existiert dann und nur dann, wenn für die Transferfunktion $\det \underline{k}(z) \neq 0$ $\forall |z| = 1$ gilt. Das inverse Filter, wenn es existiert, ist auch rational. Das inverse Filter ist dann und nur dann kausal, wenn $\det \underline{k}(z) \neq 0 \ \forall |z| \leq 1$ gilt.*

Beweis Die Bedingung $\det \underline{k}(z) \neq 0 \ \forall |z| = 1$ ist notwendig für die Existenz des inversen l_1-Filters, wie in (4.16) gezeigt wurde. Ist diese Bedingung erfüllt, dann existiert die inverse Matrix $\underline{k}^{-1}(z)$ und ist von der Form

$$\underline{k}^{-1}(z) = \frac{1}{\det \underline{k}(z)} \operatorname{adj} \underline{k}(z).$$

Die rationale Matrix $\underline{k}^{-1}(z)$ hat keine Polstellen am Einheitskreis und ist daher die (rationale) Transferfunktion des gesuchten inversen l_1-Filters. □

Beispiel

Das Differenzenfilter $\Delta = (1 - \mathrm{L})$ ist nicht invertierbar, da die Transferfunktion $(1 - z)$ für $z = 1$ gleich null ist. Man kann auch folgendermaßen argumentieren: Sei (x_t) ein stationärer Prozess mit $\mathbf{E}x_t = \mu \neq 0$. Der gefilterte Prozess $y_t = \Delta x_t = x_t - x_{t-1}$ hat den Erwartungswert $\mathbf{E}y_t = 0$. Durch die „Differenzen"bildung ist also die Information über das Mittel von (x_t) verloren gegangen und es gibt keine Möglichkeit den Erwartungswert von (x_t) nur mithilfe des gefilterten Prozesses $(y_t = x_t - x_{t-1})$ zu bestimmen.

Aufgabe

Sei (x_t) ein zentrierter Prozess mit Autokovarianzfunktion $\gamma_x(k)$ und spektraler Dichte $f_x(\lambda)$. Zeigen Sie für den Differenzenprozess $(y_t) = (I - \mathrm{L})(x_t)$:

$$f_y(0) = 0 \quad \text{und} \quad \sum_{k=-\infty}^{\infty} \gamma_y(k) = 0.$$

Beispiel

Ein einfaches Beispiel für die Berechnung der Inversen einer Polynommatrix:

$$\underline{a}(z) = \begin{pmatrix} 1 & 0 \\ 0 & 1 \end{pmatrix} + \begin{pmatrix} a_{11} & a_{12} \\ a_{21} & a_{22} \end{pmatrix} z = \begin{pmatrix} 1 + a_{11}z & +a_{12}z \\ +a_{21}z & 1 + a_{22}z \end{pmatrix}.$$

Die Inverse von $\underline{a}(z)$ ist

$$\underline{a}^{-1}(z) = \frac{1}{\det \underline{a}(z)} \operatorname{adj} \underline{a}(z)$$

$$= \frac{1}{(1 + a_{11}z)(1 + a_{22}z) - (a_{12}z)(a_{21}z)} \begin{pmatrix} 1 + a_{22}z & -a_{12}z \\ -a_{21}z & 1 + a_{11}z \end{pmatrix}$$

$$= \frac{1}{1 + (a_{11} + a_{22})z + (a_{11}a_{22} - a_{12}a_{21})z^2} \begin{pmatrix} 1 + a_{22}z & -a_{12}z \\ -a_{21}z & 1 + a_{11}z \end{pmatrix}$$

$$= \begin{pmatrix} \frac{1+a_{22}z}{d(z)} & \frac{-a_{12}z}{d(z)} \\ \frac{-a_{21}z}{d(z)} & \frac{1+a_{11}z}{d(z)} \end{pmatrix},$$

wobei $d(z) = \det \underline{a}(z) = 1 + (a_{11} + a_{22})z + (a_{11}a_{22} - a_{12}a_{21})z^2$.

Definition

Eine quadratische, rationale und nicht singuläre Matrix $\underline{k}(z)$ nennt man *stabil*, wenn $\underline{k}$ keine Polstellen für $|z| \leq 1$ hat. Man nennt sie *miniphasig* (bzw. *strikt miniphasig*), wenn $\underline{k}$ keine Nullstellen für $|z| < 1$ (bzw. für $|z| \leq 1$) besitzt.

Ist die Matrix $\underline{k}$ stabil, dann ist die (strikte) Miniphasebedingung äquivalent zu $\det(\underline{k}(z)) \neq 0 \; \forall |z| < 1$ bzw. $\det(\underline{k}(z)) \neq 0 \; \forall |z| \leq 1$. Für eine stabile Matrix $\underline{k}$ ist der entsprechende Filter kausal. Ist die Matrix stabil und strikt miniphasig, dann ist auch das inverse Filter kausal.

4.6 Differenzengleichungen

Differenzengleichungen entstehen z. B. bei der Diskretisierung von Differentialgleichungen. Daher hat die Analyse von Differenzengleichungen z. B. in den technischen Wissenschaften eine wichtige Bedeutung. Für eine detaillierte Darstellung verweisen wir auf [10]. Grundsätzlich können sowohl beobachtete als auch nicht beobachtete Inputs auftreten. Diese Unterscheidung spielt in diesem Abschnitt keine Rolle; später werden wir vor allem den Fall von nicht beobachteten Inputs behandeln.

Wir betrachten Systeme linearer Differenzengleichungen der Form

$$y_t = a_1 y_{t-1} + \cdots + a_p y_{t-p} + u_t, \tag{4.26}$$

wobei $a_j \in \mathbb{R}^{n \times n}$ Parametermatrizen und (u_t) ein n-dimensionaler Inputprozess ist. Eine *Lösung* auf $\mathbb{Z}$ ist ein stochastischer Prozess (y_t) der für gegebene Parameter a_j und für gegebenen Input (u_t) die Gleichung (4.26) für alle $t \in \mathbb{Z}$ erfüllt. Man überzeugt sich leicht, dass folgende Aussage richtig ist:

Satz *Die Menge aller Lösungen von (4.26) ist von folgender Form: Eine (partikuläre) Lösung von (4.26) plus die Menge aller Lösungen der homogenen Gleichung*

$$y_t = a_1 y_{t-1} + \cdots + a_p y_{t-p}. \tag{4.27}$$

Unter Verwendung des Lag-Operators L schreiben wir nun (4.26) (für $t \in \mathbb{Z}$) als

$$\underline{a}(\mathrm{L})(y_t) = (u_t),$$

wobei

$$\underline{a}(\mathrm{L}) = I_n - a_1 \mathrm{L} - \cdots - a_p \mathrm{L}^p .$$

Wenn nicht eigens betont, wollen wir annehmen, dass (u_t) stationär ist. Ist das Filter $\underline{a}(\mathrm{L})$ invertierbar, dann ist

$$(y_t) = \underline{a}^{-1}(\mathrm{L})(u_t)$$

eine Lösung von (4.26). Diese Lösung ist stationär und, wie man leicht sehen kann, die einzige stationäre Lösung.

Satz 4.4 *Ist (u_t) stationär und gilt*

$$\det \underline{a}(z) \neq 0, \quad |z| = 1,$$

so ergibt die lineare Transformation

$$(y_t) = \underline{a}^{-1}(\mathrm{L})(u_t) = \left(\sum_{j=-\infty}^{\infty} k_j u_{t-j} \right) \tag{4.28}$$

eine Lösung von (4.26). Diese Lösung ist die einzige stationäre Lösung. Gilt

$$\det \underline{a}(z) \neq 0, \quad |z| \leq 1, \tag{4.29}$$

so ist die Lösung kausal, es gilt also $k_j = 0$ für $j < 0$.

Beweis Die Transferfunktion $\underline{a}(z) = I_n - a_1 z - \cdots - a_p z^p$ des Filters $\underline{a}(\mathrm{L})$ ist eine Polynommatrix. Daher folgt aus Satz 4.3 sofort, dass das inverse Filter $\underline{a}^{-1}(\mathrm{L})$ dann und nur dann existiert, wenn $\det \underline{a}(z) \neq 0$, $|z| = 1$ erfüllt ist. Das inverse Filter ist dann und nur dann kausal, wenn $\det \underline{a}(z)$ keine Nullstellen im (und am) Einheitskreis hat.

Existiert das inverse Filter, so ist $(y_t) := \underline{a}^{-1}(L)(u_t)$ eine (stationäre) Lösung, da

$$\underline{a}(L)(y_t) = \underline{a}(L)\underline{a}^{-1}(L)(u_t) = (u_t).$$

Ist nun $(\tilde{y}_t)$ eine beliebige stationäre Lösung, so folgt aus

$$(\tilde{y}_t) = \underline{a}^{-1}(L)\underline{a}(L)(\tilde{y}_t) = \underline{a}^{-1}(L)(u_t) = (y_t)$$

die Eindeutigkeit der stationären Lösung. □

Die Koeffizienten des l_1-Filters $\underline{a}^{-1}(L)$ kann man unter der Bedingung (4.29) durch Koeffizientenvergleich aus $\underline{a}(z)\underline{a}^{-1}(z) = I_n$ bestimmen. Man erhält folgendes rekursives Gleichungssystem für die k_js:

$$k_0 = I_n$$
$$-a_1 k_0 + k_1 = 0$$
$$-a_2 k_0 - a_1 k_1 + k_2 = 0 \tag{4.30}$$
$$\vdots$$

Die Bedingung (4.29) wird oft *Stabilitätsbedingung* genannt, da sie unter der A-priori-Annahme von Kausalität die Existenz einer stationären Lösung (y_t) für stationäre Inputs (u_t) garantiert. Diese stationäre Lösung wird auch als *eingeschwungene* Lösung bezeichnet. Ist (u_t) ein regulärer Prozess mit Innovationen (ϵ_t), so ist unter der Stabilitätsbedingung (4.29) die Lösung (4.28) auch regulär mit dem gleichen Innovationsprozess. Dies ist eine unmittelbare Folge der Tatsache, dass sowohl $\underline{a}(L)$ und $\underline{a}^{-1}(L)$ kausal sind.

Beispiel

Die Differenzengleichung

$$y_t = y_{t-1} + u_t$$

kann mit der hier beschriebenen Methode nicht gelöst werden. Aber man kann sehr einfach alle Lösungen rekursiv bestimmen:

$$y_t = \begin{cases} y_0 + \sum_{j=1}^{t} u_j & \text{für } t > 0, \\ y_0 & \text{für } t = 0, \\ y_0 - \sum_{j=t+1}^{0} u_j & \text{für } t < 0. \end{cases}$$

Eine Reihe von Spezialfällen von (4.26) führt zu folgenden wichtigen Modellklassen:

(1) Ist $(u_t = \epsilon_t)$ weißes Rauschen, so ist (4.26) ein AR-System. Solche AR-Systeme und die entsprechenden stationären Lösungen, die man AR-Prozesse nennt, werden im Kap. 5 ausführlich behandelt.

(2) Ist $(u_t) = \underline{b}(L)(\epsilon_t)$, $\underline{b}(L) = \sum_{j=0}^{q} b_j L^j$ ein MA(q)-Prozess, so bezeichnet man (4.26) als ARMA-System. Diese werden im Kap. 6 genauer diskutiert.

(3) In den beiden obigen Modellen wird angenommen, dass der Inputprozess (u_t) bzw. das zugrunde liegende weiße Rauschen nicht beobachtet wird. Bei ARX-Modellen hingegen nimmt man an, dass (u_t) von der Form

$$u_t = \sum_{j=0}^{r} d_j x_{t-j} + \epsilon_t$$

ist, wobei (ϵ_t) nicht beobachtetes weißes Rauschen ist und (x_t) ein *beobachteter* Inputprozess ist mit $\mathbf{E}\epsilon_t x_s = 0$ für alle $t, s \in \mathbb{Z}$. Ein ARX-System ist also eine Differenzengleichung der Form

$$\underline{a}(L)(y_t) = \underline{d}(L)(x_t) + (\epsilon_t), \quad \underline{d}(L) = \sum_{j=0}^{r} d_j L^j .$$

(4) Analog bezeichnet man

$$\underline{a}(L)(y_t) = \underline{d}(L)(x_t) + \underline{b}(L)(\epsilon_t)$$

als ARMAX-System. Auch hier fordert man $\mathbf{E}\epsilon_t x_s = 0$ für alle $t, s \in \mathbb{Z}$.

Autoregressive Prozesse

In diesem Kapitel behandeln wir sogenannte autoregressive Prozesse, d. h. stationäre Lösungen von Differenzengleichungen der Form

$$x_t = a_1 x_{t-1} + \cdots + a_p x_{t-p} + \epsilon_t, \ \forall t \in \mathbb{Z},$$

wobei $(\epsilon_t) \sim \text{WN}(\Sigma)$ weißes Rauschen ist. Für die praktischen Anwendungen der Zeitreihenanalyse bilden AR-Modelle die wohl gebräuchlichste Modellklasse. Autoregressive Modelle erlauben es Prozesse mit einem „unendlichen" Gedächtnis (d. h. mit einer Kovarianzfunktion γ, für die $\gamma(k) \neq 0$ für beliebig große k gilt) zu modellieren und zwar, im Gegensatz zu allgemeinen MA(∞)-Prozessen, mit einer endlichen Zahl von Parametern. Mit AR-Modellen kann man insbesondere Prozesse mit ausgeprägten Spitzen in der spektralen Dichte gut beschreiben. Das sind Prozesse mit dominierenden „fast periodischen" Komponenten, wie sie in vielen Anwendungen zu finden sind. Als ein Beispiel seien hier nur Elektrokardiogramm- (EKG)-Signale erwähnt. Zudem kann jeder reguläre Prozess beliebig genau durch einen AR-Prozess approximiert werden, wenn man die Ordnung p groß genug wählt.

Ein weiterer wichtiger Vorteil von autoregressiven Prozessen ist deren einfache Prognose. Unter der Stabilitätsbedingung ist die Ein-Schritt-Prognose aus der unendlichen Vergangenheit einfach $\hat{x}_{t,1} = a_1 x_t + \cdots + a_p x_{t+1-p}$. Das heißt, die Kleinst-Quadrate-Prognose hängt nur von den letzten p-vergangenen Werten ab und die entsprechenden Koeffizienten sind genau die Koeffizienten des AR-Modells. Daher ist das AR-Modell eine explizite Beschreibung der intertemporalen Abhängigkeitsstruktur. Das Modell zerlegt x_t in den von der Vergangenheit bestimmten Teil und die Innovation. Nicht zuletzt kann das AR-Modell auch sehr einfach z. B. mithilfe der sogenannten Yule-Walker-Gleichungen geschätzt werden. Das Modell kann als Regressionsmodell interpretiert werden. Das erklärt den Namen „autoregressiv" und zeigt, dass das Modell auch mit der gewöhnlichen Kleinst-Quadrate-Methode geschätzt werden kann.

Im ersten Abschnitt diskutieren wir kurz die stationäre Lösung des AR-Systems unter der Stabilitätsbedingung. Die wesentliche Vorarbeit wurde dazu schon im vorigen Kapi-

M. Deistler, W. Scherrer, *Modelle der Zeitreihenanalyse*, Mathematik Kompakt, https://doi.org/10.1007/978-3-319-68664-6_5

tel geleistet. Wir behandeln dann die Prognose von AR-Prozessen aus der endlichen bzw. unendlichen Vergangenheit und diskutieren die wesentlichen Charakteristika der spektralen Dichte von AR-Prozessen. Der vorletzte Abschnitt ist den Yule-Walker-Gleichungen gewidmet, die den Zusammenhang zwischen den Parametern des AR-Systems und der Kovarianzfunktion herstellen. Wie schon oben gesagt, bilden diese Gleichungen auch die Basis für eines der wichtigsten Verfahren für die Schätzung von AR-Systemen. Aufgrund der großen Zahl von Anwendungen von AR-Systemen wurden sehr viele Algorithmen zu deren Schätzung entwickelt. Besonderes Augenmerk wurde auf die Entwicklung von rekursiven, numerisch sehr effizienten Verfahren gelegt, die z. B. in der Echtzeitsignalverarbeitung sehr wichtig sind.

Im letzten Abschnitt lassen wir die Stabilitätsbedingung fallen und diskutieren kurz die stationären Lösungen von AR-Systemen im Allgemeinen. In diesem Abschnitt betrachten wir auch spezielle nicht-stationäre Lösungen, nämlich sogenannte integrierte und kointegrierte Prozesse, die im Fall einer sogenannten Einheitswurzel („unit root") auftreten. Eines der wichtigsten Resultate ist der Darstellungssatz von Granger.

Frühe Referenzen für AR-Prozesse sind [45][1] und [33] [2]. Eine ausführliche Diskussion (auch für den multivariaten Fall) findet sich in [2][3], [17] und [31]. Ein fundamentales frühes Verfahren zur Parameterschätzung ist der Durbin-Levinson-Algorithmus, siehe [13, 28][4,5]. Standardliteratur für den integrierten Fall ist [14][6], [20] und [35].

5.1 Die Stabilitätsbedingung

Ein *autoregressives System* (AR-System) ist eine Differenzengleichung der Form

$$x_t = a_1 x_{t-1} + \cdots + a_p x_{t-p} + \epsilon_t \ \forall t \in \mathbb{Z}, \tag{5.1}$$

wobei $a_j \in \mathbb{R}^{n \times n}$, $a_p \neq 0$ und $(\epsilon_t) \sim \text{WN}(\Sigma)$. Eine stationäre Lösung von (5.1), d. h. ein stationärer Prozess (x_t) der diese Gleichung(en) für alle $t \in \mathbb{Z}$ erfüllt, ist ein sogenannter *autoregressiver Prozess* der Ordnung p (AR(p)-Prozess).

---

[1] George Udny Yule (1871–1951). Schottischer Statistiker. Einer der frühen Pioniere der Zeitreihenanalyse. AR- und MA-Modelle gehen auf ihn zurück.
[2] Abraham Wald (1902–1950). Deutschsprachiger US-amerikanischer Mathematiker, Ökonometriker und Statistiker (in Siebenbürgen geboren). Begründete die statistische Entscheidungstheorie; zahlreiche fundamentale Arbeiten, wie etwa den Wald-Test oder sequentielle Testverfahren.
[3] Theodore W. Anderson (1918–2016). US-amerikanischer Statistiker. Wie E.J. Hannan einer der Begründer der modernen Zeitreihenanalyse.
[4] Norman Levinson (1912–1975). US-amerikanischer Mathematiker. In unserem Zusammenhang vor allem durch den Durbin-Levinson-Algorithmus bekannt.
[5] James Durbin (1923–2012). Britischer Statistiker und Ökonometriker. Insbesondere durch den Durbin-Watson-Test und Tests auf Strukturbrüche bekannt.
[6] Clive W. J. Granger (1934–2009). Britisch-US-amerikanischer Ökonometriker. Arbeiten zur Spektralanalyse von ökonomischen Zeitreihen, zur Analyse der Kausalität („Granger-Kausalität") und zur Kointegration. Wurde 2003 mit dem Nobelpreis für Wirtschaftswissenschaften ausgezeichnet.

Das AR-System ist äquivalent zu folgender „Filter-Gleichung"

$$\underline{a}(L)(x_t) = (I_n - a_1 L - \cdots - a_p L^p)(x_t) = (\epsilon_t). \tag{5.2}$$

Die Transferfunktion

$$\underline{a}(z) = I_n - a_1 z - \cdots - a_p z^p \tag{5.3}$$

des Filters $\underline{a}(L) = I_n - a_1 L - \cdots - a_p L^p$ ist eine Polynommatrix vom Grad p und wird oft AR-Polynom genannt. Wir setzen, wenn nicht eigens erwähnt, in diesem Kapitel immer die sogenannte *Stabilitätsbedingung*:

$$\det(\underline{a}(z)) \neq 0 \quad \forall |z| \leq 1. \tag{5.4}$$

Ein AR-System, das diese Bedingung erfüllt, nennen wir stabil. Wie in Satz 4.4 gezeigt wurde, hat das AR-System dann eine eindeutige stationäre Lösung und diese Lösung ist ein kausaler MA(∞)-Prozess

$$(x_t) = \underline{a}^{-1}(L)(\epsilon_t) = \left(\sum_{j \geq 0} k_j L^j \right)(\epsilon_t) = \left(\sum_{j \geq 0} k_j \epsilon_{t-j} \right).$$

Aus dieser Darstellung folgt, dass ϵ_t orthogonal zu x_s, $s < t$ ist. Daher ist das AR-System (5.1) ein Regressionsmodell, das x_t durch die *eigene* Vergangenheit $(x_{t-1}, \ldots, x_{t-p})$ und einen dazu orthogonalen Fehler beschreibt. Diese Beobachtung erklärt den Namen „autoregressiver Prozess". Wie wir in den folgenden Abschnitten sehen werden, ist die Orthogonalität auch der Schlüssel für die Prognose von AR-Prozessen und für die sogenannten Yule-Walker-Gleichungen und damit für die Schätzung von AR-Systemen.

Die Koeffizienten des inversen Filters $\underline{a}^{-1}(L)$ können, wie in (4.30) beschrieben, rekursiv berechnet werden. Insbesondere gilt

$$k_0 = I_n. \tag{5.5}$$

Die Koeffizienten konvergieren mit einer geometrischen Rate gegen null, d. h. $\|k_j\| \leq c\rho^j$ für ein $c < \infty$ und $0 < \rho < 1$. Für jede (quadratisch integrierbare) Lösung $(\tilde{x}_t)$ des AR-Systems gilt auch

$$\underset{t \to \infty}{\text{l.i.m.}}(x_t - \tilde{x}_t) = 0$$

und diese Konvergenz ist so schnell, dass es für die Asymptotik von typischen Schätzern keine Rolle spielt, ob man eine beliebige Lösung $(\tilde{x}_t)$ oder die stationäre Lösung (x_t) betrachtet.

Für die Analyse von AR-Systemen bzw. AR-Prozessen ist es oft günstig, den „gestapelten" Prozess $x_t^p = (x_t', \ldots, x_{t+1-p}')'$ zu betrachten. Man sieht leicht, dass (x_t) dann und nur dann eine Lösung von (5.1) ist, wenn der gestapelte Prozess eine Lösung des AR(1)-Systems

$$x_t^p = A x_{t-1}^p + B \epsilon_t \qquad (5.6)$$

ist, wobei

$$B = \begin{pmatrix} I_n \\ 0 \\ 0 \\ \vdots \\ 0 \end{pmatrix} \in \mathbb{R}^{pn \times n}, \quad A = \begin{pmatrix} a_1 & a_2 & \cdots & a_{p-1} & a_p \\ I_n & 0 & \cdots & 0 & 0 \\ 0 & I_n & \cdots & 0 & 0 \\ \vdots & \vdots & \ddots & \vdots & \vdots \\ 0 & 0 & \cdots & I_n & 0 \end{pmatrix} \in \mathbb{R}^{np \times np}. \qquad (5.7)$$

Die Matrix A nennt man auch *Begleitmatrix* („companion matrix") der Polynommatrix $\underline{a}(z)$. Die Eigenwerte der Matrix A hängen folgendermaßen mit den Nullstellen von $\det(\underline{a}(z))$ zusammen:

Lemma 5.1 *Die folgenden drei Aussagen sind äquivalent:*

(1) $\det(I - a_1 z - \cdots - a_p z^p) = 0$.
(2) $\det(I - Az) = 0$.
(3) $(1/z)$ *ist ein Eigenwert von A (ungleich null).*

Beweis (2) $\Longleftrightarrow$ (3): Aus $\det(I - Az) = 0$ folgt $z \neq 0$. Daher ist $\det(I - Az) = 0$ äquivalent zu $\det(\frac{1}{z}I - A) = 0$.

(1) $\Longleftrightarrow$ (3): Sei $c = (c_1, \ldots, c_p) \in \mathbb{C}^{1 \times np}$, $\underline{c}(z) = c_1 + c_2 z + \cdots + c_p z^{p-1}$ und $\lambda \in \mathbb{C}$. Die folgenden Gleichungen erhält man durch Äquivalenzumformungen:

$$cA = \lambda c$$
$$c_1(a_1, \ldots, a_p) + (c_2, \ldots, c_p, 0) = \lambda(c_1, \ldots, c_p)$$
$$c_1(I, -a_1, \ldots, -a_p) = (c_1, c_2, \ldots, c_p, 0) - \lambda(0, c_1, \ldots, c_p)$$
$$c_1 \underline{a}(z) = (1 - \lambda z)\underline{c}(z) \quad \forall z \in \mathbb{C}.$$

Ist $\lambda \neq 0$ ein Eigenwert von A und c ein zugehöriger Linkseigenvektor, dann folgt $c_1 \neq 0$ und $c_1 \underline{a}(1/\lambda) = 0$. Das heißt $z = 1/\lambda$ ist eine Nullstelle von $\det(\underline{a}(z))$.

Gilt umgekehrt $\det(\underline{a}(1/\lambda)) = 0$, dann existiert ein $c_1 \in \mathbb{C}^{1 \times n}$, $c_1 \neq 0$, sodass $c_1 \underline{a}(1/\lambda) = 0$. Daher existiert ein Polynom $\underline{c}(z) = c_1 + \cdots + c_p z^{p-1}$, sodass $c_1 \underline{a}(z) = (1 - \lambda z)\underline{c}(z)$ und daher ist $c = (c_1, \ldots, c_p)$ ein Linkseigenvektor von A zum Eigenwert λ. $\qquad \square$

Insbesondere besagt dieses Lemma, dass die Stabilitätsbedingung (5.4) für das AR(p)-System äquivalent ist zur Stabilitätsbedingung des AR(1)-Systems (5.6) für den gestapelten Prozess (x_t^p). Damit kann man nun im Prinzip den AR(p)-Fall auf den AR(1)-Fall zurückführen.

Aufgabe

Zeigen Sie: Das skalare AR(2)-Polynom $\underline{a}(z) = 1 - a_1 z - a_2 z^2$ erfüllt dann und nur dann die Stabilitätsbedingung, wenn die Koeffizienten (a_1, a_2) in dem durch die Ungleichungen

$$|a_2| < 1$$
$$a_2 + a_1 < 1$$
$$a_2 - a_1 < 1$$

bestimmten Dreieck enthalten sind.

Aufgabe

Sei $(x_t \mid t \in \mathbb{Z})$ ein Prozess und $(x_t^p \mid t \in \mathbb{Z})$ der zugehörige gestapelte Prozess. Zeigen Sie: (x_t) ist dann und nur dann stationär (und regulär), wenn (x_t^p) stationär (und regulär) ist. Ist (ϵ_t) der Innovationsprozess von (x_t) dann ist $((\epsilon_t', 0, \ldots, 0)')$ der Innovationsprozess von (x_t^p).

Unter der Stabilitätsbedingung gilt $\varrho(A) < 1$, wobei $\varrho(A) = \max_i |\lambda_i(A)|$ den *Spektralradius* von A bezeichnet. Daher existiert für jedes $\varrho(A) < \rho < 1$ eine Konstante $c_A \in \mathbb{R}_+$, sodass $\|A^k\| \le c_A \rho^k$.

Aufgabe

Sei (x_t) die stationäre Lösung des AR-Systems (5.1) und $(\tilde{x}_t)$ eine beliebige (quadratisch integrierbare) Lösung. Zeigen Sie

$$\mathbf{E}((x_t - \tilde{x}_t)'(x_t - \tilde{x}_t)) \le c\rho^t$$

für eine geeignete Konstanten $c \in \mathbb{R}_+$. Hinweis: $(x_t - \tilde{x}_t)$ ist eine Lösung der homogenen Gleichung, daher gilt für die gestapelten Vektoren

$$(x_t^p - \tilde{x}_t^p) = A(x_{t-1}^p - \tilde{x}_{t-1}^p) = A^t(x_0^p - \tilde{x}_0^p).$$

Aufgabe

Zeigen Sie $\|k_j\| \le c\rho^j$ für eine geeignete Konstanten $c \in \mathbb{R}_+$. (Siehe auch (4.25).) Hinweis: Aus der Rekursion (4.30) folgt

$$\begin{pmatrix} k_j \\ \vdots \\ k_{j+1-p} \end{pmatrix} = A \begin{pmatrix} k_{j-1} \\ \vdots \\ k_{j-p} \end{pmatrix} = A^{j-p+1} \begin{pmatrix} k_{p-1} \\ \vdots \\ k_0 \end{pmatrix} \quad \text{für } j \ge p - 1.$$

Wie schon oben gesagt, werden wir in den folgenden Abschn. 5.2 bis 5.4 immer die Stabilitätsbedingung voraussetzen.

Aufgabe

Die Komponenten eines AR-Prozesses sind i. Allg. keine AR-Prozesse. Konstruieren Sie ein entsprechendes Beispiel, also z. B. einen bivariaten AR(1)-Prozess $(x_t = (x_{1t}, x_{2t})'$, sodass (x_{1t}) kein AR-Prozess ist. Die Menge der AR-Prozesse ist also bezüglich Marginalisierung nicht abgeschlossen.

Aufgabe (Harmonische Prozesse und AR-Systeme)

Zeigen Sie, dass (skalare) harmonische Prozesse auch AR-Prozesse sind: Konstruieren Sie das zugehörige AR-System und zeigen Sie, dass $\Sigma = 0$ gilt, der Prozess also singulär ist. Hinweis: Mit der Notation des Unterabschnittes über harmonische Prozess im Kap. 1.4 gilt $x_{t+1}^K = \Theta D^{t+1} z = \Theta D \Theta^{-1} \Theta D^t z = \Theta D \Theta^{-1} x_t^K$, wobei $D = \mathrm{diag}(\theta_{1-M}, \ldots, \theta_M)$. Zeigen Sie auch, dass das AR-System die Stabilitätsbedingung *nicht* erfüllt (außer für den trivialen Prozesse ($x_t = 0$)). Die Nullstellen von $\underline{a}(z)$ liegen in diesem Fall alle auf dem Einheitskreis.

5.2 Prognose

Die Prognose von AR-Prozessen ist besonders einfach. Die AR-Darstellung (5.1) impliziert $\mathbb{H}_t(\epsilon) \subset \mathbb{H}_t(x)$. Aufgrund der Stabilitätsbedingung (5.4) gilt $x_t = \sum_{j \geq 0} k_j \epsilon_{t-j}$ und daher $\mathbb{H}_t(x) \subset \mathbb{H}_t(\epsilon)$. Weiterhin gilt $k_0 = I_n$, siehe (5.5). Nach Folgerung 2.4 ist (x_t) also regulär und die (ϵ_t) sind die Innovationen von (x_t). Für die Ein-Schritt-Prognose (aus der unendlichen Vergangenheit) gilt daher

$$u_{t,1} = \epsilon_{t+1}$$
$$\Sigma_1 = \mathbf{E} u_{t,1} u'_{t,1} = \Sigma$$
$$\hat{x}_{t,1} = x_{t+1} - \epsilon_{t+1} = a_1 x_t + \cdots + a_p x_{t+1-p}.$$

Die Koeffizienten der optimalen Ein-Schritt-Prognose sind also genau die Koeffizienten der (stabilen) AR-Darstellung und es werden nur die letzten p-Werte für die Prognose benötigt. Diese Eigenschaft ist ein *Charakteristikum* von AR-Prozessen. Das heißt ein stationärer Prozess (x_t) ist dann und nur dann ein AR Prozess, wenn die Ein-Schritt-Prognose aus der unendlichen Vergangenheit nur von *endlich* vielen Werten abhängt. Für die Prognose aus der endlichen Vergangenheit folgt also $\hat{x}_{t,1,k} = \hat{x}_{t,1}$ und $\Sigma_{1,k} = \Sigma_1$, solange $k \geq p$ Werte zur Prognose verwendet werden.

Die Mehrschritt-Prognose kann sehr einfach rekursiv bestimmt werden. Sei $\mathrm{P} = \mathrm{P}_{\mathbb{H}_t(x)}$ die Projektion auf den Raum $\mathbb{H}_t(x)$. Für $h = 2$ und $h = 3$ erhalten wir z. B.

$$\hat{x}_{t,2} = \mathrm{P}(x_{t+2}) = a_1 \underbrace{\mathrm{P}\, x_{t+1}}_{\hat{x}_{t,1}} + a_2 \underbrace{\mathrm{P}\, x_t}_{x_t} \cdots + a_p \underbrace{\mathrm{P}\, x_{t+2-p}}_{x_{t+2-p}} + \underbrace{\mathrm{P}\, \epsilon_{t+2}}_{=0}$$

$$= a_1 \hat{x}_{t,1} + a_2 x_t + \cdots + a_p x_{t+2-p}$$

$$u_{t,2} = (x_{t+2} - \hat{x}_{t,2}) = \epsilon_{t+2} + a_1 u_{t,1} = \epsilon_{t+2} + a_1 \epsilon_{t+1}$$

$$\hat{x}_{t,3} = \mathrm{P}(x_{t+3}) = a_1 \underbrace{\mathrm{P}\, x_{t+2}}_{\hat{x}_{t,2}} + a_2 \underbrace{\mathrm{P}\, x_{t+1}}_{\hat{x}_{t,1}} + a_3 \underbrace{\mathrm{P}\, x_t}_{x_t} + \cdots + a_p \underbrace{\mathrm{P}\, x_{t+3-p}}_{x_{t+3-p}} + \underbrace{\mathrm{P}\, \epsilon_{t+3}}_{=0}$$

$$= a_1 \hat{x}_{t,2} + a_2 \hat{x}_{t,1} + a_3 x_t + \cdots + a_p x_{t+3-p}$$

$$u_{t,3} = (x_{t+3} - \hat{x}_{t,3}) = \epsilon_{t+3} + a_1 u_{t,2} + a_2 u_{t,1} = \epsilon_{t+3} + a_1 \epsilon_{t+2} + (a_1^2 + a_2) \epsilon_{t+1}.$$

Auch für die Mehrschritt-Prognose genügt es also die letzten p-Werte zu verwenden. Man kann sich auch leicht überzeugen, dass die Darstellung der h-Schritt-Prognosefehler, die man aus dieser rekursiven Prozedur erhält, natürlich mit der in Folgerung 2.4 angegeben Darstellung $u_{t,h} = \sum_{j=0}^{h-1} k_j \epsilon_{t+h-j}$ übereinstimmt.

5.3 Spektrale Dichte

Die spektrale Dichte eines AR-Prozesses folgt sofort mit Satz 4.1:

$$f(\lambda) = \frac{1}{2\pi} \underline{a}^{-1}(e^{-i\lambda}) \Sigma (\underline{a}^{-1}(e^{-i\lambda}))^*. \tag{5.8}$$

Im skalaren Fall (mit $\epsilon_t \sim \mathrm{WN}(\sigma^2)$) erhält man eine etwas einfachere Darstellung

$$f(\lambda) = \frac{\sigma^2}{2\pi |\underline{a}(e^{-i\lambda})|^2}. \tag{5.9}$$

Die spektrale Dichte f eines (regulären) AR-Prozesses ist also rational, genauer gesagt, f besitzt die rationale Fortsetzung

$$\underline{f}(z) = \frac{1}{2\pi} \underline{a}^{-1}(z) \Sigma (\underline{a}^{-*}(z))$$

Im skalaren Fall ($n = 1$) hat $\underline{f}$ die Darstellung

$$\underline{f}(z) = \frac{\sigma^2}{2\pi} \frac{1}{\underline{a}(z)\underline{a}(\frac{1}{z})} = \frac{\sigma^2}{2\pi} \frac{z^p}{\underline{a}(z)\underline{\tilde{a}}(z)},$$

wobei $\sigma^2 = \Sigma$ und $\underline{\tilde{a}}(z) = z^p \underline{a}(z^{-1}) = (z^p - a_1 z^{p-1} - \cdots - a_p)$. Für $a_p \neq 0$ sieht man sofort, dass $\underline{a}(z) = 0$ äquivalent zu $\underline{\tilde{a}}(z^{-1}) = 0$. Die Polstellen von $\underline{f}$ sind die Nullstellen von $\underline{a}(z)\underline{\tilde{a}}(z)$ und daher „erzeugt" jede Nullstelle z_k von $\underline{a}(z)$ zwei Polstellen von $\underline{f}(z)$, nämlich z_k und die am Einheitskreis „gespiegelte" Nullstelle z_k^{-1}. Nullstellen von $\underline{a}(z)$, die nahe am Einheitskreis ($|z| = 1$) liegen, führen zu Spitzen im Spektrum (als Funktion von $\lambda \in [-\pi, \pi]$). Sind dagegen alle Nullstellen von $\underline{a}(z)$ weit weg vom Einheitskreis, dann erhält man ein relativ flaches Spektrum.

Im Falle eines AR(1)-Prozesses $x_t = a_1 x_{t-1} + \epsilon_t$ sind die Polstellen von $\underline{f}(z)$ gleich $z_1 = 1/a_1$ und $z_1^{-1} = a_1$. Das heißt für a_1 nahe bei eins erhält man ein Spektrum mit einer Spitze um die Frequenz $\lambda = 0$, d.h. (x_t) wird vor allem von Schwingungen mit niedriger Frequenz bestimmt, während für a_1 nahe bei -1 die hohen Frequenzen (um $\lambda = \pi$) dominieren.

Für einen AR(2)-Prozess können entweder zwei reelle Nullstellen oder ein Paar komplexer Nullstellen $z_1 = \rho e^{i\lambda}$, $1 < \rho$, $\lambda \in (0, \pi)$ und $z_2 = \overline{z_1} = \rho e^{-i\lambda}$ auftreten. Im letzteren Fall hat $\underline{f}(z)$ die Polstellen $\rho e^{i\lambda}$, $\rho e^{-i\lambda}$, $\rho^{-1} e^{-i\lambda}$, $\rho^{-1} e^{i\lambda}$. Falls diese Polstellen nahe am Einheitskreis sind (also ρ nahe bei Eins), dann hat das Spektrum eine Spitze

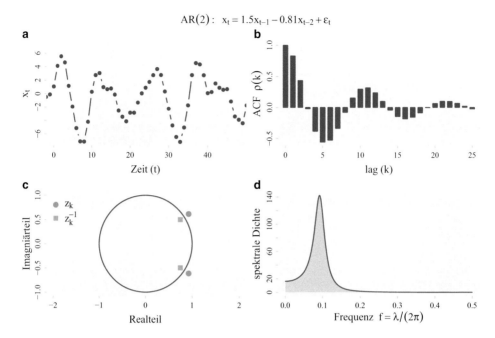

Abb. 5.1 AR(2)-Prozess $x_t = 1{,}5x_{t-1} - 0{,}81x_{t-2} + \epsilon_t$. In **a** ist eine Trajektorie dieses Prozesses zu sehen, in **b** die Autokorrelationsfunktion. **c** zeigt die Polstellen von $\underline{f}(z)$ und in **d** ist die spektrale Dichte dargestellt

bei der Frequenz λ (und $-\lambda$). Der Prozess wird also vor allem von Schwingungen mit Frequenzen um λ dominiert, siehe Abb. 5.1.

Man sieht aus dieser Diskussion, dass man mit einem AR(p)-Modell sehr einfach Spektren mit ausgeprägten Spitzen konstruieren kann. Daher sind AR(p)-Modelle besonders gut geeignet, um Zeitreihen zu modellieren, die „fast" periodische Komponenten besitzen, also z. B. Audiosignale, siehe auch Abb. 5.2.

Im multivariaten Fall sind die Polstellen von $\underline{f}$ durch die Nullstellen von $\det \underline{a}(z)$ bestimmt: Sind $z_1, \ldots, z_r$ die Nullstellen von $\det \underline{a}(z)$, dann hat $\underline{f}(z)$ die Polstellen $z_1, z_1^{-1}, \ldots, z_r, z_r^{-1}$. Auch hier treten die Polstellen also in reellen Paaren $(z, z^{-1}) \in \mathbb{R}^2$ bzw. in Quadrupeln $(z, \bar{z}, z^{-1}, (\bar{z})^{-1}) \in (\mathbb{C} \setminus \mathbb{R})^4$ auf.

Aufgabe

Betrachten Sie das folgende AR(4)-System:

$$x_t = a x_{t-4} + \epsilon_t,$$

wobei $|a| < 1$ und $(\epsilon_t) \sim \mathrm{WN}(\sigma^2)$. Zeigen Sie, dass $(x_t = \sum_{j \geq 0} a^j \epsilon_{t-4j})$ die einzige stationäre Lösung ist. Bestimmen Sie die Autokovarianzfunktion γ und die spektrale Dichte f von (x_t). Skizzieren Sie die ACF und die spektrale Dichte für den Fall $a = 0{,}9$. Berechnen Sie für diesen Fall auch die Polstellen der rationalen Fortsetzung $\underline{f}(z)$ der spektralen Dichte.

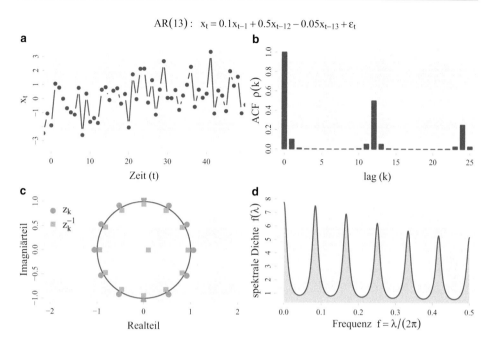

Abb. 5.2 AR(13)-Prozess $x_t = 0{,}1x_t + 0{,}5x_{t-12} - 0{,}05x_{t-13} + \epsilon_t$. In **a** ist eine Trajektorie dieses Prozesses zu sehen, in **b** die Autokorrelationsfunktion. **c** zeigt die Polstellen von $\underline{f}(z)$ und in **d** ist die spektrale Dichte dargestellt

Aufgabe

Gegeben ist folgendes bivariate AR(1)-System mit $(\epsilon_t) \sim WN(\Sigma)$, $\Sigma = 2\pi I_2$:

$$x_t = \begin{pmatrix} 0{,}5 & 0{,}1 \\ -0{,}75 & 0{,}1 \end{pmatrix} x_{t-1} + \epsilon_t.$$

(1) Überprüfen Sie die Stabilitätsbedingung.
(2) Berechnen Sie die Kovarianzfunktion $\gamma(k)$ von (x_t) für $k = 0, 1, 2$.
(3) Berechnen Sie $\underline{a}(z)^{-1}$ und damit die spektrale Dichte $\underline{f}(z)$ von (x_t).
(4) Plotten Sie die beiden Autospektren $f_{11}(\lambda)$, $f_{22}(\lambda)$ und die Kohärenz

$$C(\lambda) = \frac{|f_{21}(\lambda)|^2}{f_{11}(\lambda) f_{22}(\lambda)}.$$

(5) Betrachten Sie nun die lineare Kleinst-Quadrate-Approximation von x_{2t} durch x_{1t}:

$$\hat{x}_{2t} = (\gamma_{21}(0)\gamma_{11}(0)^{-1})x_{1t}.$$

Plotten Sie die spektrale Dichte des Approximationsfehlers ($\hat{u}_{2t} = (x_{2t} - \gamma_{21}(0)\gamma_{11}(0)^{-1}x_{1t})$).
(6) Das Wiener-Filter liefert die lineare Kleinst-Quadrate-Approximation von x_{2t} durch (x_{1t}). Im Gegensatz zu der obigen „statischen" Approximation werden hier auch zukünftige und vergangene Werte von (x_{1t}) für die Approximation mitverwendet. Plotten Sie die spektrale Dichte

des Approximationsfehlers des Wiener-Filters (und vergleichen Sie mit dem obigen Resultat). Hinweis: Die spektrale Dichte des Fehlers folgt aus Gleichung (4.21).

Aufgabe

Zeigen Sie, dass die Kovarianzfunktion eines regulären AR-Prozesses mit einer geometrischen Rate gegen null konvergiert, d. h. $\|\gamma(k)\| \le c\rho^k$ für geeignete Konstanten $c, \rho \in \mathbb{R}_+$, $\rho < 1$. Hinweis: Da der AR-Prozess regulär ist, können Sie o. B. d. A. annehmen, dass die Stabilitätsbedingung erfüllt ist. Das Resultat folgt dann z. B. mithilfe der Yule-Walker-Gleichungen, insbesondere (5.15).

5.4 Yule-Walker-Gleichungen

Multipliziert man die Gleichung $x_t = a_1 x_{t-1} + \cdots + a_p x_{t-p} + \epsilon_t$ von rechts mit x'_{t-j} und bildet auf beiden Seiten der Gleichung den Erwartungswert, so erhält man die sogenannten *Yule-Walker-Gleichungen*:

$$\gamma(0) = a_1 \gamma(-1) + \cdots + a_p \gamma(-p) + \Sigma \quad \text{für } j = 0 \tag{5.10}$$

$$\gamma(j) = a_1 \gamma(j-1) + \cdots + a_p \gamma(j-p) \quad \text{für } j > 0. \tag{5.11}$$

Hierbei verwendet man $x_t = \sum_{j \ge 0} k_j \epsilon_{t-j}$ und $k_0 = I_n$ (nach Gleichung (5.5)) und daher

$$\mathbf{E}\epsilon_t x'_{t-j} = \begin{cases} 0 & \text{für } j > 0, \\ \Sigma k'_0 = \Sigma & \text{für } j = 0, \\ \Sigma k'_j & \text{für } j < 0. \end{cases}$$

Die Yule-Walker-Gleichungen repräsentieren den Zusammenhang zwischen der Kovarianzfunktion des Prozesses und den Parametern $(a_1, \ldots, a_p, \Sigma)$ des zugrunde liegenden AR-Systems. Man kann, wie wir im Folgenden zeigen werden, also einerseits für gegebene Parameter die Kovarianzfunktion und andererseits für gegebene Kovarianzfunktionen die Parameter bestimmen. Setzt man in die Yule-Walker-Gleichungen die geschätzten Autokovarianzen $\hat{\gamma}(k)$ ein und löst die Gleichungen nach den Parametern, so erhält man die sogenannten Yule-Walker-Schätzer für die Systemparameter.

Kovarianzfunktion

Zunächst wollen wir die Kovarianzfunktion $\gamma(\cdot)$ des AR-Prozesses (x_t) bestimmen. Dazu betrachten wir den gestapelten Prozess (x_t^p), der vom AR(1)-System (5.6) erzeugt wird. Die Yule-Walker-Gleichungen für den gestapelten Prozess (x_t^p) lauten

$$\Gamma_p = \Gamma_p(0) = A\Gamma_p(-1) + B\Sigma B' \tag{5.12}$$

$$\Gamma_p(j) = A\Gamma_p(j-1) = A^j \Gamma_p \quad \text{für } j > 0, \tag{5.13}$$

wobei $\Gamma_p(\cdot)$ die Kovarianzfunktion von (x_t^p) bezeichnet, d. h.

$$\Gamma_p(j) = \mathbf{E}x_{t+j}^p(x_t^p)' = (\gamma(j+l-k))_{k,l=1,\dots,p}\,.$$

Setzt man $\Gamma_p(-1) = \Gamma_p(1)' = \Gamma_p A'$ in (5.12) ein, so erhält man

$$\Gamma_p = A\Gamma_p A' + B\Sigma B' \tag{5.14}$$

$$\Gamma_p(j) = A^j \Gamma_p \quad \text{für } j > 0. \tag{5.15}$$

Die Gleichung (5.14) folgt z. B. auch aus

$$\begin{aligned}
\Gamma_p &= \mathbf{E}x_t^p(x_t^p)' = \mathbf{E}(Ax_{t-1}^p + B\epsilon_t)(Ax_{t-1}^p + B\epsilon_t)' \\
&= A\mathbf{E}x_{t-1}^p(x_{t-1}^p)'A' + B\mathbf{E}\epsilon_t\epsilon_t'B' = A\Gamma_p A' + B\Sigma B'.
\end{aligned}$$

Man kann sich leicht überzeugen, dass die Gleichungen (5.14), (5.15) (algebraisch) äquivalent sind zu den Yule-Walker-Gleichungen (5.10) und (5.11). Da der Spektralradius von A kleiner als eins ist, hat (5.14) eine *eindeutige* Lösung

$$\Gamma_p = \sum_{k \geq 0} A^k B\Sigma B'(A^k)'. \tag{5.16}$$

Die Autokovarianzen $\gamma(j)$ für $j \geq p$ können dann rekursiv aus (5.15) bzw. (5.11) bestimmt werden.

Yule-Walker-Schätzer

Wir betrachten nun die Yule-Walker-Gleichungen (5.10), (5.11) als ein Gleichungssystem für die AR-Parameter $a_1, \dots, a_p$ und Σ. Typischerweise verwendet man nur die Gleichungen für $j = 0$ und $j = 1, \dots, p$. Wir erhalten also folgendes Gleichungssystem:

$$\gamma(0) = (a_1, \dots, a_p)(\gamma(1), \dots, \gamma(p))' + \Sigma \tag{5.17}$$

$$(\gamma(1), \dots, \gamma(p)) = (a_1, \dots, a_p)\Gamma_p. \tag{5.18}$$

In diesem Abschnitt ist $\gamma(\cdot)$ die Kovarianzfunktion eines beliebigen stationären Prozesses, der nicht unbedingt ein AR-Prozess sein muss. Insbesondere sind die folgenden Fälle für die Anwendungen wichtig:

(1) Die Kovarianzfunktion γ stammt von einem AR(p)-Prozess. Die Frage ist hier, ob man die AR-Parameter (eindeutig) aus der Kovarianzfunktion γ bestimmen kann.
(2) Die Kovarianzfunktion stammt von einem AR(p_0)-Prozess, aber $p_0 \neq p$.

(3) Der Prozess ist stationär, aber kein AR(p)-Prozess. Man versucht den Prozess (x_t) durch einen AR-Prozess (bzw. ein AR-System) zu approximieren.

(4) Die Kovarianzfunktion ist eine empirische Kovarianzfunktion. Das heißt wir setzen Schätzungen $\hat{\gamma}(k)$ in die Yule-Walker-Gleichungen ein und lösen dann die Gleichungen nach den Parametern auf, um Schätzer für die AR-Parameter zu erhalten. Diese Schätzer nennt man *Yule-Walker-Schätzer*.

Im Folgenden bezeichnen $a_1, \ldots, a_p, \Sigma$ Lösungen der Yule-Walker-Gleichungen (5.17) und (5.18). Diese Gleichungen sind genau die „Prognosegleichungen" für die Ein-Schritt-Prognose aus $k = p$ vergangenen Werten, siehe (2.4) und (2.5). Daher können wir sofort schließen, dass die Yule-Walker Gleichungen (5.17) und (5.18) *immer* lösbar sind, vorausgesetzt die Folge $\gamma(k)$ ist eine Kovarianzfunktion, d. h. positiv semidefinit. Die Varianz $\Sigma = \Sigma_{1,p}$ ist eindeutig bestimmt und die AR-Koeffizienten $a_1, \ldots, a_p$ sind dann und nur dann eindeutig aus den Yule-Walker-Gleichungen bestimmt, wenn Γ_p positiv definit ist.

Das heißt natürlich nicht, dass jeder stationäre Prozess ein AR-Prozess ist. Um zu zeigen, dass die Kovarianzfunktion γ von einem AR(p)-Prozess mit Parametern $a_1, \ldots, a_p, \Sigma$ stammt, muss man noch zeigen, dass die Gleichungen (5.11) auch für alle $j > p$ erfüllt sind.

Satz Ist $(\gamma(k) \in \mathbb{R}^{n \times n} \mid k \in \mathbb{Z})$ *eine positiv semidefinite Folge, so gilt: Die Yule-Walker-Gleichungen sind immer lösbar. Die Varianz Σ ist eindeutig bestimmt und die AR-Koeffizienten $a_1, \ldots, a_p$ sind dann und nur dann eindeutig bestimmt, wenn Γ_p positiv definit ist.*

Für den Fall $\Gamma_{p+1} > 0$ liefern die Yule-Walker-Gleichungen AR-Parameter, die die Stabilitätsbedingung erfüllen, d. h. es gilt $\det(I - a_1 z - \cdots - a_p z^p) \neq 0$ für alle $|z| \leq 1$. Es existiert aber immer eine Lösung für die $\det(I - a_1 z - \cdots - a_p z^p) \neq 0$ für alle $|z| < 1$ gilt. Man kann also zumindest Nullstellen innerhalb des Einheitskreises ausschließen.

Beweis Wir müssen nur noch den zweiten Teil des Satzes beweisen. Nach Lemma 5.1 müssen wir dazu zeigen, dass der Spektralradius der Begleitmatrix A immer kleiner gleich eins ist und im Fall von $\Gamma_{p+1} > 0$ sogar echt kleiner als eins ist. Sei also $c = (c_1, c_2, \ldots, c_p) \in \mathbb{C}^{1 \times np}$ ein Linkseigenvektor von A zum Eigenwert λ, d. h. $cA = \lambda c$ und $c \neq 0$. Aus dem Beweis von Lemma 5.1 folgt auch $c_1 \neq 0$. Aus den Yule-Walker- Gleichungen folgt (siehe (5.14))

$$\Gamma_p = A \Gamma_p A' + B \Sigma B'$$

und daher $c \Gamma_p c^* = c A \Gamma_p A' c^* + c B \Sigma B' c^* = |\lambda|^2 c \Gamma_p c^* + c_1 \Sigma c_1^*$ bzw.

$$(1 - |\lambda|^2) c \Gamma_p c^* = c_1 \Sigma c_1^*.$$

Das heißt, falls Γ_p positiv definit ist, dann muss $|\lambda| \leq 1$ gelten, und im Falle von $\Gamma_p > 0$ und $\Sigma = \Sigma_{1,p} > 0$ folgt $|\lambda| < 1$. Die Bedingung $\Gamma_p > 0$ und $\Sigma = \Sigma_{1,p} > 0$ ist äquivalent zu $\Gamma_{p+1} > 0$, siehe (2.11).

Nehmen wir nun an, dass $\mathrm{rg}(\Gamma_p) = m < np$. Wir wählen eine spezielle Basis für den Unterraum

$$\mathrm{sp}\{x_{t-1}^p\} = \mathrm{sp}\{x_{1,t-1}, \ldots, x_{n,t-1}, x_{1,t-2}, \ldots, x_{n,t-2}, \ldots, x_{1,t-p}, \ldots, x_{n,t-p}\},$$

indem wir der Reihe nach die linear unabhängigen Elemente wählen, siehe z. B. auch [9]. Für x_{ks}, $t - p \leq s < t$ bedeutet das, dass man z. B. die ersten m_k Elemente x_{ks}, $t - m_k \leq s < t$ selektiert, die folgenden x_{ks}, $s < t - m_k$ aber nicht mehr. Es gilt natürlich $m = m_1 + \cdots + m_n$. Für diese Basis konstruieren wir eine Selektionsmatrix $S \in \mathbb{R}^{m \times np}$ (d. h. eine Matrix S, deren Einträge 0 oder 1 sind und für die $SS' = I_m$ gilt), sodass Sx_t^p die Basis Elemente enthält und daher $S\Gamma_pS' > 0$ gilt. Nun wählen wir eine entsprechende Lösung für die Yule-Walker-Gleichungen

$$a = (a_1, \ldots, a_p) = (\gamma(1), \ldots, \gamma(p))S'(S\Gamma_pS')^{-1}S.$$

Die k-te Spalte $\underline{a}(z)u_k$ des zugehörigen Polynoms $\underline{a}(z) = I_n - a_1z - \cdots - a_pz^p$ ist daher ein Polynom vom Grad $\delta_k \leq m_k$. Ist c ein Linkseigenvektor von A zum Eigenwert $\lambda \neq 0$, dann gilt nach dem Beweis von Lemma 5.1

$$c_1\underline{a}(z)u_k = (1 - \lambda z)\underline{c}(z)u_k.$$

Das heißt die k-te Spalte von $\underline{c}(z) = c_1 + \cdots + c_pz^{p-1}$ hat einen Grad, der kleiner gleich $m_k - 1$ ist. Mit anderen Worten, es gilt $c = cS'S$. Schließlich folgt die Behauptung $|\lambda| \leq 1$ aus

$$(1 - |\lambda|^2)c\Gamma_pc^* = (1 - |\lambda|^2)cS'(S\Gamma_pS')Sc^* = c_1\Sigma c_1^*$$

und $S\Gamma_pS' > 0$. $\square$

Der obige Satz zeigt, dass die Yule-Walker-Gleichungen im Falle $\Gamma_{p+1} > 0$ besonders wünschenswerte Eigenschaften haben; sie sind eindeutig lösbar und die Lösung entspricht einem stabilen AR-System. Die beiden folgenden Sätze geben nun hinreichende Bedingungen für $(\Gamma_k > 0\ \forall k > 0)$ an. Der erste Satz behandelt den skalaren Fall und gilt für beliebige positiv semidefinite Folgen $(\gamma(k))$, insbesondere also auch für die empirische Autokovarianzfunktion $\hat{\gamma}(k)$.

Satz *Für den skalaren Fall folgt aus $\gamma(0) > 0$ und $\lim_{k \to \infty} \gamma(k) = 0$, dass die Toeplitz-Matrizen Γ_k (für alle $k \geq 1$) positiv definit sind.*

Beweis Wir führen einen Widerspruchsbeweis und nehmen an, dass $\Gamma_k > 0$ und $\det(\Gamma_{k+1}) = 0$ für ein $k > 0$ gilt. Daher folgt $\Gamma_k > 0$ und $\Sigma_{1,k} = 0$ und damit $x_{t+1} = a_1 x_t + \cdots + a_k x_{t+1-k}$ für die entsprechenden „Prognose"-Koeffizienten $a_1, \ldots, a_k$. Wir betrachten den gestapelten Prozess (x_t^k) und die entsprechende Begleitmatrix A. Es gilt $x_{t+1}^k = A x_t^k$ und daher $x_{t+m}^k = A^m x_t^k$ für alle $m \geq 0$. Den gesuchten Widerspruch liefern nun

$$\Gamma_k = \mathbf{Var}(x_{t+m}^k) = \mathbf{Var}(A^m x_t^k) = A^m \Gamma_k (A^m)' = (A^m \Gamma_k) \Gamma_k^{-1} (A^m \Gamma_k)'$$

und

$$A^m \Gamma_k = \mathbf{E}(A^m x_t^k)(x_t^k)' = \mathbf{E} x_{t+m}^k (x_t^k)' \overset{m \to \infty}{\longrightarrow} 0. \qquad \square$$

Im multivariaten Fall existiert keine ähnlich einfache Bedingung. Es gilt aber folgender Satz:

Satz *Sei $\gamma(\cdot)$ die Kovarianzfunktion eines stationären Prozesses. Wenn die Varianz der Innovationen positiv definit ist, dann gilt $\Gamma_k > 0$ für alle $k \geq 0$.*

Beweis Sei Σ_0 die Varianz der Innovationen. Aus $\Sigma_{1,k-1} \geq \Sigma_0$ und der Beziehung (2.12) folgt die Behauptung unmittelbar. $\qquad \square$

5.5 Der instabile und nicht-stationäre Fall

In diesem Abschnitt wollen wir kurz den allgemeinen Fall diskutieren, d. h. wir setzen hier nicht mehr voraus, dass die Stabilitätsbedingung erfüllt ist.

Aus dem Satz 4.4 folgt unmittelbar, dass das AR-System eine eindeutige stationäre Lösung hat, wenn

$$\det \underline{a}(z) \neq 0 \ \forall |z| = 1$$

gilt. Die Lösung besitzt eine (i. Allg. zweiseitige) MA(∞)-Darstellung

$$x_t = \sum_{j=-\infty}^{\infty} k_j \epsilon_{t-j}$$

und ist, wie in Folgerung 6.3 gezeigt wird, regulär. Wir sehen also, dass nur die Nullstellen am Einheitskreis „Probleme" machen. Falls $\det \underline{a}(z)$ eine Nullstelle am Einheitskreis hat, dann existiert entweder keine stationäre Lösung oder es existieren unendlich viele stationäre Lösungen (im letzeren Fall muss die Varianz $\Sigma = \mathbf{E} \epsilon_t \epsilon_t'$ singulär sein). Allerdings gibt es unter den stationären Lösungen (wenn es überhaupt stationäre Lösungen gibt) genau eine reguläre Lösung.

Man kann zeigen: Wenn (x_t) ein regulärer AR-Prozess ist, dann kann man immer ein stabiles AR-System finden (also ein System, das die Stabilitätsbedingung erfüllt) und weißes Rauschen (ϵ_t), sodass (x_t) die (eindeutige) stationäre Lösung dieses stabilen Systems ist. In diesem Sinne kann man also (wenn man nur an regulären Prozessen interessiert ist) die Stabilitätsbedingung ohne Einschränkung der Allgemeinheit voraussetzen.

Im Folgenden wollen wir noch kurz nicht-stationäre Lösungen eines AR-System besprechen. Allerdings betrachten wir nicht beliebige nicht-stationäre Lösungen, sondern nur sogenannte *integrierte Prozesse*. Integrierte Prozesse spielen vor allem in der Ökonometrie, z. B. für die Modellierung von makroökonomischen Zeitreihen und von Finanzdaten, eine wichtige Rolle. Dabei konzentrieren wir uns auf Lösungen auf $\mathbb{N}$, d. h. wir analysieren den Prozess (x_t) nur für $t > 0$ bzw. wir verlangen für die Lösung nur, dass sie die Differenzengleichung (5.1) für $t > 0$ erfüllt.

Es ist klar, dass man die Lösungen auf $\mathbb{N}$ einfach rekursiv für beliebige Startwerte $x_{1-p}, \ldots, x_0$ berechnen kann. Für den gestapelten Prozess x_t^p folgt z. B.

$$x_t^p = A x_{t-1}^p + B \epsilon_t = A^t x_0^p + \sum_{j=0}^{t-1} A^j B \epsilon_{t-j}, \ t > 0.$$

Wenn der Spektralradius $\varrho(A)$ von A größer als eins ist, dann divergiert die Varianz $\mathbf{E} x_t x_t'$ i. Allg. mit einer geometrischen Rate ($\mathbf{E} x_t' x_t \geq c \varrho(A)^{2t}$). Diesen exponentiell instabilen Fall wollen wir hier ausschließen und verlangen also $\varrho(A) \leq 1$. Wir schließen auch komplexe Eigenwerte am Einheitskreis und den Eigenwert (-1) aus. Damit schließen wir auch sogenannte saisonal integrierte bzw. kointegrierte Prozesse aus. Das heißt, wenn $\lambda \in \mathbb{C}$ ein Eigenwert von A ist, dann verlangen wir

$$|\lambda| < 1 \ \text{ oder } \lambda = 1.$$

Äquivalent dazu ist folgende Bedingung an die Nullstellen von $\det \underline{a}(z)$:

$$\det \underline{a}(z) = 0 \implies |z| > 1 \ \text{ oder } z = 1.$$

Man nennt $z = 1$ auch Einheitswurzel (bzw. „unit root"). Der einfachste Fall für ein AR-System mit einer Einheitswurzel ist das AR(1)-System

$$x_t = I_n x_{t-1} + \epsilon_t,$$

dessen Lösung

$$x_t = x_0 + \sum_{j=1}^{t} \epsilon_j, \ t > 0$$

(für $x_0 = 0$), eine sogenannte Irrfahrt („random walk") ist. Die Kovarianzmatrix von x_t (für $x_0 = 0$) wächst linear in t:

$$\mathbf{E} x_t x_t' = t \mathbf{E} \epsilon_t \epsilon_t' = t \Sigma.$$

Der „random walk" ist also nicht stationär (wenn $\Sigma = \mathbf{E}\epsilon_t\epsilon_t' \neq 0$), allerdings sind die ersten Differenzen $x_t - x_{t-1} = \epsilon_t, t \geq 1$ stationär. Allgemeiner definiert man nun:

Definition (Integrierter Prozess der Ordnung Eins)
Ein stochastischer Prozess $(x_t, t \geq t_0)$ ist integriert von der Ordnung Eins, wenn $(x_t, t \geq t_0)$ nicht stationär ist, aber $(x_t - x_{t-1}, t > t_0)$ stationär ist. Wir schreiben dann $(x_t) \sim I(1)$ und für einen stationären Prozess $(x_t) \sim I(0)$.

Die einfachste Möglichkeit einen I(1) Prozess zu generieren, ist es einen stationären Prozess zu „integrieren". Sei $(u_t) \sim I(0)$ ein stationärer Prozess, dann ist der Prozess

$$x_t = x_0 + \sum_{j=1}^{t} u_j, \ t > 0,$$

i. Allg. integriert der Ordnung $d = 1$. Eine genauere Charakterisierung gibt der folgende Satz:

Satz (**Beveridge-Nelson-Zerlegung**) *Sei* $(u_t) = \underline{k}(L)(\epsilon_t)$ *ein n-dimensionaler, kausaler MA(∞)-Prozess, d.h.* $(\epsilon_t) \sim WN(\Sigma)$ *ist weißes Rauschen und* $\underline{k}(L) = \sum_{j\geq0} k_j L^j$ *ist ein kausales Filter. Zusätzlich verlangen wir* $\sum_{j\geq0} j\|k_j\| < \infty$. *Dann hat der Prozess* $x_t = x_0 + \sum_{j=1}^{t} u_j, \ t > 0$ *die Darstellung*

$$x_t = \sum_{j=1}^{t} \underline{k}(1)\epsilon_j + v_t + x_0^*, \ t > 0,$$

wobei $x_0^* = x_0 - v_0$, $\underline{k}(1) = \sum_{j\geq0} k_j$, $(v_t) = \tilde{\underline{k}}(L)(\epsilon_t)$ *ein (kausaler) MA(∞)-Prozess ist und* $\tilde{\underline{k}}(L) = \sum_{j\geq0} \tilde{k}_j L^j$ *ein (kausales) l_1-Filter ist, das durch die Identität* $\underline{k}(z) = \underline{k}(1) + (1 - z)\tilde{\underline{k}}(z)$ *bestimmt wird.*

Beweis Die Koeffizienten von $\tilde{\underline{k}}(z)$ bestimmt man durch einen Koeffizientenvergleich aus der Gleichung $\underline{k}(z) = \underline{k}(1) + (1 - z)\tilde{\underline{k}}(z)$:

$$k_0 = \underline{k}(1) + \tilde{k}_0 \implies \tilde{k}_0 = -k_1 - k_2 - k_3 - \cdots$$
$$k_1 = \tilde{k}_1 - \tilde{k}_0 \implies \tilde{k}_1 = -k_2 - k_3 - k_4 - \cdots$$
$$\vdots \qquad\qquad\qquad \vdots$$

und erhält $\tilde{k}_j = -\sum_{l>j} k_l$. Die Koeffizienten $(\tilde{k}_j \mid j \geq 0)$ sind absolut summierbar, da

$$\sum_{j\geq0} \|\tilde{k}_j\| \leq \sum_{j\geq0}\sum_{l>j} \|k_l\| = \sum_{j>0} j\|k_j\| < \infty.$$

Das Filter $\underline{\tilde{k}}(L)$ ist daher ein l_1-Filter und $(v_t) = \underline{\tilde{k}}(L)(\epsilon_t)$ ein MA(∞)-Prozess. Schließlich folgt aus $(u_t) = \underline{k}(L)(\epsilon_t) = \underline{k}(1)(\epsilon_t) + \underline{\tilde{k}}(L)(1 - L)(\epsilon_t)$, dass

$$u_t = \underline{k}(1)\epsilon_t + v_t - v_{t-1}$$

und daher mit

$$x_t = x_0 + \sum_{j=1}^{t} u_j = x_0 + \sum_{j=1}^{t} \underline{k}(1)\epsilon_j + v_t - v_0$$

die Behauptung.   □

Um die Diskussion dieses Ergebnisses zu vereinfachen, nehmen wir an, dass der Startwert x_0^* unkorreliert ist zu (ϵ_t), d. h. $\mathbf{E}x_0^*\epsilon_t = 0 \; \forall t \in \mathbb{Z}$. Das inkludiert auch den Fall, dass x_0^* deterministisch ist.

Wenn $\underline{k}(1)\Sigma\underline{k}(1)' > 0$, dann verhält sich der Prozess (x_t) für große t im Wesentlichen wie ein „random walk", da die Varianz des Terms $\sum_{j=1}^{t}\underline{k}(1)\epsilon_j$ linear mit t wächst, während die anderen Terme beschränkte Varianz haben. Das heißt für eine asymptotische Analyse von Schätzern genügt es im Wesentlichen, wenn man das Verhalten dieser Schätzer für den „Random-Walk-Fall" versteht.

Der Prozess (x_t) ist aber nicht in allen Fällen integriert. Wenn $\underline{k}(1)\Sigma\underline{k}(1)' = 0$, dann ist der Prozess (x_t) stationär.

Im multivariaten Fall $n > 1$ kann auch der Fall

$$0 < q = \mathrm{rg}(\underline{k}(1)\Sigma\underline{k}(1)') < n$$

auftreten. Ist $\beta \in \mathrm{ker}(k(1)\Sigma k(1)') \subset \mathbb{R}^{n \times 1}$ ein Vektor aus dem (Rechts-)Kern von $\underline{k}(1)\Sigma\underline{k}(1)'$, dann gilt $\beta'\underline{k}(1)\epsilon_t = 0$ f.s. und daher

$$\beta'x_t = \beta'x_0^* + \sum_{j=1}^{t} \beta'\underline{k}(1)\epsilon_j + \beta'v_t = \beta'x_0^* + \beta'v_t.$$

Das heißt, der Prozess (x_t) ist nicht stationär, aber es gibt bestimmte Linearkombinationen $(\beta'x_t)$, die stationär sind.

Definition

Ein integrierter Prozess $(x_t) \sim I(1)$ heißt *kointegriert*, wenn ein Vektor $\beta \neq 0$ existiert, sodass $(\beta'x_t) \sim I(0)$ stationär ist. Solche Vektoren nennt man *Kointegrationsvektoren* oder *kointegrierende Vektoren*. Die Dimension des Unterraums, der von allen kointegrierenden Vektoren aufgespannt wird, heißt Kointegrationsrang von (x_t).

Die kointegrierenden Vektoren β werden oft als langfristige Gleichgewichtsbeziehungen zwischen den Variablen $x_{1t}, \ldots, x_{nt}$ interpretiert. Da $(\beta' x_t)$ stationär und regulär ist, sind nur kurzfristige Schwankungen um den Gleichgewichtspunkt $\beta' x_t = \beta' x_0^*$ möglich. Mithilfe einer Faktorisierung der Varianz $\underline{k}(1) \Sigma \underline{k}(1)' = BB'$, $B \in \mathbb{R}^{n \times q}$ und einer Links-inversen $B^\dagger \in \mathbb{R}^{q \times n}$ von B können wir (x_t) auch schreiben als

$$x_t = B \left(\sum_{j=1}^{t} \eta_j \right) + v_t + x_0^*,$$

wobei $(\eta_t) \sim \mathrm{WN}(I_q)$ durch $\eta_t = B^\dagger \epsilon_t$ definiert ist. Der Raum, der von den Kointegrationsvektoren aufgespannt wird, ist der (Rechts-)Kern von B' bzw. von $\underline{k}(1)\Sigma\underline{k}(1)'$. Der Kointegrationsrang von (x_t) ist also gleich $r = n - q$. Die obige Darstellung zeigt auch, dass der Prozess (x_t) von q unkorrelierten Random-Walk-Prozessen (η_{it}), $i = 1, \ldots, q$ dominiert wird.

Die Struktur von (x_t) wird also ganz wesentlich von $V = \underline{k}(1)\Sigma\underline{k}(1)'$, der sogenannten *langfristigen Varianz* (longterm variance) von (u_t), bestimmt. Diese langfristige Varianz ist bis auf einen Faktor 2π gleich der spektralen Dichte von (u_t) an der Stelle $\lambda = 0$:

$$V = \underline{k}(1)\Sigma\underline{k}(1)' = 2\pi \left(\sum_{j \geq 0} k_j e^{i\lambda 0} \right) \frac{1}{2\pi} \Sigma \left(\sum_{j \geq 0} k_j e^{i\lambda 0} \right)^* = 2\pi f_u(0).$$

Wir kehren jetzt zum AR-System (5.1) zurück und stellen folgende Bedingungen:

GR.1 $\mathbf{E}\epsilon_t \epsilon_t' = \Sigma > 0$.
GR.2 Wenn $\det \underline{a}(z) = 0$, dann gilt $z = 1$ oder $|z| > 1$.
GR.3 Die Matrix $\Pi = -\underline{a}(1)$ hat Rang $0 < r = \mathrm{rg}(\Pi) < n$.

Die Matrix Π kann daher als $\Pi = \alpha\beta'$, $\alpha, \beta \in \mathbb{R}^{n \times r}$ faktorisiert werden. Man konstruiert nun Matrizen $\overline{\alpha}, \overline{\beta} \in \mathbb{R}^{n \times r}$, $\alpha_\perp, \beta_\perp, \overline{\alpha}_\perp, \overline{\beta}_\perp \in \mathbb{R}^{n \times q}$, wobei $q = n - r$, sodass

$$\begin{pmatrix} \alpha' \\ \overline{\alpha}'_\perp \end{pmatrix} \begin{pmatrix} \overline{\alpha} & \alpha_\perp \end{pmatrix} = \begin{pmatrix} \beta' \\ \overline{\beta}'_\perp \end{pmatrix} \begin{pmatrix} \overline{\beta} & \beta_\perp \end{pmatrix} = I_n.$$

Für die durch die Gleichung

$$\underline{a}(z) = -\Pi z + (1 - z)\underline{\tilde{a}}(z) \tag{5.19}$$

definierte Polynommatrix $\underline{\tilde{a}}(z) = I - \tilde{a}_1 z - \cdots - \tilde{a}_{p-1} z^{p-1}$ fordern wir:

GR.4 Die Matrix $(\alpha'_\perp \underline{\tilde{a}}(1)\beta_\perp) \in \mathbb{R}^{q \times q}$ hat vollen Rang q.

Satz (Darstellungssatz von Granger) *Sei ein AR-System (5.1) gegeben, das die oben angeführten Bedingungen GR.1–GR.4 erfüllt.*

(1) *Die rationalen Matrizenfunktion*

$$\underline{k}(z) = (a(z)(1-z)^{-1})^{-1} \;\; und \;\; \tilde{\underline{k}}(z) = (1-z)^{-1}(\underline{k}(z) - \underline{k}(1))$$

haben keine Polstellen für $|z| \leq 1$*. Sie definieren daher zwei kausale* l_1*-Filter* $\underline{k}(L)$ *und* $\tilde{\underline{k}}(L)$*.*

(2) *Das AR-System hat eine Lösung der Form*

$$x_t = \underline{k}(1) \sum_{j=1}^{t} \epsilon_j + v_t + x_0^*, \tag{5.20}$$

wobei $(v_t) = \tilde{\underline{k}}(L)(\epsilon_t)$ *und* $\beta' x_0^* = 0$*. Es gilt*

$$\underline{k}(1) = (\beta_\perp (\alpha'_\perp \tilde{\underline{a}}(1)\beta_\perp)^{-1}\alpha'_\perp). \tag{5.21}$$

(3) *Die Prozesse* $\Delta(x_t) = \underline{k}(L)(\epsilon_t)$ *und* $(\beta' x_t) = (\beta' v_t)$ *sind stationär. (Hier bezeichnet* $\Delta = (1 - L)$ *wie üblich den Differenzenfilter.)*

(4) *Der Prozess* (x_t) *ist kointegriert und der Raum der kointegrierenden Vektoren ist der Spaltenraum von* β'*. Der Kointegrationsrang von* (x_t) *ist gleich* r*.*

Beweis Aus den Annahmen folgt

$$\underline{a}(z) \begin{bmatrix} \overline{\beta} & \beta_\perp \end{bmatrix} = \begin{bmatrix} \underline{a}(z)\overline{\beta} & \tilde{a}(z)\beta_\perp(1-z) \end{bmatrix} = \breve{a}(z) \begin{bmatrix} I_r & 0 \\ 0 & I_q(1-z) \end{bmatrix}.$$

Die Polynommatrix $\breve{a}(z) = \begin{bmatrix} \underline{a}(z)\overline{\beta} & \tilde{a}(z)\beta_\perp \end{bmatrix}$ hat nur Nullstellen außerhalb des Einheitskreises. Für $z \neq 1$ folgt aus $\det \breve{a}(z) = 0$ auch $\det \underline{a}(z) = 0$ und daher muss nach (GR.2) $|z| > 1$ gelten. Die Matrix $\breve{a}(1)$ ist regulär, da die Matrix

$$\begin{bmatrix} \overline{\alpha}' \\ \alpha'_\perp \end{bmatrix} \breve{a}(1) = \begin{bmatrix} \overline{\alpha}' \\ \alpha'_\perp \end{bmatrix} \begin{bmatrix} -\alpha & \tilde{a}(1)\beta_\perp \end{bmatrix} = \begin{bmatrix} -I_r & \overline{\alpha}'\tilde{a}(1)\beta_\perp \\ 0 & \alpha'_\perp \tilde{a}(1)\beta_\perp \end{bmatrix}$$

wegen (GR.4) regulär ist. Der Prozess (x_t) ist dann und nur dann eine Lösung von (5.1), wenn der entsprechend transformierte Prozess

$$\breve{x}_t = \begin{bmatrix} \beta' x_t \\ \overline{\beta}'_\perp (x_t - x_{t-1}) \end{bmatrix}$$

eine Lösung des AR-Systems

$$\underline{\check{a}}(\mathrm{L})(\check{x}_t) = (\epsilon_t) \tag{5.22}$$

ist. Wir nehmen nun an, dass $(\check{x}_t)$ die eindeutige stationäre Lösung von (5.22) ist, d. h. wir setzen

$$(\check{x}_t) = \underline{\check{a}}^{-1}(\mathrm{L})(\epsilon_t),$$

wobei der inverse Filter $\underline{\check{a}}^{-1}(\mathrm{L})$ wie in Satz 4.4 bestimmt wird. Damit folgt, dass

$$\Delta(x_t) = \begin{bmatrix} \overline{\beta} & \beta_\perp \end{bmatrix} \begin{bmatrix} I_r \Delta & 0 \\ 0 & I_q \end{bmatrix} \underline{\check{a}}^{-1}(\mathrm{L})(\epsilon_t) = \underline{k}(\mathrm{L})(\epsilon_t).$$

Die Transferfunktion des Filter $\underline{k}(\mathrm{L})$

$$(\overline{\beta}, \beta_\perp) \begin{pmatrix} I_r(1-z) & 0 \\ 0 & I_q \end{pmatrix} \left[\underline{a}(z)(\overline{\beta}, \beta_\perp) \begin{pmatrix} I_r & 0 \\ 0 & I_q(1-z)^{-1} \end{pmatrix} \right]^{-1} = \left(\underline{a}(z)(1-z)^{-1} \right)^{-1}$$

ist eine rationale Matrizenfunktion, die keine Polstellen im oder am Einheitskreis hat. Die Koeffizienten von $\underline{k}(\mathrm{L})$ klingen daher geometrisch schnell ab und wir können die Beveridge-Nelson-Zerlegung für (x_t) konstruieren. Aus den obigen Beziehungen ist auch die Darstellung (5.21) für $\underline{k}(1)$ leicht abzuleiten. Außerdem muss der Startwert x_0^* die Bedingung $\beta' x_0^* = 0$ erfüllen, damit $(\check{x}_t) = (x_t'\beta, (x_t - x_{t-1})'\overline{\beta}_\perp)'$ die oben angegebene stationäre Lösung von (5.22) ist.   □

Der Satz gibt eine explizite Darstellung einer Lösung des AR-Systems. Insbesondere zeigt der Satz, wie der Raum der Kointegrationsvektoren von den Parametern des Systems abhängt. Die Bedingung (GR.4) garantiert, dass keine Lösungen mit einer Integrationsordnung $d > 1$ auftreten.

Mithilfe der Gleichung (5.19) erhält man die sogenannte VECM(„vector error correction model")-Darstellung

$$(x_t - x_{t-1}) = \alpha\beta' x_{t-1} + \tilde{a}_1(x_{t-1} - x_{t-2}) + \cdots \tilde{a}_{p-1}(x_{t+1-p} - x_{t-p}) + \epsilon_t.$$

Der Term $\alpha\beta' x_{t-1}$ kann als Fehler-Korrektur-Term interpretiert werden, der den Prozess in sein langfristiges Gleichgewicht $\beta' x_t = 0$ „zurücktreibt". Diese Form des AR-Modells wird auch häufig zur Schätzung der Parameter und für die Konstruktion von Tests für den Kointegrationsrang r benutzt.

ARMA-Prozesse

6

ARMA(Autoregressive-Moving Average)-Systeme sind von der Form

$$x_t = a_1 x_{t-1} + \cdots + a_p x_{t-p} + \epsilon_t + b_1 \epsilon_{t-1} + \cdots + b_q \epsilon_{t-q}, \qquad (6.1)$$

wobei a_j, $b_j \in \mathbb{R}^{n \times n}$ Parametermatrizen sind und $(\epsilon_t) \sim \mathrm{WN}(\Sigma)$ weißes Rauschen ist. *ARMA-Prozesse* sind stationäre Lösungen von ARMA-Systemen.

Wir beschreiben zunächst die Lösungen von ARMA-Systemen und die zugehörige spektrale Dichte. Im Zentrum steht aber die inverse Frage, wie man aus der spektralen Dichte das zugrunde liegende ARMA-System, also die ARMA-Parameter a_j, $j = 1, \ldots, p$, b_j, $j = 1, \ldots, q$ und $\Sigma = \mathbf{E}\epsilon_t\epsilon_t'$ erhält. Dies ist eine wichtige Stufe auf dem Weg zur Schätzung der ARMA-Parameter aus den Beobachtungen $x_1, \ldots, x_T$.

Reguläre ARMA-Prozesse sind Prozesse mit rationaler spektraler Dichte; wir werden zeigen, dass umgekehrt jeder Prozess mit rationaler spektraler Dichte ein ARMA-Prozess ist. AR- und ARMA- (und die äquivalenten Zustandsraum-)Modelle sind die wichtigsten Modelle für stationäre Prozesse. Jeder reguläre stationäre Prozess kann (durch geeignete Wahl von p und q) beliebig genau durch einen AR- oder ARMA-Prozess approximiert werden. Für gegebene „Spezifikationsparameter" p und q sind die Parameterräume der entsprechenden Klassen von AR- bzw. ARMA-Systemen endlich dimensional; in diesem Sinne erhalten wir ein parametrisches Schätzproblem.

Vergleicht man AR- und ARMA-Modellierung, so ist die Schätzung von AR-Modellen ungleich einfacher: Es gibt bei AR-Modellen kein sogenanntes Identifizierbarkeitsproblem und die Yule-Walker-Gleichungen z. B. geben für gegebenes p ein lineares Gleichungssystem für $a_1, \ldots, a_p$ als Funktion der zweiten Momente der Beobachtungen, das nicht nur einfach zu lösen ist, sondern auch konsistente und asymptotisch effiziente Schätzer ergibt. Dem gegenüber ist die Schätzung im ARMA-Fall bedeutend aufwendiger, es besteht ein Identifizierbarkeitsproblem und wichtige Schätzer wie die Maximum-Likelihood-Schätzer liegen nicht in expliziter Form vor, sondern müssen durch numerische Optimierung bestimmt werden. Auf der anderen Seite sind AR-Systeme, im

© Springer International Publishing AG 2018

M. Deistler, W. Scherrer, *Modelle der Zeitreihenanalyse*, Mathematik Kompakt,
https://doi.org/10.1007/978-3-319-68664-6_6

Gegensatz zu ARMA-Systemen, gegenüber wichtigen Operationen, wie z. B. Margina-lisierung, nicht abgeschlossen. ARMA-Systeme sind zudem flexibler, oft benötigt man für die Approximation eines gegebenen Prozesses bedeutend mehr AR- als ARMA-Parameter.

Ein Meilenstein in der Entwicklung der Theorie und Anwendungen von skalaren ARMA-Prozessen war das Buch [4][1,2]. Zur Literatur für multivariate ARMA-Systeme verweisen wir auf [7], [19], [30], [32], [37] und [41] und die darin enthaltene Literatur.

6.1 ARMA-Systeme und ihre Lösungen

Wir betrachten ein ARMA-System der Form (6.1), wobei wir stets voraussetzen, dass die *Stabilitätsbedingung*

$$\det(\underline{a}(z)) \neq 0 \ \ \forall |z| \leq 1 \tag{6.2}$$

sowie die *Miniphasebedingung*

$$\det(\underline{b}(z)) \neq 0 \ \ \forall |z| < 1 \tag{6.3}$$

gelten. Hier bezeichnen $\underline{a}(z) = I_n - a_1 z - \cdots - a_p z^p$ und $\underline{b}(z) = I_n + b_1 z + \cdots + b_q z^q$ die zugehörigen AR- bzw. MA-Polynommatrizen. Die eindeutige stationäre Lösung von (6.1) ist dann von der Form

$$(x_t) = \underline{a}^{-1}(\mathrm{L})\underline{b}(\mathrm{L})(\epsilon_t). \tag{6.4}$$

Aus (6.4) und (4.10) folgt unmittelbar, dass die spektrale Dichte eines ARMA-Prozesses von der Form

$$\underline{f}(z) = \frac{1}{2\pi}\underline{a}^{-1}(z)\underline{b}(z)\Sigma\underline{b}^*(z)\underline{a}^{-*}(z) \tag{6.5}$$

und daher insbesondere *rational* ist. Ersetzt man (6.3) durch

$$\det(\underline{b}(z)) \neq 0 \ \ \forall |z| \leq 1 \tag{6.6}$$

so spricht man von der *strikten Miniphasebedingung* oder der *inversen Stabilitätsbedingung*. Aus der strikten Miniphasebedingung folgt unmittelbar

$$(\epsilon_t) = \underline{b}^{-1}(\mathrm{L})\underline{a}(\mathrm{L})(x_t),$$

---

[1] George E. P. Box (1919–2013). Britisch-US-amerikanischer Statistiker. Arbeiten zur Zeitreihen-analyse, zur statistischen Versuchsplanung und zur Bayesianischen Statistik.
[2] Gwilym M. Jenkins (1932–1982). Britsicher Statistiker und Systemingenieur. Bekannt durch die Box-Jenkins-Methode zur Schätzung von ARIMA-Modellen.

wobei $\underline{b}^{-1}(L)\underline{a}(L)$, wie $\underline{a}^{-1}(L)\underline{b}(L)$, kausal ist. Aus dieser Darstellung erhalten wir auch eine sogenannte AR(∞)-Darstellung des Prozesses

$$x_t = \sum_{j=1}^{\infty} \tilde{a}_j x_{t-j} + \epsilon_t.$$

Unter diesen Bedingungen ist (6.4) bereits die Wold-Darstellung des Prozesses (x_t). Dies gilt, wie wir nun zeigen werden, auch unter der allgemeineren Bedingung (6.3). Die Transferfunktion $\underline{b}^{-1}(e^{-i\lambda})\underline{a}(e^{-i\lambda})$ ist auch im Falle von Nullstellen von $\det \underline{b}(z)$ am Einheitskreis bzgl. $f(\lambda) = \underline{f}(e^{-i\lambda})$ quadratisch integrierbar. Daher ist $\epsilon_t = \Phi^{-1}\left(\underline{b}^{-1}(e^{-i\lambda})\underline{a}(e^{-i\lambda})e^{i\lambda t}\right)$ auch in diesem Falle eine lineare Transformation des Prozesses (x_t) und es gilt also $\epsilon_t \in \mathbb{H}(x)^n$. Im Folgenden werden wir etwas schlampig einfach $(\epsilon_t) = \underline{b}^{-1}(L)\underline{a}(L)(x_t)$ schreiben. Um zu zeigen, dass die ϵ_t's die Innovationen von (x_t) sind, müssen wir aber $\epsilon_t \in (\mathbb{H}_t(x))^n$ zeigen. Wir schreiben $\underline{b}^{-1}(z)$ als $\underline{b}^{-1}(z) = d^{-1}(z)\underline{c}(z)$, wobei $d(z)$ ein skalares Polynom ist, dessen Nullstellen alle am Einheitskreis liegen, und $\underline{c}(z)$ eine rationale Matrix ist, die keine Pole im oder am Einheitskreis hat (die also stabil ist). Der Prozess $(y_t) = \underline{c}(L)\underline{a}(L)(x_t) = d(L)(\epsilon_t)$ ist ein MA-Prozess. Die Wold-Darstellung der k-ten Komponente ist daher von der Form $(y_{kt}) = \tilde{\underline{d}}(L)(\tilde{\epsilon}_{kt})$, wobei $\tilde{\underline{d}}(z)$ ein skalares Polynom ist. Die spektrale Dichte von (y_{kt}) ist gleich

$$\frac{1}{2\pi}d(z)\sigma_{kk}^2 d^*(z) = \frac{1}{2\pi}\tilde{d}(z)\tilde{\sigma}_{kk}^2 \tilde{d}^*(z),$$

wobei σ_{kk}^2 bzw. $\tilde{\sigma}_{kk}^2$ die Varianzen von ϵ_{kt} und $\tilde{\epsilon}_{kt}$ bezeichnen. Wie man leicht sieht (vergleiche auch die Faktorisierung von skalaren Spektren im nächsten Abschnitt) folgt daraus, mit der Normierung $d(0) = \tilde{d}(0) = 1$, dass $d(z) = \tilde{d}(z)$ und $\sigma_{kk}^2 = \tilde{\sigma}_{kk}^2$. Die Kovarianzmatrizen der Vektoren $(\epsilon_{kt}, y_{kt}, y_{k,t-1}, \ldots, y_{k,t-m})'$ und $(\tilde{\epsilon}_{kt}, y_{kt}, y_{k,t-1}, \ldots, y_{k,t-m})'$ sind daher identisch und für die Projektion P_m auf $sp(y_{kt}, y_{k,t-1}, \ldots, y_{k,t-m})$ folgt $P_m \epsilon_{kt} = P_m \tilde{\epsilon}_{kt}$, sowie

$$\tilde{\epsilon}_{kt} = \underset{m\to\infty}{\text{l.i.m}}\, P_m \tilde{\epsilon}_{kt} = \underset{m\to\infty}{\text{l.i.m}}\, P_m \epsilon_{kt} = \epsilon_{kt}.$$

Das heißt aber $\epsilon_{kt} = \tilde{\epsilon}_{kt} \in \mathbb{H}_t(y)$ und somit wie behauptet $\epsilon_{kt} \in \mathbb{H}_t(x)$, da $(y_t) = \underline{c}(L)\underline{a}(L)(x_t)$ und $\underline{c}(L)\underline{a}(L)$ ein kausales Filter ist. Wir haben somit gezeigt:

Lemma 6.1 *Unter der Stabilitätsbedingung* (6.2) *und der Miniphasebedingung* (6.3) *ist* (6.4) *bereits die Wold-Darstellung von* (x_t).

In den folgenden Aufgaben betrachten wir den ARMA-Prozess (x_t), der durch das stabile ARMA-System

$$x_t = a_1 x_{t-1} + \cdots + a_p x_{t-p} + \epsilon_t + b_1 \epsilon_{t-1} + \cdots + b_q \epsilon_{t-q}$$

mit $(\epsilon_t) \sim \mathrm{WN}(\Sigma)$ erzeugt wird. Ohne Einschränkung der Allgemeinheit nehmen wir auch an, dass $p = q = m$ gilt. Die kausale MA(∞)-Darstellung von x_t sei $x_t = \sum_{j \geq 0} k_j \epsilon_{t-j}$, d. h. $\underline{a}^{-1}(z)\underline{b}(z) = \underline{k}(z) = \sum_{j \geq 0} k_j z^j$.

Aufgabe

Zeigen Sie: Die Koeffizienten der MA(∞)-Darstellung können rekursiv durch folgende Gleichungen bestimmt werden (vergleiche auch (4.30)):

$$k_0 = I$$
$$k_1 = a_1 k_0 + b_1$$
$$\vdots$$
$$k_m = a_1 k_{m-1} + \cdots + a_m k_0 + b_m$$
$$k_j = a_1 k_{j-1} + \cdots + a_m k_{j-m} \quad \text{für } j > m.$$

Aufgabe

Zeigen Sie: Die Kovarianzfunktion γ von (x_t) erfüllt folgende „verallgemeinerte Yule-Walker-Gleichungen":

$$\gamma(0) = a_1 \gamma(-1) + \cdots + a_m \gamma(-m) + \sum_{j=0}^{m} b_j \Sigma k_j'$$

$$\gamma(1) = a_1 \gamma(0) + \cdots + a_m \gamma(1-m) + \sum_{j=1}^{m} b_j \Sigma k_{j-1}'$$

$$\vdots$$

$$\gamma(m) = a_1 \gamma(m-1) + \cdots + a_m \gamma(0) + b_m \Sigma k_0'$$
$$\gamma(j) = a_1 \gamma(j-1) + \cdots + a_m \gamma(j-m) \quad \text{für } j > m.$$

Hinweis: Zeigen Sie zunächst $\mathbf{E}\epsilon_s x_t' = 0$ für $s > t$ und $\mathbf{E}\epsilon_s x_t' = \Sigma k_{t-s}'$ für $s \leq t$ und gehen Sie dann analog wie für die Ableitung der Yule-Walker-Gleichungen für AR-Prozesse vor.

Die obigen Gleichungen kann man nutzen, um die Kovarianzfunktion γ bei gegebenen ARMA-Parameter zu bestimmen. Sie zeigen auch, dass die MA(∞)-Koeffizienten (k_j) und die Kovarianzfunktion $\gamma(j)$ mit einer geometrischen Rate gegen null konvergieren (vergleiche auch die entsprechenden Aufgaben im AR-Fall). Aus den Gleichungen für $j > m$ kann man (für „generische" ARMA-Prozesse) die autoregressiven Parameter $a_1, \ldots, a_p$ aus der Kovarianzfunktion bestimmen.

Aufgabe

Sei (y_t) der AR-Prozess $y_t = a_1 y_{t-1} + \cdots + a_m y_{t-m} + \epsilon_t$. Zeigen Sie, dass

$$x_t = y_t + b_1 y_{t-1} + \cdots + b_m y_{t-m}.$$

Auch diese Beziehung kann man benutzen, um die MA(∞)-Darstellung und die Kovarianzfunktion von (x_t) zu bestimmen.

Aufgabe (Prognose von ARMA-Prozessen)

Sei

$$x_t = a_1 x_{t-1} + \cdots + a_p x_{t-p} + \epsilon_t + b_1 \epsilon_{t-1} + \cdots + b_q \epsilon_{t-q}$$

ein regulärer ARMA(p,q)-Prozess. Die Polynome $\underline{a}(z) = I - a_1 z - \cdots - a_p z^p$ und $\underline{b}(z) = I_n + b_1 z + \cdots + b_q z^q$ erfüllen die Stabilitätsbedingung und die Miniphasebedingung. Daher ist (ϵ_t) der Innovationsprozess von (x_t). Wir nehmen o.E.d.A an, dass $p = q$ gilt. Zeigen Sie folgende (in h rekursive) Darstellung der h-Schritt-Prognosen aus der unendlichen Vergangenheit

$$\hat{x}_{t,1} = a_1 x_t + \cdots + a_p x_{t+1-p} + b_1 \epsilon_t + \cdots + b_p \epsilon_{t+1-p}$$
$$\hat{x}_{t,2} = a_1 \hat{x}_{t,1} + a_2 x_t + \cdots + a_p x_{t+2-p} + b_2 \epsilon_t + \cdots + b_p \epsilon_{t+2-p}$$
$$\vdots$$
$$\hat{x}_{t,p} = a_1 \hat{x}_{t,p-1} + \cdots + a_{p-1} \hat{x}_{t,1} + a_p x_t + b_p \epsilon_t$$
$$\hat{x}_{t,h} = a_1 \hat{x}_{t,h-1} + \cdots + a_p \hat{x}_{t,h-p} \quad \text{für } h > p.$$

Um die Prognose als Funktion der vergangenen x_ts auszudrücken, verwendet man (unter der strikten Miniphaseannahme) noch die Darstellung

$$(\epsilon_t) = \underline{b}^{-1}(L)\underline{a}(L)(x_t) = \left(\sum_{j \geq 0} l_j x_{t-j} \right).$$

Das zeigt auch, dass unendlich viele vergangene Werte von (x_t) für die Prognose relevant sind, wenn $\underline{b}(z)$ keine unimodulare Matrix ist.

Wir zeigen in den nächsten zwei Abschnitten, dass die Klasse der rationalen Spektren genau die Klasse der Spektren von ARMA-Prozessen ist und wir beschreiben die sogenannte Faktorisierung derartiger Spektren, die von den zweiten Momenten (bzw. vom Spektrum) zunächst auf die Transferfunktion der Wold-Zerlegung und im zweiten Schritt auf die ARMA-Parameter führt.

6.2   Die Faktorisierung rationaler Spektren

Wir diskutieren zunächst den skalaren Fall ($n = 1$). Es sei nun $\underline{f}(z)$ eine beliebige eindimensionale rationale spektrale Dichte. Wir wollen zeigen, dass $\underline{f}$ eine Darstellung (6.5) besitzt.

Nach Satz 3.2 gilt: $f(\lambda) = \underline{f}(e^{-i\lambda})$ ist integrierbar, $f(\lambda) \geq 0$ und $f(-\lambda) = f(\lambda)$. Als rationale Funktion schreiben wir $\underline{f}$ als Quotient zweier relativ primer Polynome $\underline{p}$ und $\underline{q}$:

$$\underline{f}(z) = \frac{\underline{p}(z)}{\underline{q}(z)}.$$

Dabei muss gelten $q(e^{-i\lambda}) \neq 0 \; \forall \lambda$, denn sonst wäre f nicht integrierbar. Mit dem Fundamentalsatz der Algebra schreiben wir in evidenter Notation

$$\underline{f}(z) = cz^r \frac{\prod_{j=1}^m (z - z_j)}{\prod_{j=1}^n (z - v_j)},$$

wobei $z_j \neq 0$, $v_j \neq 0$, $|v_j| \neq 1$ und die Nullstellenmengen $\{z_j \mid j = 1, \ldots, m\}$ und $\{v_j \mid j = 1, \ldots n\}$ disjunkt sind. Zudem müssen die Nullstellen z_j mit $|z_j| = 1$ mit gerader Vielfachheit auftreten, da $f(\lambda) \geq 0$ gilt.

Aus den Bedingungen $\overline{f(\lambda)} = f(\lambda)$, $f(-\lambda) = f(\lambda)$ und der Identität

$$(z - u) = (-zu)(z^{-1} - u^{-1}) \quad \text{für } z, u \neq 0 \tag{6.7}$$

folgt

$$f(\lambda) = \overline{f(\lambda)} = \overline{c} e^{i\lambda r} \frac{\prod_{j=1}^m (e^{i\lambda} - \overline{z_j})}{\prod_{j=1}^n (e^{i\lambda} - \overline{v_j})} = c' e^{-i\lambda(n-m-r)} \frac{\prod_{j=1}^m (e^{-i\lambda} - \overline{z_j}^{-1})}{\prod_{j=1}^n (e^{-i\lambda} - \overline{v_j}^{-1})}$$

$$f(\lambda) = f(-\lambda) = c e^{i\lambda r} \frac{\prod_{j=1}^m (e^{i\lambda} - z_j)}{\prod_{j=1}^n (e^{i\lambda} - v_j)} = c'' e^{-i\lambda(n-m-r)} \frac{\prod_{j=1}^m (e^{-i\lambda} - z_j^{-1})}{\prod_{j=1}^n (e^{-i\lambda} - v_j^{-1})}.$$

Die rationale Fortsetzung $\underline{f}(z)$ von $f(\lambda)$ ist eindeutig und wir sehen, dass, wenn $z_j \neq 0$ Nullstelle (bzw. $v_j \neq 0$ Polstelle) von $\underline{f}$ ist, dann gilt dies auch für $\overline{z_j}$, z_j^{-1} und $\overline{z_j}^{-1}$ (bzw. $\overline{v_j}$, v_j^{-1} und $\overline{v_j}^{-1}$). Die Ordnungen m, n müssen gerade sein und es gilt auch $r = (n - m - r)$, d.h. $m = 2q$, $n = 2p$ und $r = p - q$ für $p, q \in \mathbb{N}_0$.

Wir ordnen nun die Nullstellen und Polstellen nach ihrem Absolutbetrag, sodass $|z_j| \geq 1$, $z_{2q+1-j} = \overline{z_j}^{-1}$ für $1 \leq j \leq q$ und $|v_j| > 1$, $v_{2q+1-j} = \overline{v_j}^{-1}$ für $1 \leq j \leq p$ gilt. Damit können wir die spektrale Dichte $\underline{f}$ (mit (6.7)) schreiben als

$$\underline{f}(z) = cz^r \frac{\prod_{j=1}^q (z - z_j) \prod_{j=1}^q (z - \overline{z_j}^{-1})}{\prod_{j=1}^p (z - v_j) \prod_{j=1}^p (z - \overline{v_j}^{-1})} = c' \frac{\prod_{j=1}^q (z - z_j) \prod_{j=1}^q (z^{-1} - \overline{z_j})}{\prod_{j=1}^p (z - v_j) \prod_{j=1}^p (z^{-1} - \overline{v_j})}.$$

Wegen $f(\lambda) \geq 0$ gilt $c' > 0$. Setzen wir nun

$$\underline{a}(z) = 1 + a_1 z + \cdots + a_p z^p = \prod_{j=1}^p (z - v_j) \prod_{j=1}^p (-v_j)^{-1}$$

$$\underline{b}(z) = 1 + b_1 z + \cdots + b_q z^q = \prod_{j=1}^q (z - z_j) \prod_{j=1}^q (-z_j)^{-1}$$

$$\sigma^2 = 2\pi c' \prod_{j=1}^q |z_j|^2 \prod_{j=1}^p |v_j|^{-2},$$

so folgt die gesuchte Faktorisierung von $\underline{f}$:

$$\underline{f}(z) = \frac{1}{2\pi} \frac{\underline{b}(z)}{\underline{a}(z)} \sigma^2 \frac{\underline{b}^*(z)}{\underline{a}^*(z)}, \; \sigma^2 > 0. \tag{6.8}$$

Die Polynome $\underline{a}(z)$, $\underline{b}(z)$ haben reelle Koeffizienten, es gilt $a_p \neq 0$, $b_q \neq 0$ und die Stabilitätsbedingung $\underline{a}(z) \neq 0 \; \forall |z| \leq 1$ und die Miniphasebedingung $\underline{b}(z) \neq 0 \; \forall |z| < 1$ sind erfüllt.

Somit haben wir folgenden Satz bewiesen:

Satz (Spektrale Faktorisierung im skalaren Fall) *Jede eindimensionale rationale spektrale Dichte* $\underline{f}$, *die ungleich null ist, lässt sich eindeutig als*

$$\underline{f}(z) = \frac{1}{2\pi} \underline{k}(z) \sigma^2 \underline{k}^*(z)$$

darstellen, wobei $\sigma^2 > 0$ *und* $\underline{k}(z) = \underline{a}^{-1}(z)\underline{b}(z)$ *eine rationale Funktion mit* $\underline{k}(0) = 1$ *ist, die keine Pole für* $|z| \leq 1$ *und keine Nullstellen für* $|z| < 1$ *besitzt.*

Nach der oben angegeben Konstruktion sind $\underline{a}(z)$ und $\underline{b}(z)$ relativ prim und mit der Normierung $a_0 = b_0 = 1$ eindeutig durch $\underline{k}(z)$ und damit durch $\underline{f}(z)$ bestimmt.

Wir verallgemeinern nun den Satz über die spektrale Faktorisierung für $n > 1$. Die Grundidee hier ist, zu gegebenen $\underline{f}$ (mit Rang n) eine rationale Matrix $\underline{H}$ zu finden, sodass $\underline{H}\,\underline{f}\,\underline{H}^*$ diagonal ist und dann die zuvor beschrieben Faktorisierung für den skalaren Fall durchzuführen. Dazu definieren wir zunächst eine rationale Matrix $\underline{H}_1$, die in der Hauptdiagonale lauter Einsen hat, deren $(j, 1)$ Elemente von der Form $-\underline{f}_{j1}(z)\underline{f}_{11}^{-1}(z)$ sind und die sonst aus lauter Nullen besteht. Dann hat $\underline{H}_1\underline{f}$, mit Ausnahme des $(1, 1)$ Elements, Nullen in der ersten Spalte und in $\underline{H}_1\underline{f}\,\underline{H}_1^*$ sind die erste Zeile und die erste Spalte, mit Ausnahme des $(1, 1)$ Elements, gleich null. Wir iterieren nun diese Vorgangsweise – im nächsten Schritt für die rechte, untere $(n-1) \times (n-1)$ Submatrix von $\underline{H}_1\underline{f}\,\underline{H}_1^*$ – solange, bis $\underline{H}\,\underline{f}\,\underline{H}^*$ diagonal ist. Wie leicht zu sehen ist, ist $\underline{H}$ rational, unterhalb triangulär und hat Einsen entlang der Hauptdiagonalen. Insbesondere ist $\underline{H}$ also invertierbar. Die Diagonalelemente von $\underline{H}\,\underline{f}\,\underline{H}^*$ sind skalare rationale spektrale Dichten, die wie oben diskutiert, faktorisiert werden können. Damit folgt

$$\underline{H}\,\underline{f}\,\underline{H}^* = \underline{D}\,\underline{D}^*,$$

wobei $\underline{D}$ eine rationale Diagonalmatrix ist, deren Diagonalelemente keine Nullstellen für $|z| < 1$ und keine Polstellen für $|z| \leq 1$ haben. Damit haben wir für die spektrale Dichte $\underline{f}$ eine Faktorisierung der Form

$$\underline{f} = \underline{H}^{-1}\underline{D}\,\underline{D}^*\underline{H}^{-*}$$

gefunden. Sei nun $\underline{c}$ ein kleinstes gemeinsames Vielfaches der Nennerpolynome von $\underline{H}^{-1}$. Dann existiert nach dem zuvor gesagten ein Polynom $\underline{d}$ mit $\underline{d}(z) \neq 0$ für $|z| < 1$, sodass $\underline{c}\,\underline{c}^* = \underline{d}\,\underline{d}^*$. Es gilt dann

$$\underline{f} = \underbrace{\underline{c}\,\underline{d}^{-1}\underline{H}^{-1}\underline{D}}_{\underline{S}}\,\underbrace{\underline{D}^*\underline{H}^{-*}\underline{d}^{-*}\underline{c}^*}_{\underline{S}^*} = \underline{S}\,\underline{S}^*$$

und $\underline{S}$ hat keine Pole für $|z| \leq 1$. Polstellen am Einheitskreis können wir wegen der Integrierbarkeit von $f(\lambda) = \underline{f}(e^{-i\lambda})$ ausschließen.

Im nächsten Schritt verwenden wir die sogenannten Blaschke-Faktoren, um die Nullstellen von $\underline{S}$, die innerhalb des Einheitskreises liegen, am Einheitskreis zu spiegeln. Sei $z_0, |z_0| < 1$ eine Nullstelle von $\underline{S}$, d. h. $\mathrm{rg}(\underline{S}(z_0)) = n - r < n$. Dann existiert eine konstante unitäre Matrix $Q \in \mathbb{C}^{n\times n}$, sodass die letzten r Spalten von $\underline{S}(z_0)Q$ gleich null sind. Wir können daher schreiben

$$\underline{S}(z)Q = \tilde{\underline{S}}(z)\begin{pmatrix} I_{n-r} & 0 \\ 0 & I_r(z - z_0) \end{pmatrix}.$$

Nun ist die *Blaschke-Matrix*

$$\underline{B}(z) = Q\begin{pmatrix} I_{n-r} & 0 \\ 0 & I_r\frac{1-\overline{z}_0 z}{z - z_0} \end{pmatrix}$$

am Einheitskreis unitär und somit gilt $\underline{f} = \underline{S}\,\underline{S}^* = (\underline{S}\,\underline{B})(\underline{B}^*\underline{S}^*)$. Für den neuen spektralen Faktor

$$\underline{S}\,\underline{B} = \tilde{\underline{S}}(z)\begin{pmatrix} I_{n-r} & 0 \\ 0 & I_r(1 - \overline{z}_0 z) \end{pmatrix}$$

wurde die Vielfachheit der Nullstelle z_0 reduziert und entsprechend eine Nullstelle bei $\overline{z}_0^{-1}$ erzeugt (oder die Vielfachheit dieser Nullstelle erhöht). Diese Prozedur wird nun für alle Nullstellen innerhalb des Einheitskreises durchgeführt und man erhält so eine stabile und miniphasige rationale Matrix $\underline{k}(z)$ mit

$$\underline{f}(z) = \underline{k}(z)\underline{k}^*(z).$$

Man kann auch zeigen, dass ein spektraler Faktor $\underline{k}$ mit reellen Koeffizienten gewählt werden kann.

Alternativ, und das werden wir in Zukunft machen, verwendet man die Normierung $\underline{k}(0) = I_n$ für $\underline{k}$ (die aus der Bedingung $a_0 = b_0 = I_n$ resultiert). Dies führt dann zur Eindeutigkeit der stabilen und miniphasigen Faktoren $\underline{k}$ und der Kovarianzmatrix Σ für gegebenes $\underline{f}$.

Satz 6.2 (Spektrale Faktorisierung im multivariaten Fall) *Jede rationale spektrale Dichte $\underline{f}$, die μ-f.ü. vollen Rang besitzt, lässt sich eindeutig als*

$$\underline{f}(z) = \frac{1}{2\pi}\underline{k}(z)\Sigma\underline{k}^*(z)$$

darstellen, wobei $\Sigma > 0$ und $\underline{k}$ eine rationale stabile miniphasige Matrix (mit reellen Koeffizienten) mit $\underline{k}(0) = I_n$ ist.

Es fehlt nur der Beweis für die Eindeutigkeit, den wir etwas später nachtragen werden. Zunächst zeigen wir, dass diese Faktorisierung des Spektrums zu einer ARMA-Darstellung des zugrunde liegenden Prozesses führt und dass $\underline{k}(L)$ die Transferfunktion der Wold-Darstellung und Σ die Kovarianzmatrix der Innovationen ist. Die rationale Matrix $\underline{k}$ können wir schreiben als $\underline{k}(z) = \underline{a}^{-1}(z)\underline{b}(z)$ wobei $\underline{a}$ und $\underline{b}$ Polynommatrizen sind, $\underline{a}(z) = d(z)I_n$ und $d(z)$ (mit $d(0) = 1$) das kleinste gemeinsame Vielfache der Nennerpolynome von $\underline{k}(z)$ ist. Per Konstruktion erfüllt $\underline{a}$ die Stabilitätsbedingung und $\underline{b}$ die Miniphasebedingung. Die Transferfunktion $k^{-1}(\lambda) = \underline{k}^{-1}(e^{-i\lambda})$ ist bezüglich $f(\lambda) = \underline{f}(e^{-i\lambda})$ quadratisch integrierbar (d. h. $k^{-1} \in (\mathbb{H}_F(x))^n$, da

$$k^{-1}(\lambda)f(\lambda)k^{-*}(\lambda) = \frac{1}{2\pi}\Sigma$$

gilt. Daher ist $(\epsilon_t) = \underline{k}^{-1}(L)(x_t) = \underline{b}^{-1}(L)\underline{a}(L)(x_t)$ eine gültige Transformation des Prozesses (x_t), selbst wenn $\underline{k}$ Nullstellen am Einheitskreis besitzt und $\underline{k}^{-1}(L)$ daher kein l_1-Filter ist. Wir sehen auch, dass (ϵ_t) weißes Rauschen mit Varianz $\mathbf{E}\epsilon_t\epsilon_t' = \Sigma$ ist. Nach dieser Konstruktion gilt nun

$$\underline{a}(L)(x_t) = \underline{b}(L)(\epsilon_t)$$

d. h. (x_t) ist ein ARMA-Prozess. Wie am Ende von Abschn. 6.1 gezeigt, sind die ϵ_ts die Innovationen von (x_t) und $(x_t) = \underline{k}(L)(\epsilon_t) = \underline{a}^{-1}(L)\underline{b}(L)(\epsilon_t)$ ist die Wold-Darstellung von (x_t).

Mithilfe dieser Beobachtung folgt nun auch unmittelbar die Eindeutigkeit der Faktorisierung in Satz 6.2. Für jede solche Faktorisierung $2\pi\underline{f} = \underline{k}\Sigma\underline{k}^*$ ist $\underline{k}$ die Transferfunktion der Wold-Darstellung und Σ die Kovarianzmatrix der Innovationen. Da die Wold-Darstellung (für $\Sigma > 0$) eindeutig ist, folgt auch die Eindeutigkeit der Faktorisierung.

Folgerung 6.3 *Ein Prozess mit einer rationalen spektralen Dichte, die μ-f.ü. vollen Rang besitzt, ist regulär. Die der Wold-Darstellung entsprechende Transferfunktion ist rational, stabil und miniphasig.*

Beweis Wir betrachten die Faktorisierung $2\pi \underline{f} = \underline{k}\, \Sigma \underline{k}^*$ der spektralen Dichte nach Satz 6.2. Da $\underline{k}$ rational, stabil und miniphasig ist, ist also $\underline{k}$ die Transferfunktion der Wold-Darstellung.   □

Beispiel

Die spektrale Faktorisierung ist auch ein Schlüssel für den Beweis der Szegö-Formel. Wir betrachten hier den einfachen Fall eines skalaren Prozesses $(x_t) = \underline{k}(\mathrm{L})(\epsilon_t)$ mit einer rationalen, stabilen und strikt miniphasigen Transferfunktion $\underline{k}$. Die Funktion $\log \underline{k}(z)$ ist auf einer offenen Kreisscheibe mit Radius $\rho > 1$ holomorph und daher folgt mit $2\pi f(\lambda) = \sigma^2 \underline{k}(e^{-i\lambda})\underline{k}(e^{i\lambda})$, $\underline{k}(0) = 1$ und der Cauchy-Integralformel:

$$\int_{-\pi}^{\pi} \log(2\pi f(\lambda))d\lambda = \int_{-\pi}^{\pi} \log \sigma^2 d\lambda + \int_{-\pi}^{\pi} \log(\underline{k}(e^{-i\lambda}))d\lambda + \int_{-\pi}^{\pi} \log(\underline{k}(e^{i\lambda}))d\lambda$$

$$= 2\pi \log \sigma^2 + 2\pi \log(\underline{k}(0)) + 2\pi \log(\underline{k}(0)) = 2\pi \log \sigma^2.$$

Beispiel

Zum Abschluss dieses Abschnittes betrachten wir noch kurz den Fall eines AR-Systems, bei dem die Stabilitätsbedingung nicht notwendigerweise erfüllt ist. Sei $(x_t) = \tilde{\underline{a}}^{-1}(\mathrm{L})(\tilde{\epsilon}_t)$ die eindeutige stationäre Lösung des AR-Systems

$$x_t = \tilde{a}_1 x_{t-1} + \cdots + \tilde{a}_p x_{t-p} + \tilde{\epsilon}_t$$

mit einem weißen Rauschen $(\tilde{\epsilon}_t) \sim \mathrm{WN}(\tilde{\Sigma})$, $\tilde{\Sigma} > 0$ und $\det \tilde{\underline{a}}(z) \neq 0$, $\forall |z| = 1$. Die spektrale Dichte $\underline{f} = \frac{1}{2\pi}\tilde{\underline{a}}^{-1}(z)\tilde{\Sigma}\tilde{\underline{a}}^{-*}(z)$ kann nach dem Satz 6.2 faktorisiert werden als

$$\underline{f}(z) = \frac{1}{2\pi}\underline{k}(z)\Sigma \underline{k}^*(z).$$

Die inverse spektrale Dichte

$$\underline{f}^{-1}(z) = 2\pi \tilde{\underline{a}}^*(z)\tilde{\Sigma}^{-1}\tilde{\underline{a}}(z) = 2\pi \underline{k}^{-*}(z)\Sigma^{-1}\underline{k}^{-1}(z)$$

hat keine (endlichen) Polstellen und daher muss $\underline{a}(z) := \underline{k}^{-1}(z)$ eine Polynommatrix sein. Aus der Miniphasebedingung für $\underline{k}$ und der Beobachtung $\underline{f}(z) > 0$ für alle $|z| = 1$ folgt die Stabilitätsbedingung für $\underline{a}$. Auf diese Weise haben wir also für (x_t) ein AR-System konstruiert, das die Stabilitätsbedingung erfüllt.

Aufgabe

Bestimmen Sie die spektrale Faktorisierung von

$$f(\lambda) = \frac{1}{2\pi}\frac{5{,}05 - \cos(\lambda)}{1{,}2 + 0{,}56\cos(\lambda) + 0{,}8\cos(2\lambda)}.$$

Hinweis: Bestimmen Sie zunächst die rationale Fortsetzung $\underline{f}(z)$ von f. Ersetzen Sie dazu $\cos(k\lambda)$ durch $\frac{1}{2}(e^{-i\lambda k} + e^{i\lambda k})$ und dann $e^{-i\lambda k}$ durch z^k.

Aufgabe

Zeigen Sie, dass die Klasse der regulären ARMA-Prozesse bzgl. folgender Operationen abgeschlossen ist. Im Folgenden bezeichnet (x_t) immer einen regulären, n-dimensionalen ARMA-Prozess. Hinweis: Es genügt zu zeigen, dass der konstruierte Prozess (y_t) eine rationale spektrale Dichte besitzt.

- Marginalisierung: $(y_t = Cx_t)$ für $C \in \mathbb{R}^{m \times n}$ ist ein regulärer ARMA-Prozess. Daher sind insbesondere auch alle Komponentenprozesse (x_{kt}) reguläre ARMA-Prozesse.
- Summation: Sind (x_t) und (z_t) zwei (n-dimensionale) unkorrelierte (d. h. $\mathbf{E}x_t z_s' = 0 \; \forall t, s \in \mathbb{Z}$) reguläre ARMA-Prozesse, dann ist auch der Summenprozess $(y_t = x_t + z_t)$ ein regulärer ARMA-Prozess.
- Rationale Filter: Ist $\underline{k}(z)$ eine rationale Transferfunktion, die keine Polstellen am Einheitskreis hat, dann ist auch $(y_t) = \underline{k}(L)(x_t)$ ein regulärer ARMA-Prozess.
- Abtasten: Der Prozess $(y_s = x_{\Delta s})$ für $\Delta \in \mathbb{N}$ ist ein regulärer ARMA-Prozess. Hinweis: Siehe die Aufgabe (Abtasten und Aliasing) am Ende von Kap. 3.
- Aggregation: Der Prozess $(y_s = \sum_{i=1}^{\Delta} x_{\Delta s + i})$ für $\Delta \in \mathbb{N}$ ist ein regulärer ARMA-Prozess.

6.3   Von der Transferfunktion zu den ARMA-Parametern: Beobachtungsäquivalenz und Identifizierbarkeit

Ein grundlegendes Problem bei der Schätzung von ARMA-Systemen ist, dass die ARMA-Parameter selbst bei gegebenen zweiten Momenten (bei gegebener spektraler Dichte) nicht eindeutig bestimmt sind. Man spricht daher von einem sogenannten *Identifizierbarkeitsproblem*. Wie im vorigen Abschnitt gezeigt, ist die Transferfunktion $\underline{k} = \underline{a}^{-1}\underline{b}$ (mit der Stabilitätsbedingung, der Miniphasebedingung und der Normierung $\underline{k}(0) = I_n$) eindeutig festgelegt. Aber die Polynommatrizen $\underline{a}$ und $\underline{b}$ sind dadurch noch nicht bestimmt. Man sieht sofort, dass das Paar $\tilde{\underline{a}} = \underline{c}\,\underline{a}$ und $\tilde{\underline{b}} = \underline{c}\,\underline{b}$, wobei $\underline{c}$ eine beliebige nicht singuläre Polynommatrix mit $\underline{c}(0) = I_n$ ist, dieselbe Transferfunktion $\underline{k} = \tilde{\underline{a}}^{-1}\tilde{\underline{b}} = \underline{a}^{-1}\underline{b}$ ergibt. Hat $\underline{c}$ keine Nullstellen im oder am Einheitskreis, dann erfüllen $\tilde{\underline{a}} = \underline{c}\,\underline{a}$ und $\tilde{\underline{b}} = \underline{c}\,\underline{b}$ auch die Stabilitätsbedingung und die Miniphasebedingung, wenn $\underline{a}$ und $\underline{b}$ diese erfüllen. Im skalaren Fall ist die Ordnung der Polynome $\tilde{\underline{a}} = \underline{c}\,\underline{a}$ und $\tilde{\underline{b}} = \underline{c}\,\underline{b}$ immer strikt größer als die Ordnung der Polynome $\underline{a}$ und $\underline{b}$, wenn $\underline{c}$ keine Konstante ist. Daher erhält man im skalaren Fall eine eindeutige Zerlegung $\underline{k} = \underline{a}^{-1}\underline{b}$, wenn man sich auf relativ prime Polynome (bzw. Polynome mit minimaler Ordnung) beschränkt. Das gilt im multivariaten Fall nicht mehr; d. h. auch die Forderung nach „minimaler Ordnung" reicht hier nicht aus, um $\underline{a}$ und $\underline{b}$ eindeutig festzulegen. Etwas formaler können wir sagen, die Abbildung $(\underline{a}, \underline{b}) \mapsto \underline{k} = \underline{a}^{-1}\underline{b}$ ist ohne zusätzliche Einschränkungen des Definitionsbereiches nicht injektiv und daher sind $(\underline{a}, \underline{b})$ nicht identifiziert.

In diesem Abschnitt betrachten wir Modellklassen von ARMA-Systemen: Wir nehmen an p und q sind gegeben und dass die Annahmen (6.2) und (6.3) sowie $a_0 = b_0 = I_n$

gelten. Diese Modellklasse wird durch den Parameterraum

$$\Theta_{p,q,V} = \Theta_{p,q} \times \Theta_V$$
$$\Theta_{p,q} = \{(a_1, \ldots, a_p, b_1, \ldots, b_q) \in \mathbb{R}^{n \times n(p+q)} \mid \det \underline{a}(z) \neq 0 \; \forall |z| \leq 1,$$
$$\det \underline{b}(z) \neq 0 \; \forall |z| < 1\}$$
$$\Theta_V = \{\Sigma \in \mathbb{R}^{n \times n} \mid \Sigma = \Sigma', \; \Sigma > 0\}$$

beschrieben. Die Elemente von $\Theta_{p,q,V}$ bezeichnet man im Gegensatz zu den ganzzahligen „Spezifikationsparametern" p und q als reellwertige Parameter. $\Theta_{p,q}$ ist der entsprechende Raum der Systemparameter. Er ist „dick" in $\mathbb{R}^{n \times n(p+q)}$ in dem Sinne, dass er, wie man zeigen kann, eine nicht triviale offene Menge enthält. Die Menge Θ_V der Innovationsvarianzen lässt sich in den $\mathbb{R}^{n(n+1)/2}$ einbetten.

Die Frage der Identifizierbarkeit ist nun, ob die Parameter in $\Theta_{p,q,V}$ eindeutig aus den entsprechenden Spektren $\underline{f}(z)$ bestimmt sind. Da nach dem Satz über die spektrale Faktorisierung die Innovationsvarianz Σ und der spektrale Faktor $\underline{k}$ immer eindeutig bestimmt sind, geht es also um die Frage, ob die Systemparameter aus der Transferfunktion $\underline{k}$ eindeutig bestimmt sind, d. h. ob die Darstellung $\underline{k} = \underline{a}^{-1}\underline{b}$ eindeutig ist. Klarerweise ist eine derartige Eindeutigkeit eine sinnvolle Forderung für die Parameterschätzung. Wir betrachten daher nun die auf $\Theta_{p,q}$ definierte Abbildung π, die den Parametern die entsprechende Transferfunktion zuordnet, d. h. $\pi(a_1, \ldots, b_q) = \underline{k}(z) = \underline{a}^{-1}(z)\underline{b}(z)$.

Definition
Eine Teilmenge $\Theta \subset \Theta_{p,q}$ heißt *identifizierbar,* wenn π eingeschränkt auf Θ injektiv ist. Für beliebiges $\underline{k} \in \pi(\Theta_{p,q})$ heißt $\pi^{-1}(\underline{k})$ die *Klasse aller $\underline{k}$ entsprechenden, beobachtungsäquivalenten* Parameter.

Betrachten wir zunächst wieder den skalaren Fall, und hier wieder den Spezialfall $p = q = 1$. Der entsprechende Parameterraum $\Theta_{1,1} = \{(a, b) \mid |a| < 1, |b| \leq 1\}$ ist in der Abb. 6.1 dargestellt.

Man sieht sofort, dass wenn immer $(1-az)$ und $(1+bz)$ relativ prim sind, also $b \neq -a$ gilt, die Parameter a, b (und damit auch σ^2) eindeutig aus $\underline{k}(z)$ festliegen und dass für den Fall $b = -a$ dies nicht der Fall ist. Man sollte also Systeme

$$x_t - ax_{t-1} = \epsilon_t - a\epsilon_{t-1},$$

die alle der Transferfunktion $\underline{k}(z) = 1$ entsprechen, ausschließen. Diese Transferfunktion lässt sich im Parameterraum $\Theta_{0,0}$ eindeutig darstellen.

Im allgemeinen skalaren Fall ist das Bild ähnlich. Man erhält Identifizierbarkeit, wenn man zusätzlich relative Primheit von $\underline{a}(z)$ und $\underline{b}(z)$ fordert und die nicht trivialen Äquivalenzklassen in $\Theta_{p,q}$ entsprechen Paaren von Polynomen der Form $(\underline{a}(z), \underline{b}(z)) = t(z)(\underline{\tilde{a}}(z), \underline{\tilde{b}}(z))$.

Abb. 6.1 Parameterraum $\Theta_{1,1}$
für $n = 1$

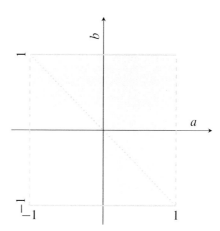

Im multivariaten Fall müssen wir etwas weiter ausholen. Man sagt, das Paar $(\underline{a}(z), \underline{b}(z))$ von Polynommatrizen hat einen *gemeinsamen (polynomialen) Linksteiler* $t(z)$, wenn Polynommatrizen $(\tilde{\underline{a}}(z), \tilde{\underline{b}}(z))$ existieren, sodass

$$(\underline{a}(z), \underline{b}(z)) = t(z)(\tilde{\underline{a}}(z), \tilde{\underline{b}}(z)) \tag{6.9}$$

gilt. Man sagt, $(\underline{a}(z), \underline{b}(z))$ ist *relativ linksprim*, wenn alle gemeinsamen Linksteiler unimodular sind, also $\det t(z) \equiv \text{const} \neq 0$ gilt.

Lemma 6.4 (Linksprime Polynommatrizen) *Ein Paar* $(\underline{a}(z), \underline{b}(z))$ *ist genau dann relativ linksprim, wenn*

$$\text{rg}((\underline{a}(z), \underline{b}(z))) = n \quad \forall z \in \mathbb{C} \tag{6.10}$$

gilt.

Beweis Wäre $(\underline{a}(z), \underline{b}(z))$ nicht relativ linksprim, so würde in (6.9) eine nicht unimodulare Polynommatrix $t(z)$ existieren. Die Determinante $\det t(z)$ hätte eine Nullstelle z_0 und somit wäre

$$\text{rg}((\underline{a}(z_0), \underline{b}(z_0))) = \text{rg}(t(z_0)(\tilde{\underline{a}}(z_0), \tilde{\underline{b}}(z_0)) < n.$$

Gilt umgekehrt $\text{rg}((\underline{a}(z_0), \underline{b}(z_0))) < n$ für ein $z_0 \in \mathbb{C}$, dann existiert eine konstante, nicht singuläre Matrix $C \in \mathbb{C}^{n \times n}$, sodass die erste Zeile von $C(\underline{a}(z_0), \underline{b}(z_0))$ nur Nullen hat. Dann ist aber

$$t(z) = C^{-1} \begin{pmatrix} z - z_0 & 0 \\ 0 & I_{n-1} \end{pmatrix}$$

ein nicht unimodularer Linksteiler von $(\underline{a}(z), \underline{b}(z))$. $\square$

Mithilfe der Smith-McMillan-Form (4.22) kann man nun aus $\underline{k}(z)$ ein entsprechendes ARMA-System $(\underline{a}(z), \underline{b}(z))$ wie folgt konstruieren: Sei $\underline{k}(z) = \underline{u}(z)\underline{\Lambda}(z)\underline{v}(z)$ die Smith-McMillan-Darstellung von $\underline{k}(z)$. Die Matrix

$$\underline{\Lambda}(z) = \text{diag}\left(\frac{p_{11}(z)}{q_{11}(z)}, \ldots, \frac{p_{nn}(z)}{q_{nn}(z)}\right)$$

wird faktorisiert als $\underline{\Lambda}(z) = q^{-1}(z)p(z)$, wobei $q(z) = \text{diag}(q_{11}(z), \ldots, q_{nn}(z))$ und $p(z) = \text{diag}(p_{11}(z), \ldots, p_{nn}(z))$ zwei diagonale Polynommatrizen sind. Dann ist durch

$$\underline{a}(z) = q(z)\underline{u}^{-1}(z), \quad \underline{b}(z) = p(z)\underline{v}(z) \tag{6.11}$$

ein $\underline{k}(z)$ entsprechendes ARMA-System definiert, wobei die Bedingungen an die Nullstellen und Pole von $\underline{k}(z)$ (sh. Satz über die spektrale Faktorisierung) die Miniphasebedingung für $\underline{b}(z)$ und die Stabilitätsbedingung für $\underline{a}(z)$ garantieren. (Die Normierung $a_0 = I_n$ und $b_0 = I_n$ wird hier nicht gefordert, ist aber leicht zu erreichen.) Aus den Eigenschaften der Polynome $p_{ii}(z)$ und $q_{ii}(z)$, die im Satz über die Smith-McMillan-Form angegeben sind, folgt $\text{rg}(q(z), p(z)) = n \; \forall z \in \mathbb{C}$ und daher ist das Paar $(q(z), p(z))$ nach dem obigen Lemma relativ linksprim. Aus

$$(q(z)\underline{u}^{-1}(z), p(z)\underline{v}(z)) = (q(z), p(z))\begin{pmatrix} \underline{u}^{-1}(z) & 0 \\ 0 & \underline{v}(z) \end{pmatrix}$$

folgt mit der Unimodularität von $\underline{u}^{-1}(z)$ und $\underline{v}(z)$, dass die linke Seite der obigen Gleichung ebenfalls für alle $z \in \mathbb{C}$ vollen Rang hat. Daher ist $(\underline{a}(z), \underline{b}(z))$ in (6.11) also relativ linksprim.

Es gilt nun folgender Satz:

Satz *Zwei relativ linksprime ARMA-Systeme $(\underline{a}(z), \underline{b}(z))$ und $(\tilde{\underline{a}}(z), \tilde{\underline{b}}(z))$ sind beobachtungsäquivalent genau dann, wenn eine unimodulare Polynommatrix $\underline{u}(z)$, mit $\underline{u}(0) = I_n$, existiert, sodass gilt*

$$(\tilde{\underline{a}}(z), \tilde{\underline{b}}(z)) = \underline{u}(z)(\underline{a}(z), \underline{b}(z)). \tag{6.12}$$

Beweis Eine Richtung ist evident, da

$$\tilde{\underline{a}}^{-1}(z)\tilde{\underline{b}}(z) = \underline{a}^{-1}(z)\underline{u}^{-1}(z)\underline{u}(z)\underline{b}(z)) = \underline{a}^{-1}(z)\underline{b}(z)).$$

Umgekehrt folgt aus $\tilde{\underline{a}}^{-1}(z)\tilde{\underline{b}}(z) = \underline{a}^{-1}(z)\underline{b}(z)$, dass

$$(\tilde{\underline{a}}(z), \tilde{\underline{b}}(z)) = \underbrace{(\tilde{\underline{a}}(z)\underline{a}^{-1}(z))}_{t(z)}(\underline{a}(z), \underline{b}(z)),$$

wobei $t(z)$ eine rationale Matrix ist. Hätte $t(z)$ Pole, so hätte wegen der Linksprimheit von $(\underline{a}(z), \underline{b}(z))$ auch $(\tilde{\underline{a}}(z), \tilde{\underline{b}}(z))$ Pole, wäre also keine Polynommatrix. Daher muss $t(z)$ eine Polynommatrix sein. Dann impliziert aber die relative Linksprimheit von $(\tilde{\underline{a}}(z), \tilde{\underline{b}}(z))$, dass $t(z)$ unimodular ist. $\square$

Aus der Konstruktion von $(\underline{a}(z), \underline{b}(z))$ aus der Smith-McMillan-Form und dem obigen Satz folgt unmittelbar, dass für relative linksprime ARMA-Systeme $(\underline{a}(z), \underline{b}(z))$ die Pole von $\underline{a}^{-1}(z)\underline{b}(z)$ gleich den Nullstellen von $\underline{a}(z)$ und die Nullstellen von $\underline{a}^{-1}(z)\underline{b}(z)$ gleich den Nullstellen von $\underline{b}(z)$ sind.

Satz   *Der Parameterraum*

$$\tilde{\Theta}_{p,q} = \{(a_1, \ldots, a_p, b_1, \ldots, b_q) \in \Theta_{p,q} \mid (\underline{a}(z), \underline{b}(z)) \text{ ist relativ linksprim,}$$
$$\mathrm{rg}(a_p, b_q) = n\}$$

ist identifizierbar.

Beweis Nach obigen Satz gilt für zwei beliebige relativ linksprime Systeme die Beziehung (6.12), wobei $\underline{u}(z)$ unimodular ist. Für alle Systeme, die $\Theta_{p,q}$ entsprechen, gilt $a_0 = b_0 = I_n$, also muss nach (6.12) auch $\underline{u}(0) = I_n$ gelten. Wäre der Grad von $\underline{u}(z)$ größer als null, so würde mit $\mathrm{rg}(a_p, b_q) = n$ aus (6.12) folgen, dass der Grad von $\tilde{\underline{a}}(z)$ größer als p oder der Grad von $\tilde{\underline{b}}(z)$ größer als q wäre. Mit anderen Worten, $\underline{u}(z)$ muss die Einheitsmatrix sein und zwei beliebige beobachtungsäquivalente Systeme, die $\tilde{\Theta}_{p,q}$ entsprechen, sind gleich. $\square$

Aufgabe
Sei (x_t) der ARMA(1,0)-Prozess

$$x_t + \begin{pmatrix} \alpha & \alpha\beta \\ -\alpha\beta^{-1} & -\alpha \end{pmatrix} x_{t-1} = \epsilon_t$$

mit $\alpha, \beta \in \mathbb{R}$, $\alpha, \beta \neq 0$. Zeigen Sie, dass (x_t) auch ein ARMA(0,1)-Prozess ist, d. h. finden Sie eine Darstellung für den Prozess der Form

$$x_t = \epsilon_t + b_1\epsilon_{t-1}$$

mit $b_1 \in \mathbb{R}^{2\times 2}$. Wieso ist dieses Beispiel kein Widerspruch zum Satz über die Identifizierbarkeit von $\tilde{\Theta}_{p,q}$?

Aufgabe
Sei $(\underline{a}(z), \underline{b}(z))$, $\det(\underline{a}(z)) \not\equiv 0$ ein Paar von Polynommatrizen der Ordnung p und q. Zeigen Sie, dass man durch „Kürzen" der nicht unimodularen Linsteiler ein linksprimes Paar $(\tilde{\underline{a}}(z), \tilde{\underline{b}}(z))$ der Ordnung $\tilde{p}$ und $\tilde{q}$ konstruieren kann, sodass $\underline{a}^{-1}(z)\underline{b}(z) = \tilde{\underline{a}}^{-1}(z)\tilde{\underline{b}}(z)$ und $\tilde{p} \leq p$, $\tilde{q} \leq q$ gilt.

Im skalaren Fall ist die Ordnung der Polynome $\underline{a}$, $\underline{b}$ genau dann minimal, wenn sie zueinander koprim sind. Im multivariaten Fall ist die Situation komplizierter. Diese Aufgabe zeigt aber, dass unter den Polynomen mit minimaler Ordnung immer linksprime Paare sind.

Wie man zeigen kann, haben die Parameterräume $\tilde{\Theta}_{p,q}$ den Nachteil, dass nicht alle ARMA-Systeme durch geeignete Wahl von p und q in solchen Parameterräumen darstellbar sind. Durch geeignete Spezifikation der Zeilen- oder Spaltengrade in $(\underline{a}(z), \underline{b}(z))$ kann jedoch jedes ARMA-System in einen identifizierbaren Parameterraum eingebettet werden (siehe [18] und [19, Kap. 2]).

Der nächste Satz zeigt, dass $\Theta_{p,q} - \tilde{\Theta}_{p,q}$ eine (in $\Theta_{p,q}$) „dünne" Menge ist:

Satz $\tilde{\Theta}_{p,q}$ *enthält eine in* $\Theta_{p,q}$ *offene und dichte Teilmenge.*

Beweis Wie leicht zu sehen ist, ist die Menge aller nichtsingulären Matrizen dicht in der Menge aller quadratischen Matrizen. Die Offenheit folgt aus der Tatsache, dass „det" eine stetige Funktion der Matrixelemente ist und die nichtsingulären Matrizen das Urbild von $\mathbb{R} - \{0\}$ unter dieser Abbildung „det" sind. Daher ist $\Theta_e = \{(a_1, \ldots, b_q) \in \Theta_{p,q} \mid \text{rg}(a_p) = \text{rg}(b_q) = n\}$ offen und dicht in $\Theta_{p,q}$. Es bleibt also zu zeigen, dass die Linksprimheit eine offene und dichte Eigenschaft in Θ_e ist: Wir betrachten die Sylvester-Matrix der beiden Polynome $\det \underline{a}(z)$ und $\det \underline{b}(z)$, die auf Θ_e vom Grad np bzw. nq sind. Ist die Determinante der Sylvester-Matrix ungleich null, so haben $\det \underline{a}(z)$ und $\det \underline{b}(z)$ keinen gemeinsamen Teiler (siehe [21]) und $(\underline{a}(z), \underline{b}(z))$ ist relativ linksprim. Die Koeffizienten der Polynome $\det \underline{a}(z)$ und $\det \underline{b}(z)$ und somit auch die Determinante dieser Sylvester-Matrix sind polynomiale Funktionen auf Θ_e. Wenden wir nun den Satz an, dass jedes Polynom von $\mathbb{R}^{n^2(p+q)} \longrightarrow \mathbb{R}$, das nicht identisch null ist, auf einer offenen und dichten Teilmenge von $\mathbb{R}^{n^2(p+q)}$ ungleich null ist, so folgt die Behauptung. $\square$

Zustandsraummodelle

7

Lineare Zustandsraumsysteme sind wie ARMA-Systeme Modelle für stationäre Prozesse, genauer gesagt für die Klasse stationärer Prozesse mit rationaler spektraler Dichte. ARMA-Modelle und Zustandsraummodelle (mit weißem Rauschen als Input) stellen die gleichen stationären Prozesse dar. Zustandsraumsysteme wurden insbesondere durch die Arbeiten von Kalman[1] (siehe z. B. [23–25] und [26]) populär. Sie enthalten eine i. Allg. unbeobachtete Variable, den Zustand, der die, für die Zukunft relevante Information aus der Vergangenheit des Prozesses enthält. Zustandsraumsysteme führen zu dem in diesem Kapitel behandelten Kalman-Filter. Sie werden vor allem in der Kontrolltheorie ungleich häufiger als die äquivalenten ARMA-Systeme angewendet.

Zwei zentrale Ergebnisse in diesem Kapitel sind die Äquivalenz von Kontrollierbarkeit und Beobachtbarkeit mit Minimalität und die Beschreibung der Äquivalenzklassen beobachtungsäquivalenter minimaler Systeme. Sodann geben wir eine Konstruktion zur Ermittlung eines Zustandsraumsystems aus der Wold-Zerlegung an.

Im Abschn. 7.4 behandeln wir das Kalman-Filter, das auf [22] zurückgeht. Das Kalman-Filter ist ein Algorithmus zur Schätzung des nicht beobachteten Zustands aus den Beobachtungen und zur Prognose dieser Beobachtungen (bei bekannten Systemparametern). Das Kalman-Filter ist für die Prognose oder die Maximum-Likelihood-Schätzung von großer Wichtigkeit.

An allgemeiner Literatur für Zustandsraumsysteme empfehlen wir [21], [19] und [29]. Ein Klassiker über das Kalman-Filter ist [1], siehe auch [16].

---

[1] Rudolf Kálmán (1930–2016). In Ungarn geboren, in den USA und der Schweiz tätig. Begründete die moderne Systemtheorie. Das nach ihm benannte Kalman-Filter ist einer der am häufigsten verwendeten Algorithmen zur Prognose und Filterung.

© Springer International Publishing AG 2018
M. Deistler, W. Scherrer, *Modelle der Zeitreihenanalyse*, Mathematik Kompakt,
https://doi.org/10.1007/978-3-319-68664-6_7

7.1   Lineare Zustandsraumsysteme in Innovationsform

Wir betrachten in diesem Kapitel – mit Ausnahme des Abschn. 7.4 über das Kalman-Filter – Zustandsraumsysteme der Form

$$s_{t+1} = As_t + B\epsilon_t \tag{7.1}$$

$$x_t = Cs_t + \epsilon_t, \ \ t \in \mathbb{Z}, \tag{7.2}$$

wobei s_t der m-dimensionale Zustand, ϵ_t der n-dimensionale Input und x_t der n-dimensionale Output ist. Die Matrizen $A \in \mathbb{R}^{m\times m}$, $B \in \mathbb{R}^{m\times n}$ und $C \in \mathbb{R}^{n\times m}$ sind Parameter und m nennt man die Zustandsdimension. Der Zustand s_t ist eine latente Variable, d.h. s_t ist nicht beobachtet. Wir bezeichnen auch das zugehörige Matrixtripel (A, B, C) als Zustandsraumsystem.

Wir werden, wenn nicht eigens erwähnt, auch annehmen, dass (ϵ_t) nicht beobachtetes weißes Rauschen mit Kovarianzmatrix $\mathbf{E}\epsilon_t\epsilon_t' = \Sigma$ ist. Unter der Stabilitätsbedingung

$$\varrho(A) < 1 \tag{7.3}$$

($\varrho(A)$ bezeichnet den Spektralradius von A) ist die eindeutige stationäre Lösung von (7.1) und (7.2) dann von der Form

$$(s_t) = (I_m \mathrm{L}^{-1} - A)^{-1} B(\epsilon_t) \tag{7.4}$$

$$(x_t) = (C(I_m \mathrm{L}^{-1} - A)^{-1} B + I_n)(\epsilon_t). \tag{7.5}$$

Die Transferfunktion des Filters $(C(I_m \mathrm{L}^{-1} - A)^{-1} B + I_n)$ ist

$$\underline{k}(z) = C(I_m z^{-1} - A)^{-1} B + I_n \tag{7.6}$$

und die Impulsantwort, d.h. die Koeffizienten der Potenzreihenentwicklung $\underline{k}(z) = \sum_{j\geq 0} k_j z^j$, sind

$$k_0 = I_n, \ \ k_j = CA^{j-1}B \ \text{ für } \ j > 0. \tag{7.7}$$

Klarerweise ist die Transferfunktion rational und stabil (d.h. sie hat keine Polstellen für $|z| \leq 1$), daher hat der Prozess (x_t) eine rationale Spektraldichte.

Für die inverse Transferfunktion $\underline{k}^{-1}(z)$ erhält man mit Hilfe der Woodbury-Matrix-Identität:

$$\underline{k}^{-1}(z) = \big(I + C(z^{-1}I_m - A)^{-1}B\big)^{-1} = I - C(z^{-1}I_m - A + BC)^{-1}B.$$

Das heißt, $\underline{k}^{-1}$ ist die Transferfunktion des Zustandsraumsystems $(A - BC, B, -C)$. Diese Darstellung können wir auch unmittelbar aus den Gleichungen (7.1) und (7.2) ableiten, indem wir zunächst ϵ_t durch s_t und x_t ausdrücken und dann in die Zustandsgleichung (7.1) einsetzen:

$$\epsilon_t = x_t - Cs_t \tag{7.8}$$

$$s_{t+1} = As_t + B\epsilon_t = (A - BC)s_t + Bx_t. \tag{7.9}$$

Gilt nun zusätzlich die Miniphasebedingung

$$\varrho(A - BC) \leq 1, \tag{7.10}$$

so ist die Transferfunktion $\underline{k}$ auch miniphasig (d. h. die Transferfunktion hat keine Nullstellen für $|z| < 1$). Die Transferfunktion $\underline{k}$ entspricht dann der Wold-Darstellung des Prozesses (siehe Lemma 6.1) und die ϵ_t's sind die Innovationen. Das motiviert die folgende Definition.

Definition

Ein Zustandsraumsystem (A, B, C), das die Stabilitätsbedingung (7.3) und die Miniphasebedingung (7.10) erfüllt, nennt man *Zustandsraumsystem in Innovationsform*.

Oft werden wir auch die etwas stärkere strikte Miniphasebedingung

$$\varrho(A - BC) < 1 \tag{7.11}$$

setzen.

Für ein System in Innovationsform ist die Prognose besonders einfach. Aus den Gleichungen (7.1), (7.2) folgt unmittelbar

$$s_{t+1} = \sum_{j \geq 0} A^j B\epsilon_{t-j}$$

$$x_{t+h} = CA^{h-1}s_{t+1} + \epsilon_{t+h} + CB\epsilon_{t+h-1} + \cdots + CA^{h-2}B\epsilon_{t+1}.$$

Die h-Schritt-Prognose aus der unendlichen Vergangenheit ist also

$$\hat{x}_{t,h} = CA^{h-1}s_{t+1},$$

da

$$s_{t+1} = \sum_{j \geq 0} A^j B\epsilon_{t-j} \in (\mathbb{H}_t(\epsilon))^m = (\mathbb{H}_t(x))^m$$

und $(x_{t+h} - CA^{h-1}s_{t+1}) \perp \mathbb{H}_t(\epsilon) = \mathbb{H}_t(x)$. Der *(endlich dimensionale)* Zustand s_{t+1} enthält also die gesamte Information aus der Vergangenheit, die für die Zukunft relevant ist.

7.2   Kontrollierbarkeit, Beobachtbarkeit und Minimalität von Zustandsraumsystemen

Wir betrachten nun ein Zustandsraumsystem (A, B, C), wobei wir zunächst keine weiteren Annahmen wie z. B. die Stabilitätsbedingung und auch keine Annahmen an den Inputprozess machen. Die Transferfunktion $\underline{k}(z)$ (siehe (7.6)) bzw. die Impulsantwort $(k_j \mid j \geq 0)$ (siehe (7.7)) beschreiben auch die Lösungen auf $\mathbb{N}$. Durch rekursive Lösen der Gleichungen (7.1), (7.2) für $t = 1, 2, \ldots$ folgt unmittelbar

$$s_t = As_{t-1} + B\epsilon_{t-1} = A^t s_0 + A^{t-1}B\epsilon_0 + A^{t-2}B\epsilon_1 + \cdots + B\epsilon_{t-1}$$

$$x_t = Cs_t + \epsilon_t = CA^t s_0 + \epsilon_t + CB\epsilon_{t-1} + CAB\epsilon_{t-2} + \cdots + CA^{t-1}B\epsilon_0$$

$$= CA^t s_0 + \sum_{j=0}^{t} k_j \epsilon_{t-j}.$$

Startet man das System also mit dem Anfangszustand $s_0 = 0$, dann sind die Outputs x_t, $t > 0$ durch die Inputs ϵ_j, $j \geq 0$ und die Koeffizienten k_j bestimmt.

Definition

Ein Zustandsraumsystem (A, B, C) heißt *kontrollierbar,* wenn gilt

$$\mathrm{rg}\underbrace{(B, AB, \ldots, A^{m-1}B)}_{\mathcal{C} \in \mathbb{R}^{m \times mn}} = m, \tag{7.12}$$

es heißt *beobachtbar*, wenn gilt

$$\mathrm{rg}\underbrace{(C', A'C', \ldots, (A')^{m-1}C')'}_{\mathcal{O} \in \mathbb{R}^{mn \times m}} = m. \tag{7.13}$$

Ein Zustandsraumsystem heißt minimal, wenn seine Zustandsraumdimension m minimal unter allen Zustandsraumsystemen mit gleicher Transferfunktion ist.

Für den Fall von nicht stochastischen kontrollierten bzw. beobachteten Inputs kann man Kontrollierbarkeit und Beobachtbarkeit wie folgt interpretieren. Analog zu oben gilt für $t \geq 0$:

$$s_{t+m} = A^m s_t + \underbrace{(B, AB, \ldots, A^{m-1}B)}_{\mathcal{C}}(\epsilon'_{t+m-1}, \epsilon'_{t+m-2}, \ldots, \epsilon'_t)'.$$

Die *Kontrollierbarkeit* des Systems (also $\mathrm{rg}\,\mathcal{C} = m$) impliziert also, dass das System – durch eine geeignete Wahl der Inputs – von einem Zustand s_t in m Zeitschritten in jeden beliebigen Zustand $s^* = s_{t+m}$ gesteuert werden kann.

Man kann auch leicht zeigen, dass

$$
\begin{pmatrix} x_t \\ x_{t+1} \\ \vdots \\ x_{t+m-1} \end{pmatrix} = \underbrace{\begin{pmatrix} C \\ CA \\ \vdots \\ CA^{m-1} \end{pmatrix}}_{\mathcal{O}} s_t + \begin{pmatrix} k_0 & 0 & \cdots & 0 \\ k_1 & k_0 & \cdots & 0 \\ \vdots & \vdots & \ddots & \vdots \\ k_{m-1} & k_{m-2} & \cdots & k_0 \end{pmatrix} \begin{pmatrix} \epsilon_t \\ \epsilon_{t+1} \\ \vdots \\ \epsilon_{t+m-1} \end{pmatrix}.
$$

Daher kann man bei einem *beobachtbaren* System ($\mathrm{rg}(\mathcal{O}) = m$) den Zustand s_t bestimmen, wenn man die zuküftigen Outputs x_{t+j} und Inputs ϵ_{t+j} für $j = 0, \ldots, m-1$ kennt.

Für die folgenden Analysen definieren wir

$$
C_\infty := (B, AB, A^2 B \ldots) \in \mathbb{R}^{m \times \infty}
$$

$$
\mathcal{O}_\infty := (C', A'C', (A')^2 C' \ldots)' \in \mathbb{R}^{\infty \times m}
$$

$$
\mathcal{H}_\infty := \mathcal{O}_\infty C_\infty = \begin{pmatrix} k_1 & k_2 & k_3 & \cdots \\ k_2 & k_3 & k_4 & \cdots \\ k_3 & k_4 & k_5 & \cdots \\ \vdots & \vdots & \vdots & \end{pmatrix} \in \mathbb{R}^{\infty \times \infty}
$$

$$
\mathcal{H}_m := \mathcal{O}C \in \mathbb{R}^{nm \times nm}.
$$

Die Matrix $\mathcal{H}_\infty$ ist die sogenannte *Hankel-Matrix der Transferfunktion* $\underline{k}(z)$ und $\mathcal{H}_m$ ist die linke, obere ($mn \times mn$)-dimensionale Teilmatrix von $\mathcal{H}_\infty$. Nach dem Cayley-Hamilton-Theorem existieren Koeffizienten $d_j^{(k)} \in \mathbb{R}$, sodass für $k \geq 0$

$$
A^k = d_0^{(k)} I_m + d_1^{(k)} A + \cdots + d_{m-1}^{(k)} A^{m-1}.
$$

Damit können wir eine Matrix $D \in \mathbb{R}^{nm \times \infty}$ so konstruieren, dass $C_\infty = CD$, $\mathcal{O}_\infty = D'\mathcal{O}$ und $\mathcal{H}_\infty = D'\mathcal{H}_m D$ gilt. Das impliziert

$$
\mathrm{col}(C_\infty) = \mathrm{col}(C), \quad \mathrm{row}(\mathcal{O}_\infty) = \mathrm{row}(\mathcal{O}) \quad \text{und} \quad \mathrm{rg}(\mathcal{H}_\infty) = \mathrm{rg}(\mathcal{H}_m) \leq m,
$$

wobei col(M) (row(M)) den Spaltenraum (bzw. Zeilenraum) einer Matrix M bezeichnet.

Satz 7.1 *Für ein Zustandsraumsystem* (A, B, C) *mit Zustandsraumdimension m sind folgende Aussagen äquivalent:*

(1) *Das System ist beobachtbar und kontrollierbar.*
(2) *Das System ist minimal.*
(3) $\mathrm{rg}(\mathcal{H}_m) = m$.
(4) $\mathrm{rg}(\mathcal{H}_\infty) = m$.

Beweis „(1)⇒(3)“: Aus der Beobachtbarkeit und der Kontrollierbarkeit folgt, dass $\mathcal{O}'\mathcal{O}$ und CC' nicht singuläre $m \times m$ Matrizen sind, also gilt das auch für $\mathcal{O}'\mathcal{O}CC'$ und daher muss $\mathcal{H}_m = \mathcal{O}C$ Rang m haben.

„(3)⇒(2)“: Sei (A, B, C) nicht minimal, dann existiert ein Zustandsraumsystem $(\bar{A}, \bar{B}, \bar{C})$ mit der gleichen Transferfunktion und mit $\bar{A} \in \mathbb{R}^{\bar{m} \times \bar{m}}$ mit $\bar{m} < m$. Dann folgt aber $\mathrm{rg}(\mathcal{H}_m) \leq \bar{m} < m$.

„(2)⇒(1)“: Nehmen wir z. B. an, das System sei nicht kontrollierbar. Wie unmittelbar aus (7.6) (bzw. (7.7)) ersichtlich, wird die Transferfunktion durch die Parametertransformation

$$\bar{A} = TAT^{-1} \tag{7.14}$$

$$\bar{B} = TB \tag{7.15}$$

$$\bar{C} = CT^{-1} \tag{7.16}$$

mit $T \in \mathbb{R}^{m \times m}$, $\det T \neq 0$, nicht verändert. Ist nun $\mathrm{rg}(C) = \mathrm{rg}(C_\infty) = \bar{m} < m$, so existiert eine nicht singuläre Matrix T, sodass die letzten $m - \bar{m}$ Zeilen von $T C_\infty = \bar{C}_\infty = (\bar{B}, \bar{A}\bar{B}, \bar{A}^2 \bar{B}, \ldots)$ gleich null sind. Wir partitionieren nun $\bar{A}$, $\bar{B}$, $\bar{C}$ und $\bar{C}_\infty$ in Blöcke mit $\bar{m}$ und $m - \bar{m}$ Zeilen bzw. Spalten:

$$\bar{A} = \begin{pmatrix} \bar{A}_{11} & \bar{A}_{12} \\ \bar{A}_{21} & \bar{A}_{22} \end{pmatrix}, \bar{B} = \begin{pmatrix} \bar{B}_1 \\ \bar{B}_2 \end{pmatrix}, \bar{C} = (\bar{C}_1, \bar{C}_2), \bar{C}_\infty = \begin{pmatrix} \bar{C}_{1,\infty} \\ \bar{C}_{2,\infty} \end{pmatrix}.$$

Die Beziehung $\bar{C}_\infty = (\bar{B}, \bar{A}\bar{C}_\infty)$ impliziert dann zusammen mit $\mathrm{rg}(\bar{C}_{1,\infty}) = \bar{m}$ und $\bar{C}_{2,\infty} = 0$, dass $\bar{B}_2 = 0 \in \mathbb{R}^{m - \bar{m} \times n}$ und $\bar{A}_{21} = 0 \in \mathbb{R}^{m - \bar{m} \times \bar{m}}$ gelten muss. Daraus folgt nun

$$k_0 = CB = \bar{C}_1 \bar{B}_1, \; k_2 = CAB = \bar{C}_1 \bar{A}_{11} \bar{B}_1, \; k_3 = CA^2 B = \bar{C}_1 \bar{A}_{11}^2 \bar{B}_1, \ldots$$

Das System $(\bar{A}_{11}, \bar{B}_1, \bar{C}_1)$ hat also die gleiche Transferfunktion wie (A, B, C), aber kleinere Zustandsraumdimension.

Völlig analog kann man argumentieren, wenn das System nicht beobachtbar ist.

„(3)⇔(4)“: folgt unmittelbar aus $\mathrm{rg}(\mathcal{H}) = \mathrm{rg}(\mathcal{H}_\infty)$. □

Der Beweis zeigt, wie ein beliebiges Zustandsraumsystem in ein minimales System transformiert werden kann. Wir sehen auch, dass das so konstruierte minimale System die Stabilitätsbedingung (die (strikte) Miniphasebedingung) erfüllt, wenn das ursprüngliche (nicht minimale) System die Stabilitätsbedingung (bzw. die (strikte) Miniphasebedingung) erfüllt.

Satz *Zwei minimale Zustandsraumsysteme $(\bar{A}, \bar{B}, \bar{C})$ und (A, B, C) haben die gleiche Transferfunktion (sind also beobachtungsäquivalent) genau dann, wenn eine nichtsinguläre Matrix T existiert, sodass (7.14)–(7.16) gilt.*

Beweis Eine Richtung ist evident. Gilt umgekehrt für zwei minimale Systeme, dass sie die gleiche Transferfunktion haben, so folgt (in evidenter Notation)

$$\mathcal{O}C = \bar{\mathcal{O}}\bar{C}$$

und daher

$$\bar{C} = (\bar{\mathcal{O}}'\bar{\mathcal{O}})^{-1}\bar{\mathcal{O}}'\mathcal{O}C \tag{7.17}$$

und

$$\bar{\mathcal{O}} = \mathcal{O}C\bar{C}'(\bar{C}\bar{C}')^{-1}. \tag{7.18}$$

Setzen wir nun $T = (\bar{\mathcal{O}}'\bar{\mathcal{O}})^{-1}\bar{\mathcal{O}}'\mathcal{O}$ und $S = C\bar{C}'(\bar{C}\bar{C}')^{-1}$, so folgt $\mathcal{O}C = \bar{\mathcal{O}}\bar{C} = \mathcal{O}STC$ und wegen der Beobachtbarkeit und Kontrollierbarkeit muss $I = ST$ gelten, d. h. T ist nicht singulär und $S = T^{-1}$. Aus (7.17) und (7.18) folgen unmittelbar (7.15) und (7.16). Schließlich impliziert

$$\bar{\mathcal{O}}\bar{A}\bar{C} = \begin{pmatrix} k_2 & k_3 & \cdots \\ k_3 & k_4 & \cdots \\ \vdots & \vdots & \end{pmatrix} = \mathcal{O}AC$$

die Transformation (7.14).   □

Wie leicht zu sehen ist, entspricht eine Transformation T in (7.14)–(7.16) eine entsprechende Transformation

$$\bar{s}_t = T s_t \tag{7.19}$$

der (minimalen) Zustände.

Zum Abschluss dieses Abschnittes diskutieren wir noch die Beziehung der Polstellen (Nullstellen) der Transferfunktion zu den Eigenwerten der Matrix A (bzw. der Matrix $(A - BC)$). Dazu benötigen wir zunächst eine alternative Charakterisierung der Beobachtbarkeit bzw. Kontrollierbarkeit.

Lemma   *Ein Zustandsraumsystem (A, B, C) ist dann und nur dann kontrollierbar, wenn $((\lambda I - A), B)$ (als Polynome in $\lambda \in \mathbb{Z}$) relativ linksprim sind und es ist genau dann beobachtbar, wenn $((\lambda I - A)', C')$ relativ linksprim sind.*

Beweis Das Paar $((\lambda I - A), B)$ ist genau dann nicht linksprim, wenn ein $\lambda_0 \in \mathbb{C}$ und ein Vektor $u \in \mathbb{C}^{1 \times m}$, $u \neq 0$ existieren, sodass $u(\lambda_0 I_m - A, B) = 0$. Das heißt, u ist ein Linkseigenvektor von A der gleichzeitig ein Element des Linkskerns von B

ist. Klarerweise gilt dann $uC = (uB, uAB, \ldots, uA^{m-1}B) = 0$, d. h. (A, B, C) ist nicht kontrollierbar. Ist umgekehrt (A, B, C) nicht kontrollierbar, dann gilt $0 = uC = (uB, uAB, \ldots, uA^{m-1}B)$ und daher $vB = 0$ für alle Elemente des Krylov-Raumes $\mathrm{sp}\{uA^j \mid j \geq 0\}$. Der Krylov-Raum enthält mindestens einen Linkseigenvektor von A und somit kann das Paar $((\lambda I - A), B)$ nicht relativ linksprim sein.

Die Argumentation für „beobachtbar" ist ganz analog. $\square$

Lemma 7.2 *Für minimale Systeme (A, B, C) gilt: z_0 ist dann und nur dann Polstelle der Transferfunktion $\underline{k}(z) = I_n + C(I_m z^{-1} - A)^{-1} B$, wenn $\lambda_0 = z_0^{-1}$ ein Eigenwert von A (ungleich null) ist.*

Beweis Wenn $\lambda_0 = z_0^{-1}$ kein Eigenwert von A ist, dann ist $(I_n z_0^{-1} - A)$ invertierbar und daher ist z_0 keine Polstelle von $\underline{k}(z)$.

Das Paar $((\lambda I - A), B)$ ist linksprim und daher existiert eine polynomiale Rechtsinverse (siehe z. B. [19, Lemma (2.2.1)]), d. h. Polynommatrizen $g(\lambda)$ und $h(\lambda)$ mit $(\lambda I_m - A)g(\lambda) + Bh(\lambda) = I_m$. Daraus erhalten wir

$$(\lambda I_m - A)^{-1} = g(\lambda) + (\lambda I_m - A)^{-1} Bh(\lambda).$$

Die Polynommatrizen g und h sind für alle $\lambda \in \mathbb{C}$ endlich und daher ist jeder Eigenwert λ_0 von A eine Polstelle von $(\lambda I_m - A)^{-1} B$. Da $((\lambda I - A)', C')$ linksprim ist, folgt analog $\tilde{g}(\lambda)(I_m \lambda - A) + \tilde{h}(\lambda)C = I_m$ für zwei geeignete Polynommatrizen $\tilde{g}$ und $\tilde{h}$. Daher gilt

$$(\lambda I_m - A)^{-1} B = \tilde{g}(\lambda)B + \tilde{h}(\lambda)C(\lambda I_m - A)^{-1} B$$

und wir sehen, dass jeder Eigenwert λ_0 von A auch eine Polstelle von $C(\lambda I_m - A)^{-1} B$ sein muss.

Wir merken noch an, dass $\underline{k}(0) = I_n$ gilt und somit $z_0 = 0$ keine Polstelle von $\underline{k}(z)$ ist. $\square$

Die Nullstellen der Transferfunktion $\underline{k}$ sind die Polstellen der inversen Transferfunktion

$$\underline{k}^{-1}(z) = \left(I + C(z^{-1} I_m - A)^{-1} B\right)^{-1} = I - C(z^{-1} I_m - A + BC)^{-1} B.$$

Wie schon oben erläutert ist $\underline{k}^{-1}(z)$ Transferfunktion des Zustandsraumsystems $(A - BC, B, -C)$.

Lemma *Ein Zustandsraumsystem (A, B, C) ist genau dann minimal, wenn das System $(A - BC, B, -C)$ minimal ist.*

Beweis Ist (A, B, C) ein nicht minimales Zustandsraumsystem mit Zustandsdimension m, dann existiert ein System $(\bar{A}, \bar{B}, \bar{C})$ mit einer kleineren Zustandsraumdimension $\bar{m} < m$, das die gleiche Transferfunktion $\underline{k}$ beschreibt. Daher sind $(A - BC, B, -C)$ und $(\bar{A} - \bar{B}\bar{C}, \bar{B}, -\bar{C})$ zwei Systeme, die die gleiche Transferfunktion $\underline{k}^{-1}$ besitzen, und somit ist $(A - BC, B, -C)$ nicht minimal. Analog folgt aus der Nichtminimalität von $(A - BC, B, -C)$ die Nichtminimalität von (A, B, C). □

Aufgabe

Zeigen Sie, dass ein System (A, B, C) dann und nur dann beobachtbar (kontrollierbar) ist, wenn das System $(A - BC, B, -C)$ beobachtbar (kontrollierbar) ist. Hinweis:

$$[\lambda I - A + BC, B] = [\lambda I - A, B] \begin{pmatrix} I & 0 \\ C & I \end{pmatrix}.$$

Diese Beobachtung kann man auch für den Beweis des obigen Lemma verwenden.

Das obige Lemma zusammen mit Lemma 7.2 ergibt somit folgende Charakterisierung der Nullstellen der Transferfunktion $\underline{k}$.

Lemma 7.3 *Für minimale Systeme (A, B, C) gilt: z_0 ist dann und nur dann eine Nullstelle der Transferfunktion $\underline{k}(z) = I_n + C(I_m z^{-1} - A)^{-1} B$ wenn $\lambda_0 = z_0^{-1}$ ein Eigenwert von $(A - BC)$ (ungleich null) ist.*

Zum Abschluss dieses Abschnitts kehren wir zu dem Fall zurück, dass der Input (ϵ_t) unbeobachtetes weißes Rauschen ist. Wir haben gezeigt: Wenn das System (A, B, C) minimal ist, dann entspricht dieses System dann und nur dann der Wold-Darstellung des Prozesses, wenn das System in Innovationsform ist, d. h. die Stabilitätsbedingung (7.3) und die Miniphasebedingung (7.10) erfüllt sind. Wenn das System nicht minimal ist, dann sind diese Bedingungen zwar hinreichend, aber nicht notwendig.

Nehmen wir nun an, dass das System in Innovationsform ist (aber nicht unbedingt minimal). Wir betrachten die Prognosen für die zukünftigen Zufallsvariablen x_{t+h}, $h > 0$ für gegebene, gegenwärtige und vergangene Zufallsvariablen x_r, $r \leq t$. Das heißt, wir betrachten die Projektionen von x_{t+h}, $h > 0$ auf die „Gegenwart und Vergangenheit des Prozesses", d. h. auf den Raum $\mathbb{H}_t(x)$. Mit der üblichen Notation folgt

$$\begin{pmatrix} \hat{x}_{t,1} \\ \hat{x}_{t,2} \\ \hat{x}_{t,3} \\ \vdots \end{pmatrix} = \begin{pmatrix} C \\ CA \\ CA^2 \\ \vdots \end{pmatrix} s_{t+1} = \mathcal{O}_\infty C_\infty \underbrace{\begin{pmatrix} \epsilon_t \\ \epsilon_{t-1} \\ \epsilon_{t-2} \\ \vdots \end{pmatrix}}_{:=\epsilon_t^\infty} = \mathcal{H}_\infty \epsilon_t^\infty.$$

Der Raum $\mathbb{H}_t^+(x) := \overline{\mathrm{sp}}\{\hat{x}_{t,h} \mid h > 0\}$, der von diesen Prognosen aufgespannt wird, ist daher ein Teilraum des Raumes, der von den Komponenten des Zustands s_{t+1} aufgespannt wird und somit endlich dimensional. Im nächsten Abschnitt werden wir auch die umgekehrte Richtung zeigen. Ist der sogenannte *Prädiktorraum* $\mathbb{H}_t^+(x) := \overline{\mathrm{sp}}\{\hat{x}_{t,h} \mid h > 0\}$ endlich dimensional, dann besitzt der Prozess eine Zustandsraumdarstellung.

Ist die Kovarianzmatrix $\Sigma = \mathbf{E}\epsilon_t\epsilon_t' > 0$ positiv definit, dann gilt: Ein Zustandsraumsystem in Innovationsform ist dann und nur dann minimal, wenn die Komponenten von s_{t+1} eine Basis für den Raum $\mathbb{H}_t^+(x) := \overline{\mathrm{sp}}\{\hat{x}_{t,h} \mid h > 0\}$ bilden. Unter Annahme $\Sigma > 0$ hat die Kovarianzmatrix $\mathbf{E}s_{t+1}s_{t+1}' = C_\infty\Sigma C_\infty'$ des Zustands denselben Rang wie C_∞. Die Komponenten $s_{k,t+1}$ sind daher dann und nur dann linear unabhängig, wenn das System kontrollierbar ist. Ist das System beobachtbar, dann folgt $s_{t+1} = (\mathcal{O}'\mathcal{O})^{-1}\mathcal{O}'(\hat{x}_{t,1}', \ldots, \hat{x}_{t,m}')'$ und daher $\mathbb{H}_t^+(x) = \mathrm{sp}\{s_{t+1}\}$. Wenn das System aber nicht beobachtbar ist, dann ist die Dimension von $\mathbb{H}_t^+(x)$ kleiner als m und daher ist entweder $\mathbb{H}_t^+(x)$ ein echter Teilraum von $\mathrm{sp}\{s_{t+1}\}$ oder die Komponenten $s_{k,t+1}$ sind nicht linear unabhängig.

7.3   Von der Wold-Zerlegung zum Zustandsraumsystem

Zunächst betrachten wir allgemeine rationale Transferfunktionen $\underline{k}(z)$, für die $\underline{k}(0) = I_n$ gilt. Wir wollen zeigen, dass man solche rationalen Transferfunktionen durch ein Zustandsraumsystem (A, B, C) „realisieren" kann, d. h. es existieren Matrizen A, B, C, sodass $\underline{k}(z) = (C(I_m z^{-1} - A)^{-1}B + I_n)$.

> **Satz 7.4** *Für jede rationale Transferfunktion $\underline{k}(z)$ (mit $\underline{k}(0) = I_n$) ist der Rang der entsprechenden Hankel-Matrix $\mathcal{H}_\infty$ endlich.*

Beweis Wir schreiben

$$\underline{k}(z) = \underline{a}^{-1}(z)\underline{b}(z),$$

wobei $\underline{a}(z) = \sum_{j=0}^p a_j z^j$ und $\underline{b}(z) = \sum_{j=0}^p b_j z^j$ Polynommatrizen von maximalen Grad p sind. Die Polynome $\underline{a}, \underline{b}$ kann man z. B. aus der Smith-McMillan-Form (4.22) der Transferfunktion $\underline{k}$ bestimmen. Wir nehmen o. E. d. A an, dass $a_0 = \underline{a}(0) = \underline{b}(0) = I_n$ gilt. Aus

$$(I_n + b_1 z + \cdots + b_p z^p) = \underline{b}(z) = \underline{a}(z)\underline{k}(z)$$
$$= (I_n + a_1 z + \cdots + a_p z^p)(I_n + k_1 z + k_2 z^2 + \cdots)$$

folgt

$$(a_p, a_{p-1}, \ldots, I)\begin{pmatrix} k_1 & k_2 & \cdots \\ k_2 & k_3 & \cdots \\ \vdots & \vdots & \\ k_{p+1} & k_{p+2} & \cdots \end{pmatrix} = (0, 0, \ldots)$$

und damit und aus der (Block-Hankel-)Struktur von $\mathcal{H}_\infty$ die Behauptung. $\square$

Im Folgenden geben wir eine Konstruktion an, um aus einer Hankel-Matrix $\mathcal{H}_\infty$ mit Rang m ein Zustandsraumsystem (A, B, C) zu erhalten: Sei $S \in \mathbb{R}^{m \times \infty}$ eine Matrix, sodass die Zeilen von $S\mathcal{H}_\infty$ eine Basis für den Zeilenraum von $\mathcal{H}_\infty$ bilden. Wir bestimmen nun (A, B, C) aus

$$
S \begin{pmatrix} k_2 & k_3 & \cdots \\ k_3 & k_4 & \cdots \\ \vdots & \vdots & \end{pmatrix} = AS\mathcal{H}_\infty \tag{7.20}
$$

$$
B = S \begin{pmatrix} k_1 \\ k_2 \\ \vdots \end{pmatrix} \tag{7.21}
$$

$$
(k_1, k_2, \ldots) = CS\mathcal{H}_\infty. \tag{7.22}
$$

Aus diesen Gleichungen folgt wie gewünscht $k_1 = CB$ und für $j > 0$

$$
k_j = CS \begin{pmatrix} k_j \\ k_{j+1} \\ \vdots \end{pmatrix} = CAS \begin{pmatrix} k_{j-1} \\ k_j \\ \vdots \end{pmatrix} = \cdots = CA^{j-1}S \begin{pmatrix} k_1 \\ k_2 \\ \vdots \end{pmatrix} = CA^{j-1}B.
$$

Das System (A, B, C) ist wegen Satz 7.1 minimal. Somit haben wir folgenden Satz bewiesen:

Satz 7.5 *Zu jeder rationalen Transferfunktion $\underline{k}(z)$, $\underline{k}(0) = I_n$, existiert ein (minimales) Zustandsraumsystem (A, B, C), sodass $\underline{k}(z) = C(I_m z^{-1} - A)^{-1}B + I_n$. Die minimale Zustandsraumdimension ist gleich dem Rang der Hankel-Matrix $\mathcal{H}_\infty$.*

Die oben angegebene Konstruktion für (A, B, C) ist eindeutig für gegebenes S. Man sieht leicht, dass S nur bis auf Vormultiplikation mit nichtsingulären Matrizen T eindeutig ist. Dies entspricht der Basistransformation (7.19). Identifizierbarkeit für (A, B, C) erreicht man, indem man eine eindeutige Matrix S (etwa die Selektionsmatrix, die den ersten m linear unabhängigen Zeilen von $\mathcal{H}_\infty$ entspricht) auswählt (siehe [19]). Wir wollen darauf nicht näher eingehen.

Sei nun

$$
x_t = \sum_{j=0}^\infty k_j \epsilon_{t-j} \tag{7.23}
$$

die Wold-Darstellung des Prozesses (x_t) und

$$
\underline{k}(z) = \sum_{j=0}^\infty k_j z^j, \quad k_0 = I_n \tag{7.24}
$$

die entsprechende Transferfunktion.

Lemma Für die Wold-Darstellung (7.23) eines regulären Prozesses sind die folgenden Aussagen äquivalent:

(1) Die Transferfunktion $\underline{k}(z) = \sum_{j \geq 0} k_j z^j$ ist rational.
(2) Die Hankel-Matrix $\mathcal{H}_\infty = \left(k_{i+j-1}\right)_{i,j \geq 1}$ hat endlichen Rang.
(3) Der Prädiktorraum $\mathbb{H}_t^+(x) = \overline{\mathrm{sp}}\{\hat{x}_{t,h} \mid h > 0\}$ ist endlich dimensional.

Beweis Wir müssen nur noch zeigen, dass die Punkte (2) und (3) äquivalent sind. Das folgt aber unmittelbar aus

$$\begin{pmatrix} \hat{x}_{t,1} \\ \hat{x}_{t,2} \\ \hat{x}_{t,3} \\ \vdots \end{pmatrix} = \mathcal{H}_\infty \begin{pmatrix} \epsilon_t \\ \epsilon_{t-1} \\ \epsilon_{t-2} \\ \vdots \end{pmatrix}. \qquad \square$$

Ist die Transferfunktion $\underline{k}$ rational, dann ist $\underline{k}$ stabil und miniphasig (siehe Folgerung 6.3) und nach den Lemmata 7.2 und 7.3 ist das zugehörige (minimale) Zustandsraumsystem (A, B, C) daher in Innovationsform.

Für die obige Konstruktion des Zustandsraumsystems gibt es auch eine ganz analoge Hilbert-Raum-Konstruktion. Nehmen wir an der Prädiktorraum $\mathbb{H}_t^+(x)$ sei m-dimensional. Wir wählen nun einen m-dimensionalen Zufallsvektor $s_{t+1} = S(\hat{x}_{t,1}', \hat{x}_{t,2}, \ldots, \hat{x}_{t,o})$, $S \in \mathbb{R}^{m \times no}$, dessen Komponenten $s_{k,t+1}$ eine Basis für $\mathbb{H}_t^+(x)$ bilden. Klarerweise ist $(s_t = S(\hat{x}_{t-1,1}', \ldots, \hat{x}_{t-1,o}') \mid t \in \mathbb{Z})$ ein stationärer Prozess und $\{s_{1r}, \ldots, s_{mr}\}$ ist für alle $r \in \mathbb{Z}$ eine Basis für $\mathbb{H}_{r-1}^+(x)$. Per Konstruktion gilt $\hat{x}_{t-1,1} \in (\mathbb{H}_{t-1}^+(x))^n$ und daher existiert ein Matrix $C \in \mathbb{R}^{n \times m}$, sodass

$$x_t = \hat{x}_{t-1,1} + \epsilon_t = C s_t + \epsilon_t.$$

Der Raum $\mathbb{H}_t(x)$ ist die Summe der zueinander orthogonalen Räume $\mathbb{H}_{t-1}(x)$ und $\mathrm{sp}\{\epsilon_t\}$. Damit folgt nun

$$s_{t+1} = S\,\mathrm{P}_{\mathbb{H}_t(x)} \begin{pmatrix} x_{t+1} \\ x_{t+2} \\ \vdots \\ x_{t+o} \end{pmatrix} = S\,\mathrm{P}_{\mathbb{H}_{t-1}(x)} \begin{pmatrix} x_{t+1} \\ x_{t+2} \\ \vdots \\ x_{t+o} \end{pmatrix} + S\,\mathrm{P}_{\mathrm{sp}\{\epsilon_t\}} \begin{pmatrix} x_{t+1} \\ x_{t+2} \\ \vdots \\ x_{t+o} \end{pmatrix}$$

$$= A s_t + B \epsilon_t$$

für geeignete Matrizen $A \in \mathbb{R}^{m \times m}$ und $B \in \mathbb{R}^{m \times n}$.

Diese Konstruktion zeigt, dass der minimale Zustand s_t (genauer die Komponenten von s_t) eine Basis für $\mathbb{H}_x^+(t)$ ist.

Satz *Folgende Aussagen sind äquivalent:*

(1) (x_t) *ist ein stationärer Prozess mit rationaler Spektraldichte.*
(2) (x_t) *ist ein regulärer ARMA-Prozess.*
(3) (x_t) *ist die stationäre Lösung eines Zustandsraumsystems in Innovationsform.*

Beweis Die Transferfunktion und damit die spektrale Dichten sind sowohl für reguläre ARMA-Prozesse als auch für die stationären Lösungen von Zustandsraumsystemen in Innovationsform rational. Umgekehrt folgt aus Satz 6.2, dass jeder rationalen Dichte eine rationale, stabile und miniphasige Transferfunktion entspricht. Zu dieser Transferfunktion kann man dann ein ARMA-System (siehe (6.11)) oder ein Zustandsraumsystem in Innovationsform (siehe Satz 7.5) konstruieren.   □

Aufgabe
Beweisen Sie: Ein regulärer Prozess ist genau dann ein ARMA-Prozess, wenn die Hankel-Matrix der Kovarianzfunktion

$$\begin{pmatrix} \gamma(1) & \gamma(2) & \gamma(3) & \cdots \\ \gamma(2) & \gamma(3) & \gamma(4) & \cdots \\ \gamma(3) & \gamma(4) & \gamma(5) & \cdots \\ \vdots & \vdots & & \end{pmatrix}$$

endlichen Rang hat.

Aufgabe
Gegeben sei ein ARMA(p,q)-Prozess $\underline{a}(L)x_t = \underline{b}(L)\epsilon_t$, wobei die Stabilitätsbedingung und die Miniphasebedingung erfüllt sind. Zeigen Sie, dass für die Zustandsraumdimension m eines äquivalenten Zustandsraumsystems (in Innovationsform) gilt

$$m \le \max(p,q)n.$$

Hinweis: Siehe Beweis von Satz 7.4.

Aufgabe (Fortsetzung)
O. B. d. A. nehmen wir an, dass $p = q$. Zeigen Sie: Definiert man als Zustand

$$s_t = (\hat{x}'_{t-1,1}, \dots, \hat{x}'_{t-1,p})',$$

so erhält man folgende Zustandsraumdarstellung (A, B, C) für (x_t):

$$A = \begin{pmatrix} 0 & I & \cdots & 0 \\ \vdots & \vdots & \ddots & \vdots \\ 0 & 0 & \cdots & I \\ a_p & a_{p-1} & \cdots & a_1 \end{pmatrix}, \quad B = \begin{pmatrix} k_1 \\ k_2 \\ \vdots \\ k_p \end{pmatrix}$$

$$C = \begin{pmatrix} I & 0 & \cdots & 0 \end{pmatrix},$$

wobei $\underline{k}(z) = \underline{a}^{-1}(z)\underline{b}(z) = \sum_{j \ge 0} k_j z^j$, d. h. $x_t = \sum_{j \ge 0} k_j \epsilon_{t-j}$ ist die Wold-Darstellung des Prozesses.

Hinweis: Verwenden Sie sowohl die Darstellung $\hat{x}_{t,h} = \sum_{j \geq h} k_j \epsilon_{t+h-j}$ als auch die in der Aufgabe (Prognose von ARMA-Prozessen) abgeleitete Darstellung der h-Schritt-Prognosen und zeigen Sie damit insbesondere

$$\hat{x}_{t-1,p+1} = a_1 \hat{x}_{t-1,p} + \cdots + a_p \hat{x}_{t-1,1}.$$

Diese Zustandraumdarstellung für den ARMA-Prozess (x_t) bietet auch eine Möglichkeit, die Kovarianzfunktion zu bestimmen.

Aufgabe

Gegeben sei minimales Zustandsraumsystem in Innovationsform mit Zustandsdimension m: Zeigen Sie

$$s_t \in (\mathrm{sp}\{x_{t-1}, \ldots, x_{t-m}, \epsilon_{t-1}, \ldots, \epsilon_{t-m}\})^m.$$

Daher kann man ein äquivalentes ARMA(p, q)-System mit $p, q \leq m$ durch die Projektion von x_t auf $\mathrm{sp}\{x_{t-1}, \ldots, x_{t-m}, \epsilon_{t-1}, \ldots, \epsilon_{t-m}\}$ konstruieren.

Hinweis: Verifizieren und verwenden Sie folgende Gleichungen (siehe (7.9)):

$$s_t = (A - BC)^m s_{t-m} + (B, (A - BC)B, \ldots, (A - BC)^{m-1}B)x^m_{t-1} \qquad (7.25)$$

$$\begin{pmatrix} x_{t-m} \\ x_{t-m+1} \\ \vdots \\ x_{t-1} \end{pmatrix} = \mathcal{O}s_{t-m} + \begin{pmatrix} I & 0 & \cdots & 0 \\ CB & I & & \\ \vdots & & \ddots & \vdots \\ CA^{m-2}B & & \cdots & I \end{pmatrix} \begin{pmatrix} \epsilon_{t-m} \\ \epsilon_{t-m+1} \\ \vdots \\ \epsilon_{t-1} \end{pmatrix}.$$

Aufgabe

Sei $(x_t = a_1 x_{t-1} + \cdots + a_p x_{t-p} + \epsilon_t)$ ein regulärer AR(p)-Prozess, wobei die Polynommatrix $\underline{a}(z) = I_n - a_1 z - \cdots - a_p z^p$ die Stabilitätsbedingung erfüllt. Verifizieren Sie folgende Zustandsraumdarstellung für den Prozess (x_t):

$$x^p_t = \begin{pmatrix} a_1 & \cdots & a_{p-1} & a_p \\ I & \cdots & 0 & 0 \\ \vdots & \ddots & \vdots & \vdots \\ 0 & \cdots & I & 0 \end{pmatrix} x^p_{t-1} + \begin{pmatrix} I \\ 0 \\ \vdots \\ 0 \end{pmatrix} \epsilon_t$$

$$x_t = \begin{pmatrix} a_1 & a_2 & \cdots & a_p \end{pmatrix} x^p_{t-1} + \epsilon_t.$$

Aufgabe

Beweisen Sie, dass für einen regulären Prozess (x_t) die folgenden Aussagen äquivalent sind:

(1) (x_t) ist ein AR(p)-Prozess.
(2) $\mathbb{H}^+_t(x) \subset \mathrm{sp}\{x_{t-1}, \ldots, x_{t-p}\}$.
(3) Für die minimale Zustandsraumdarstellung in Innovationsform gilt $(A - BC)^p = 0$.
(4) Die (der Wold-Darstellung entsprechende) Transferfunktion ist rational und hat keine Nullstellen.

Hinweise: Für die Äquivalenz von (3) und (4) kann man Lemma 7.3. Die Äquivalenz von (2) und (3) folgt im Wesentlichen aus den vorigen zwei Aufgaben. Man muss sich noch überlegen, was mit den Eigenwerten von $(A - BC)$ bei der Konstruktion eines minimalen Systems, wie im Beweis von Satz 7.1, passiert.

Aufgabe

Beweisen Sie, dass für einen regulären Prozess (x_t) die folgenden Aussagen äquivalent sind:

(1) (x_t) ist ein MA(q)-Prozess.
(2) $\mathbb{H}_t^+(x) \subset \mathrm{sp}\{\epsilon_{t-1}, \ldots, \epsilon_{t-q}\}$, wobei die ϵ_ts die Innovationen von (x_t) sind.
(3) Für die minimale Zustandsraumdarstellung in Innovationsform gilt $A^q = 0$.
(4) Die (der Wold-Darstellung entsprechende) Transferfunktion ist rational und die Inverse hat keine Nullstellen.

Hinweise: Für die Äquivalenz von (3) und (4) kann man Lemma 7.2 verwenden und für den Schluss von (1) auf (3) die oben angegebene Zustandsraumdarstellung eines ARMA-Prozesses.

7.4   Das Kalman-Filter

Das *Kalman-Filter* ist ein rekursives Verfahren, um den nicht beobachteten Zustand eines (linearen, dynamischen) System aus verrauschten Beobachtungen des Outputs des Systems zu schätzen. Das Filter ist nach R.E. Kalman benannt, der wichtige Beiträge zur Systemtheorie und zur Entwicklung dieses Filters geleistet hat. Das Kalman-Filter hat zahlreiche technische Anwendungen, wie z. B. Navigation, Steuerung, Kontrolle und Signalverarbeitung. In der Zeitreihenanalyse und Ökonometrie wird das Kalman-Filter vor allem für die Prognose und für die Maximum-Likelihood-Schätzung von Zustandsraumsystemen verwendet. Aufgrund seiner rekursiven Struktur eignet es sich auch für Echtzeitanwendungen.

Das zugrunde liegende Modell ist ein Zustandsraumsystem der Form

$$s_{t+1} = As_t + Ev_t + \xi_t \tag{7.26}$$

$$x_t = Cs_t + \eta_t, \tag{7.27}$$

das zum Zeitpunkt $t = 1$ mit Anfangswert s_1 gestartet wird. Wir nehmen an, dass der Inputprozess (v_t) nicht stochastisch und für alle $t \in \mathbb{N}$ bekannt ist und dass der Outputprozess (x_t) beobachtet ist. Der Zustandsprozess (s_t) und die Störungen (ξ_t), (η_t) sind latente Prozesse, also nicht beobachtet. Der gestapelte Fehlerprozess $(\xi_t', \eta_t')'$ ist weißes Rauschen, das unkorreliert zum Anfangszustand s_1 ist. Das heißt, wir verlangen für $t, r \in \mathbb{N}$

$$\begin{array}{lll}
\mathbf{E}\xi_t = 0 & \mathbf{E}\eta_t = 0 & \mathbf{E}s_1 = s_{1|0} \\
\mathbf{E}\xi_r\xi_t' = \delta_{rt}Q & \mathbf{E}\xi_r\eta_t' = \delta_{rt}S & \mathbf{E}\eta_r\eta_t' = \delta_{rt}R \\
\mathbf{E}s_1\xi_t' = 0 & \mathbf{E}s_1\eta_t' = 0 & \mathbf{Var}(s_1) = \Pi_{1|0},
\end{array}$$

wobei δ_{rt} für das Kronecker-Delta steht. Die Systemmatrizen (A, E, C), die Kovarianzmatrizen $(Q, R, S, \Pi_{1|0})$ und der Erwartungswert $s_{1|0}$ werden als bekannt vorausgesetzt.

Dieses Modell ist allgemeiner als das in den ersten Abschnitten behandelte Zustandsraummodell (7.1), (7.2). Insbesondere gibt es zwei „Rauschquellen" (ξ_t) in der Zustands-

und (η_t) in der Beobachtungsgleichung und einen nicht stochastischen, beobachteten Input (v_t). Abgesehen von der Struktur des Modells stellen wir auch keine weiteren Bedingung, wie z. B. Stabilität oder Minimalität des Systems.

Das Kalman-Filter ist ein (in t) rekursives Verfahren, mit dem die optimalen (affinen) Kleinst-Quadrate-Schätzungen für zukünftige Zustände s_{t+h} und Outputs x_{t+h} ($h \geq 0$) aus den Beobachtungen $x_1, \ldots, x_t$ berechnet werden. Nach dem Projektionssatz erhält man diese Kleinst-Quadrate-Schätzer durch die Projektion auf den Hilbert-Raum $\mathbb{H}_{1:t}(x) := \mathrm{sp}\{1, x_1, \ldots, x_t\}$. Den entsprechenden Projektionsoperator bezeichnen wir hier mit $\mathrm{P}_t = \mathrm{P}_{\mathbb{H}_{1:t}(x)}$ und für die Projektionen der Zustände und Outputs auf $\mathbb{H}_{1:t}(x)$ führen wir folgende Notation ein:

$$\mathrm{P}_t\, s_r = s_{r|t} \qquad\qquad \mathbf{Var}(s_r - s_{r|t}) = \Pi_{r|t}$$
$$\mathrm{P}_t\, x_r = x_{r|t} \quad u_{r|t} = x_r - x_{r|t} \qquad \mathbf{Var}(u_{r|t}) = \Sigma_{r|t}.$$

Setzt man $\mathrm{P}_0 = \mathrm{P}_{\mathrm{sp}\{1\}}$, so gilt $s_{1|0} = \mathbf{E}s_1 = \mathrm{P}_0\, s_1$ und $\Pi_{1|0} = \mathbf{Var}(s_1) = \mathbf{Var}(s_1 - s_{1|0})$. Die Bezeichnungen $s_{1|0}$ und $\Pi_{1|0}$ sind also konsistent mit den obigen Konventionen.

Satz (Kalman-Filter) *Unter den oben angeführten Annahmen berechnen sich die Ein-Schritt-Prognosen durch folgendes rekursives System (für $t > 0$):*

$$u_{t|t-1} = x_t - x_{t|t-1}$$
$$K_t = (A\Pi_{t|t-1}C' + S)\Sigma_{t|t-1}^{-1}$$
$$s_{t+1|t} = As_{t|t-1} + Ev_t + K_t u_{t|t-1}$$
$$\Pi_{t+1|t} = \mathbf{Var}(s_{t+1} - s_{t+1|t}) = A\Pi_{t|t-1}A' + Q - K_t\Sigma_{t|t-1}K_t'$$
$$x_{t+1|t} = C s_{t+1|t}$$
$$\Sigma_{t+1|t} = \mathbf{Var}(u_{t+1|t}) = C\Pi_{t+1|t}C' + R.$$

Dieses System wird initialisiert mit $s_{1|0}$, $\Pi_{1|0}$, $x_{1|0} = C s_{1|0}$ und $\Sigma_{1|0} = C\Pi_{1|0}C' + R$. Für die h-Schritt-Prognose (h > 1) gilt

$$s_{t+h|t} = As_{t+h-1|t} + Ev_{t+h-1}$$
$$\Pi_{t+h|t} = \mathbf{Var}(s_{t+h} - s_{t+h|t}) = A\Pi_{t+h-1|t}A' + Q$$
$$x_{t+h|t} = C s_{t+h|t}$$
$$\Sigma_{t+h|t} = \mathbf{Var}(x_{t+h} - x_{t+h|t}) = C\Pi_{t+h|t}C' + R$$

und für h = 0:

$$s_{t|t} = s_{t|t-1} + \Pi_{t|t-1}C'\Sigma_{t|t-1}^{-1}u_{t|t-1}$$
$$\Pi_{t|t} = \mathbf{Var}(s_t - s_{t|t-1}) = \Pi_{t|t-1} - \Pi_{t|t-1}C'\Sigma_{t|t-1}^{-1}C\Pi_{t|t-1}.$$

Beweis Der ganze Beweis basiert darauf, gewisse Orthogonalitätsbeziehungen geschickt einzusetzen, um die Projektionen zu bestimmen. Insbesondere gilt

$$(\xi'_{t+h}, \eta'_{t+h})' \perp \mathrm{sp}\{1, s_1, \ldots, s_{t+1}, x_1, \ldots, x_t\} \ \forall h > 0, \tag{7.28}$$

da

$$\mathbb{H}_{1:t}(x) \subset \mathrm{sp}\{1, s_1, \ldots, s_t, s_{t+1}, x_1, \ldots, x_t\} \subset \mathrm{sp}\{1, s_1, \xi_1, \ldots, \xi_t, \eta_1, \ldots, \eta_t\}.$$

Wir werden auch folgende elementare Eigenschaften der Projektion immer wieder verwenden: Seien u, v zwei Zufallsvektoren und $\mathrm{P} = \mathrm{P}_\mathbb{H}$ die Projektion auf einen (Teil-) Hilbert-Raum $\mathbb{H}$, dann kann man leicht zeigen, dass

$$\mathbf{E}(u - \mathrm{P}\,u)(u - \mathrm{P}\,u)' = \mathbf{E}uu' - \mathbf{E}(\mathrm{P}\,u)(\mathrm{P}\,u)' \tag{7.29}$$

$$\mathbf{E}u(v - \mathrm{P}\,v)' = \mathbf{E}(u - \mathrm{P}\,u)(v - \mathrm{P}\,v)'. \tag{7.30}$$

Ist $\mathbb{H} = \mathbb{H}_1 \oplus \mathbb{H}_2$ die Summe von zwei orthogonalen Räumen und daher $\mathrm{P}_\mathbb{H} = \mathrm{P}_{\mathbb{H}_1} + \mathrm{P}_{\mathbb{H}_2}$ dann folgt auch

$$\mathbf{E}(u - \mathrm{P}_\mathbb{H}\,u)(u - \mathrm{P}_\mathbb{H}\,u)' = \mathbf{E}(u - \mathrm{P}_{\mathbb{H}_1}\,u)(u - \mathrm{P}_{\mathbb{H}_1}\,u)' - \mathbf{E}(\mathrm{P}_{\mathbb{H}_2}\,u)(\mathrm{P}_{\mathbb{H}_2}\,u)'. \tag{7.31}$$

Kennt man die Projektion $s_{t+h|t}$, $h > 0$ so ist die Berechnung der Prognose $x_{t+h|t}$ sehr einfach:

$$x_{t+h|t} = \mathrm{P}_t(C s_{t+h} + \eta_{t+h}) = C s_{t+h|t}$$
$$u_{t+h|t} = x_{t+h} - x_{t+h|t} = C(s_{t+h} - s_{t+h|t}) + \eta_{t+h}$$
$$\Sigma_{t+h|t} = \mathbf{E}u_{t+h|t}u'_{t+h|t} = \mathbf{E}(C(s_{t+h} - s_{t+h|t}) + \eta_{t+h})(C(s_{t+h} - s_{t+h|t}) + \eta_{t+h})'$$
$$= C \Pi_{t+h|t} C' + R.$$

Hier haben wir $\eta_{t+h} \perp \mathbb{H}_{1:t}(x)$ (und damit $\mathrm{P}_t \eta_{t+h} = 0$ und $\eta_{t+h} \perp s_{t+h|t}$) und $\eta_{t+h} \perp s_{t+h}$ verwendet.

Die Ein-Schritt-Prognosefehler $u_{r|r-1}$, $r = 1, \ldots, t$ spannen zusammen mit der Konstante 1 den Hilbert-Raum $\mathbb{H}_{1:t}(x)$ auf und sind paarweise orthogonal. Daher folgt unmittelbar

$$\mathbb{H}_{1:t}(x) = \mathbb{H}_{1:t-1}(x) \oplus \mathrm{sp}\{u_{t|t-1}\} = \mathrm{sp}\{1\} \oplus \mathrm{sp}\{u_{1|0}\} \oplus \cdots \oplus \mathrm{sp}\{u_{t|t-1}\}$$
$$\mathrm{P}_t = \mathrm{P}_{t-1} + \mathrm{P}^u_t = \mathrm{P}_0 + \mathrm{P}^u_1 + \cdots + \mathrm{P}^u_t,$$

wobei $\mathrm{P}^u_r := \mathrm{P}_{\mathrm{sp}\{u_{r|r-1}\}}$. Damit erhalten wir folgende Rekursionsgleichungen für die Schätzung der Zustände:

$$s_{t+1|t} = \mathrm{P}_t s_{t+1} = \mathrm{P}_{t-1}(A s_t + E v_t + \xi_t) + \mathrm{P}^u_t s_{t+1}$$
$$= A s_{t|t-1} + E v_t + K_t u_{t|t-1},$$

wobei $K_t = \mathbf{E}(s_{t+1}u'_{t|t-1})\mathbf{E}(u_{t|t-1}u'_{t|t-1})^{-1}$ die sogenannte *Kalman-Matrix (Kalman gain)* bezeichnet. Die Projektion $\mathrm{P}_{t-1}\,\xi_t$ ist gleich null, da $\xi_t \perp \mathbb{H}_{1:t-1}(x)$. Es gilt

$$
\begin{aligned}
\mathbf{E}(s_{t+1}u'_{t|t-1}) &= \mathbf{E}(As_t + Ev_t + \xi_t)(C(s_t - s_{t|t-1}) + \eta_t)' \\
&= A\mathbf{E}\left[(s_t - s_{t|t-1})(s_t - s_{t|t-1})'\right]C' + \mathbf{E}\xi_t\eta'_t \\
&\quad + \mathbf{E}\left[Ev_t((s_t - s_{t|t-1})'C' + \eta'_t)\right] + \left[\mathbf{E}\xi_t(s_t - s_{t|t-1})'\right]C' + A\mathbf{E}s_t\eta'_t \\
&= A\Pi_{t|t-1}C' + S
\end{aligned}
$$

und daher

$$
K_t = (A\Pi_{t|t-1}C' + S)\Sigma_{t|t-1}^{-1}.
$$

Die Terme in der dritten Zeile sind null, da v_t nicht stochastisch ist, $(s_t - s_{t|t-1})$ und η_t Erwartungswert null haben und da $(\xi'_t, \eta'_t)' \perp s_t$ und $\xi_t \perp \mathbb{H}_{1:t-1}(x)$ gilt. Für die Varianz des Approximationsfehlers $(s_{t+1} - s_{t+1|t})$ erhalten wir mithilfe von (7.31)

$$
\begin{aligned}
\Pi_{t+1|t} &= \mathbf{E}(s_{t+1} - \mathrm{P}_{t-1}\,s_{t+1})(s_{t+1} - \mathrm{P}_{t-1}\,s_{t+1})' - \mathbf{E}(\mathrm{P}_t^u\,s_{t+1})(\mathrm{P}_t^u\,s_{t+1})' \\
&= \mathbf{E}(A(s_t - s_{t|t-1}) + \xi_t)(A(s_t - s_{t|t-1}) + \xi_t)' - K_t\Sigma_{t|t-1}K'_t \\
&= A\Pi_{t|t-1}A' + Q - K_t\Sigma_{t|t-1}K'_t.
\end{aligned}
$$

Für $h > 1$ gilt

$$
\begin{aligned}
s_{t+h|t} = \mathrm{P}_t\,s_{t+h} &= \mathrm{P}_t(As_{t+h-1} + Ev_{t+h-1} + \xi_{t+h-1}) \\
&= A\,\mathrm{P}_t\,s_{t+h-1} + Ev_{t+h-1} = As_{t+h-1|t} + Ev_{t+h-1} \\
\Pi_{t+h|t} &= \mathbf{E}(s_{t+h} - s_{t+h|t})(s_{t+h} - s_{t+h|t}) \\
&= \mathbf{E}(A(s_{t+h-1} - s_{t+h-1|t}) + \xi_{t+h-1})(A(s_{t+h-1} - s_{t+h-1|t}) + \xi_{t+h-1})' \\
&= A\Pi_{t+h-1|t}A' + Q.
\end{aligned}
$$

Wir betrachten noch den Fall $h = 0$, d. h. die Berechnung von $s_{t|t}$ und $\Pi_{t|t}$:

$$
\begin{aligned}
s_{t|t} &= \mathrm{P}_{t-1}\,s_t + \mathrm{P}_t^u\,s_t = s_{t|t-1} + M_t u_{t|t-1} \\
\Pi_{t|t} &= \mathbf{E}(s_t - s_{t|t-1})(s_t - s_{t|t-1})' - \mathbf{E}(\mathrm{P}_t^u\,s_t)(\mathrm{P}_t^u\,s_t)' = \Pi_{t|t-1} - M_t\Sigma_{t|t-1}M_t,
\end{aligned}
$$

wobei

$$
\begin{aligned}
M_t\Sigma_{t|t-1} &= \mathbf{E}(s_t u'_{t|t-1}) = \mathbf{E}\left[s_t((s_t - s_{t|t-1})'C' + \eta'_t)\right] \\
&= \mathbf{E}\left[(s_t - s_{t|t-1})'(s_t - s_{t|t-1})'\right]C' = \Pi_{t|t-1}C'. \qquad \square
\end{aligned}
$$

Das Kalman-Filter liefert die (affine) Kleinst-Quadrate-Approximation des Zustandes s_t aus vergangenen Beobachtungen $x_1, \ldots, x_r$, $r \leq t$. Der nächste Schritt ist nun eine Schätzung des Zustandes s_t aus vergangenen *und* zukünftigen Beobachtungen $x_1, \ldots, x_r$, $r \geq t$. Man spricht dann von einer *Glättung* („smoothing"). Auch dieses Problem kann durch ein rekursives Verfahren elegant gelöst werden.

Satz (Kalman-Glättung) *Für* $1 < t \leq r$ *gilt:*

$$s_{t-1|r} = s_{t-1|t-1} + J_{t-1}(s_{t|r} - s_{t|t-1})$$
$$\Pi_{t-1|r} = \Pi_{t-1|t-1} + J_{t-1}(\Pi_{t|r} - \Pi_{t|t-1})J'_{t-1},$$

wobei

$$J_{t-1} = \Pi_{t-1|t-2}(A' - C'K'_{t-1})\Pi^{-1}_{t|t-1}.$$

Um diese Schätzer $s_{t|r}$ zu berechnen, bestimmt man zunächst in einer Vorwärtsrekursion für $t = 1, 2, \ldots, r$ mithilfe des Kalman-Filters $s_{t|t}$, $\Pi_{t|t}$, $s_{t|t-1}$, $\Pi_{t|t-1}$ und K_t. Dann benutzt man die obigen Gleichungen in einer Rückwärtsrekursion für $t = r - 1, r - 2, \ldots, 1$, um $s_{t|r}$ und $\Pi_{t|r}$ zu berechnen.

Beweis Der hier angeführte Beweis geht auf [3] zurück. Der Hilbert-Raum $\mathbb{H}_{1:r}(x)$ ist ein Teilraum von

$$\mathbb{H}(r) := \mathbb{H}_{1:t-1}(x) \oplus \text{sp}\{s_t - s_{t|t-1}\} \oplus \text{sp}\{\eta_t, \ldots, \eta_r, \xi_t, \ldots, \xi_{r-1}\}.$$

Da der Raum $\mathbb{H}(r)$ eine direkte Summe von drei zueinander orthogonalen Räumen ist, ist die Projektion von s_{t-1} auf $\mathbb{H}(r)$ gegeben durch:

$$\text{P}_{\mathbb{H}(r)}\, s_{t-1} = \text{P}_{t-1}\, s_{t-1} + J_{t-1}(s_t - s_{t|t-1}) + 0,$$

wobei $J_{t-1}(s_t - s_{t|t-1})$ die Projektion von s_{t-1} auf den Raum $\text{sp}\{s_t - s_{t|t-1}\}$ ist. Hier haben wir auch $(\xi'_{t+h}, \eta'_{t+h}) \perp s_{t-1}$ für $h \geq 0$ verwendet. Die Matrix J_{t-1} berechnet sich aus

$$\begin{aligned}
J_{t-1} &= \mathbf{E}\left[s_{t-1}(s_t - s_{t|t-1})'\right]\left(\mathbf{E}\left[(s_t - s_{t|t-1})(s_t - s_{t|t-1})'\right]\right)^{-1} \\
&= \mathbf{E}\left[s_{t-1}(A(s_{t-1} - s_{t-1|t-2}) + \xi_{t-1} - K_{t-1}(C(s_{t-1} - s_{t-1|t-2}) + \eta_{t-1}))'\right]\Pi^{-1}_{t|t-1} \\
&= \Pi_{t-1|t-2}(A' - C'K'_{t-1})\Pi^{-1}_{t|t-1}.
\end{aligned}$$

Da $\mathbb{H}_{1:r}(x) \subset \mathbb{H}(r)$ folgt nun

$$\begin{aligned}
s_{t-1|r} &= \text{P}_r\, s_{t-1} = \text{P}_r\, \text{P}_{\mathbb{H}(r)}\, s_{t-1} = \text{P}_r\, \text{P}_{t-1}\, s_{t-1} + J_{t-1}(\text{P}_r\, s_t - \text{P}_r\, s_{t|t-1}) \\
&= s_{t-1|t-1} + J_{t-1}(s_{t|r} - s_{t|t-1}).
\end{aligned}$$

Die Formel für die Varianzen der Schätzfehler erhält man mithilfe von (7.31) und der Beziehung $(s_{t-1|r} - s_{t-1|t-1}) = J_{t-1}(s_{t|r} - s_{t|t-1})$:

$$\Pi_{t-1|t-1} - \Pi_{t-1|r} = \mathbf{Var}(s_{t-1|r} - s_{t-1|t-1}) = J_{t-1}\mathbf{Var}(s_{t|r} - s_{t|t-1})J'_{t-1}$$
$$= J_{t-1}(\Pi_{t|t-1} - \Pi_{t|r})J'_{t-1}. \qquad \square$$

In den Rekursiongleichungen für das Kalman-Filter und die Kalman-Glättung tauchen die Inversen der Kovarianzmatrizen $\Sigma_{t|t-1}$ und $\Pi_{t|t-1}$ auf. Falls diese Matrizen singulär sind, dann kann man stattdessen die Moore-Penrose-Inverse verwenden. (Die Moore-Penrose-Inverse einer Matrix erhält man aus der Singulärwertzerlegung der Matrix, indem man alle Singulärwerte, die ungleich null sind, durch ihre Kehrwerte ersetzt.) Die Kalman-Matrix K_t z. B. ist durch die Projektion von s_{t+1} auf den Raum sp$\{u_{t|t-1}\}$ definiert. Das heißt, K_t muss eine Lösung der Gleichung

$$\underbrace{\mathbf{E}(s_{t+1}u'_{t|t-1})}_{=(A\Pi_{t|t-1}C'+S)} = K_t \underbrace{\mathbf{E}(u_{t|t-1}u'_{t|t-1})}_{=\Sigma_{t|t-1}}$$

sein. Diese Gleichung ist (aufgrund des Projektionssatzes) immer lösbar und jede Lösung K_t liefert dieselbe Projektion $\mathrm{P}^u_t s_{t+1} = K_t u_{t|t-1}$. Insbesondere ist $K_t = (A\Pi_{t|t-1}C' + S)\Sigma^{\dagger}_{t|t-1}$, wobei $\Sigma^{\dagger}_{t|t-1}$ die Moore-Penrose-Inverse bezeichnet, eine Lösung, da der Spaltenraum von $\mathbf{E}(s_{t+1}u'_{t|t-1})$ ein Teilraum des Spaltenraums von $\mathbf{E}(u_{t|t-1}u'_{t|t-1})$ ist. Analoge Überlegungen gelten für die Berechnung von $s_{t|t}$ und die Berechnung der Matrix J_{t-1}, siehe auch die Aufgabe zur „Projektion" in Abschn. 1.3.

Das Kalman-Filter und die Kalman-Glättung wurden hier für den Fall von *konstanten* Parametern (A, E, C, Q, R, S) formuliert. Die Ergebnisse können aber recht einfach auf ein Zustandsraummodell

$$s_{t+1} = A_t s_t + E_t v_t + \xi_t \quad \text{und } \mathbf{E}\begin{pmatrix} \xi_r \\ \eta_r \end{pmatrix}\begin{pmatrix} \xi_t \\ \eta_t \end{pmatrix}' = \delta_{rt}\begin{pmatrix} Q_t & S_t \\ S'_t & R_t \end{pmatrix}$$
$$x_t = C_t s_t + \eta_t$$

mit zeitabhängigen Parametern verallgemeinert werden. Die wesentlichen Rekursionsgleichungen für das Kalman-Filter lauten dann z. B.

$$K_t = (A_t\Pi_{t|t-1}C'_t + S_t)\Sigma^{-1}_{t|t-1}$$
$$s_{t+1|t} = A_t s_{t|t-1} + E_t v_t + K_t u_{t|t-1}$$
$$\Pi_{t+1|t} = A_t\Pi_{t|t-1}A'_t + Q_t - K_t\Sigma_{t|t-1}K'_t$$
$$x_{t+1|t} = C_{t+1}s_{t+1|t}$$
$$\Sigma_{t+1|t} = C_{t+1}\Pi_{t+1|t}C'_{t+1} + R_{t+1}.$$

Fehlende Beobachtungen können ohne große Probleme berücksichtigt werden. Als einfaches Beispiel betrachten wir den Fall eines Modells mit konstanten Parametern und nehmen an, dass x_{t_0} nicht beobachtet wurde. Das Fehlen der Beobachtung x_{t_0} wird nun dadurch modelliert, dass man die entsprechende Kovarianzmatrix der Störungen η_{t_0} sehr groß macht, d. h. man setzt $R_{t_0} = \mathbf{E}\eta_{t_0}\eta'_{t_0} = R + cI$ und betrachtet das Kalman-Filter für den Grenzwert für $c \to \infty$. Ist die Kovarianzmatrix R_{t_0} sehr groß, dann enthält x_{t_0} nur wenig Information über den zugrunde liegenden Zustand s_{t_0} und im Grenzfall $R_{t_0} \to \infty I$ enthält x_{t_0} keine Information und es spielt keine Rolle, ob x_{t_0} nun beobachtet wird oder nicht.

$$\Sigma_{t_0|t_0-1} = C\Pi_{t_0|t_0-1}C' + R_{t_0} \longrightarrow \infty I$$

$$K_{t_0} = (A\Pi_{t_0|t_0-1}C' + S)\Sigma_{t_0|t_0-1}^{-1} \longrightarrow 0$$

$$s_{t_0+1|t_0} = As_{t_0|t_0-1} + Ev_{t_0} + K_{t_0}u_{t_0|t_0-1} \longrightarrow As_{t_0|t_0-1} + Ev_{t_0} + 0 = s_{t_0+1|t_0-1}$$

$$\Pi_{t_0+1|t_0} = A\Pi_{t_0|t_0-1}A' + Q - K_{t_0}\Sigma_{t_0|t_0-1}K'_{t_0}$$

$$\longrightarrow A\Pi_{t_0|t_0-1}A' + Q - 0 = \Pi_{t_0+1|t_0-1}$$

$$x_{t_0+1|t_0} = Cs_{t_0+1|t_0} \longrightarrow x_{t_0+1|t_0-1}$$

$$\Sigma_{t_0+1|t_0} = C\Pi_{t_0+1|t_0}C' + R \longrightarrow \Sigma_{t_0+1|t_0-1}.$$

Das Kalman-Filter „überspringt" hier einfach den Zeitpunkt t_0, d. h. die Ein-Schritt-Prognosen $x_{t_0+1|t_0}$ und $s_{t_0+1|t_0}$ werden durch die Zwei-Schritt-Prognosen $x_{t_0+1|t_0-1}$ und $s_{t_0+1|t_0-1}$ ersetzt. Die entsprechend adaptierte Kalman-Glättung kann verwendet werden, um eine Schätzung für den nicht beobachteten Wert x_{t_0} aus den vorhandenen Beobachtungen $\{x_t, 1 \le t \le r, t \ne t_0\}$ zu berechnen. (Alternativ kann man auch $C_{t_0} = 0$ und $S_{t_0} = 0$ setzen.) Nach diesem Schema kann man auch kompliziertere Szenarien für fehlende Beobachtungen, also z. B. auch den Fall, dass nur einige Komponenten von x_{t_0} fehlen, behandeln.

Für das Kalman-Filter und die Kalman-Glättung wird nicht vorausgesetzt, dass der Zustandsprozess (s_t) und der Outputprozess (x_t) stationär sind. (Da wir aber affine Kleinst-Quadrate-Approximationen berechnen, müssen s_t und x_t natürlich quadratisch integrierbar sein.) Die Übergangsmatrix A muss also nicht stabil sein, sie kann Eigenwerte mit Betrag eins oder größer als eins besitzen. Natürlich werden auch im Fall von zeitabhängigen Parametern nicht stationäre Prozesse auftreten.

Aufgabe (Einfache exponentielle Glättung)
Wir betrachten das Zustandsraummodell

$$\begin{aligned} s_{t+1} &= s_t + \xi_t \\ x_t &= s_t + \eta_t \end{aligned}, \quad \mathbf{E}\begin{pmatrix} \xi_r \\ \eta_r \end{pmatrix}\begin{pmatrix} \xi_t \\ \eta_t \end{pmatrix}' = \delta_{rt}\begin{pmatrix} Q & 0 \\ 0 & R \end{pmatrix}$$

mit skalaren Zuständen s_t und Outputs x_t. Der Zustandsprozess (s_t) ist ein Random-Walk-Prozess und der Output (x_t) daher ein von einem weißen Rauschen überlagerter Random-Walk-Prozess. Zeigen Sie, dass das Kalman-Filter von der Form

$$s_{t+1|t} = s_{t|t-1} + Ku_{t|t-1} = (1 - K)s_{t|t-1} + Kx_t$$

$$x_{t+h|t} = s_{t+1|t}$$

ist, wenn man das Filter mit

$$\Pi_{1|0} = \frac{Q + \sqrt{Q^2 - 4RQ}}{2}$$

initialisiert. Die obigen Rekursionsgleichungen entsprechen der sogenannten *einfachen exponentiellen Glättung* mit Glättungsfaktor $K = \frac{\Pi_{1|0}}{\Pi_{1|0}+R}$. Die exponentielle Glättung ist ein einfaches, heuristisches Prognoseverfahren.

Der Startwert $s_{1|0}$ ist eine Vermutung für den unbekannten Anfangszustand s_1 und die Kovarianzmatrix $\Pi_{1|0}$ spiegelt das Vertrauen in diese Vermutung wider. Wenn keine realistische Vermutung über s_1 möglich ist, dann setzt man oft $s_{1|0} = 0$ und wählt $\Pi_{1|0} = cI$ mit einem sehr großen c. Diese heuristische Vorgangsweise kann man mithilfe des sogenannten *diffusen Kalman-Filters* formalisieren. Dabei setzt man $\Pi_{1|0} = \Pi_{1|0}^0 + c\Pi_{1|0}^\infty$ und analysiert dann die Kalman-Filter-Rekursionen für den Grenzwert $c \longrightarrow \infty$.

Aufgabe (Rekursiver Kleinst-Quadrate-Schätzer (Recursive Least Squares, RLS))
Wir betrachten ein klassisches Regressionsmodell $x_t = v_t\beta + u_t$, mit deterministischen Regressoren $v_t \in \mathbb{R}^k$ und homoskedastischen und unkorrelierten Fehlern ($\mathbf{E}u_t = 0$, $\mathbf{E}u_r u_t = \delta_{rt}\sigma^2$). Der gewöhnliche Kleinst-Quadrate(OLS)-Schätzer für β aus Beobachtungen $(x_1, \ldots, x_t)$ ist

$$\hat{\beta}_t = \left(\sum_{i=1}^{t} v_i' v_i\right)^{-1} \left(\sum_{i=1}^{t} v_i' x_i\right) \text{ und } \mathbf{Var}(\hat{\beta}_t) = \sigma^2 \left(\sum_{i=1}^{t} v_i' v_i\right)^{-1}.$$

Voraussetzung ist hier natürlich, dass die Matrix $\left(\sum_{i=1}^{t} v_i' v_i\right)$ nicht singulär ist. Sie sollen nun zeigen, dass das Kalman-Filter eine Möglichkeit ist, den Schätzer rekursiv (in t) zu bestimmen. Dazu schreibt man das Regressionsmodell zunächst als Zustandsraummodell

$$\begin{matrix} s_{t+1} = s_t + \xi_t \\ x_t = v_t s_t + u_t \end{matrix} ; \; \mathbf{E}\begin{pmatrix}\xi_r \\ u_r\end{pmatrix}\begin{pmatrix}\xi_t \\ u_t\end{pmatrix}' = \delta_{rt}\begin{pmatrix}0 & 0 \\ 0 & \sigma^2\end{pmatrix},$$

wobei der Zustand $s_t = \beta$ der gesuchte Koeffizientenvektor β ist. Da β nicht von t abhängt, setzt man $\xi_t = 0$.

Sei $t_0 \geq k$ der kleinste Zeitindex für den $\left(\sum_{i=1}^{t} v_i' v_i\right)$ nicht singulär ist. Zeigen Sie, dass das Kalman-Filter den gesuchten rekursiven Schätzer liefert, d. h. zeigen Sie:

$$s_{t+1|t} = \hat{\beta}_t$$

$$\Pi_{t+1|t} = \frac{1}{\sigma^2}\mathbf{Var}(\hat{\beta}_t)$$

für $t > t_0$, wenn man das Filter zum Zeitpunkt t_0 mit $s_{t_0+1|t_0} = \hat{\beta}_{t_0}$ und $\Pi_{t_0+1|t_0} = \frac{1}{\sigma^2}\mathbf{Var}(\hat{\beta}_{t_0}) = \left(\sum_{i=1}^{t_0} v_i' v_i\right)^{-1}$ initialisiert. In diesem Beispiel ist es also „klar", wie die Anfangswerte des Filters gewählt werden müssen.

Wenn man eine adaptive Schätzung von zeitabhängigen Koeffizienten β_t wünscht, dann setzt man z. B. einfach $Q = \mathbf{E}\xi_t\xi_t' = \epsilon I$. Die Konstante $\epsilon > 0$ steuert die Adaptivität bzw. die Reaktionsgeschwindigkeit des Schätzers. Für kleines ϵ reagiert der Schätzer $s_{t+1|t}$ relativ langsam auf Veränderungen des Koeffizientenvektors und man erhält daher einen relativen „glatten" Verlauf.

Das Kalman-Filter hat eine Vielzahl von Anwendungen in vielen technischen und wissenschaftlichen Gebieten, wie z. B. Kontrolle, Signalverarbeitung, Prognose, usw. Es gibt daher auch eine ganze Reihe von alternativen Implementationen und Erweiterungen, von denen hier nur einige erwähnt werden sollen. Das diffuse Kalman-Filter, das den Fall von diffusen Anfangswerten bzw. Verteilungen behandelt, wurde oben schon kurz erwähnt. Beim Informationsfilter verwendet man Rekursionsgleichungen für die inverse Kovarianzmatrix $I_{t|t-1} = \Pi_{t|t-1}^{-1}$. Sogenannte „Square-Root"-Filter verwenden Rekursionen für die Quadratwurzeln $\Pi_{t|t-1}^{1/2}$ der Kovarianzmatrizen. Diese Filter besitzen numerische Vorteile.

Wir wollen nun den stationären Fall genauer diskutieren. Um die Diskussion zu vereinfachen, lassen wir den Inputprozess (v_t) weg, setzen also $E = 0$. Wir setzen auch immer die Stabilitätsbedingung $\varrho(A) < 1$ voraus und betrachten die (eindeutige) stationäre Lösung

$$x_t = \sum_{j \geq 0} CA^j \xi_{t-1-j} + \eta_t \tag{7.32}$$

des Zustandsraumsystems (7.26) und (7.27).

Satz *Der Prozess (7.32) besitzt eine Zustandsraumdarstellung der Form*

$$\tilde{s}_{t+1} = A\tilde{s}_t + B\epsilon_t \tag{7.33}$$
$$x_t = C\tilde{s}_t + \epsilon_t, \ t \in \mathbb{Z}, \tag{7.34}$$

wobei $C\tilde{s}_t$ der Ein-Schritt-Prädiktor von x_t aus der unendlichen Vergangenheit ($\mathbb{H}_{t-1}(x)$) ist und die ϵ_ts die Innovationen *von (x_t) sind.*

Beweis Wir projizieren (7.26) auf den von $\{x_r \mid r \leq t\}$ erzeugten Teil-Hilbert-Raum $\mathbb{H}_t(x)$. Dann erhalten wir (in evidenter Notation):

$$\hat{s}_{t+1,t} = A\hat{s}_{t,t} + \hat{\xi}_{t,t} = A\hat{s}_{t,t-1} + \left(A(\hat{s}_{t,t} - \hat{s}_{t,t-1}) + \hat{\xi}_{t,t} \right)$$

und analog für (7.27)

$$x_t = \hat{x}_{t,t} = C\hat{s}_{t,t-1} + (C(\hat{s}_{t,t} - \hat{s}_{t,t-1}) + \hat{\eta}_{t,t}) .$$

Wir definieren nun $\epsilon_t = (C(\hat{s}_{t,t} - \hat{s}_{t,t-1}) + \hat{\eta}_{t,t})$. Der Zufallsvektor ϵ_t ist orthogonal auf $\mathbb{H}_{t-1}(x)$, da für $r < t$

$$\mathbf{E}\epsilon_t x_r' = C(\mathbf{E}\hat{s}_{t,t}x_r' - \mathbf{E}\hat{s}_{t,t-1}x_r') + \mathbf{E}\hat{\eta}_{t,t}x_r' = C(\mathbf{E}s_t x_r' - \mathbf{E}s_t x_r') + \mathbf{E}\eta_t x_r' = 0.$$

Daher ist $C\hat{s}_{t,t-1} \in (\mathbb{H}_{t-1}(x))^n$ der Ein-Schritt-Prädiktor und ϵ_t der zugehörige Prognosefehler. Insbesondere spannt also ϵ_t den Raum $\mathbb{H}_t(x) \ominus \mathbb{H}_{t-1}(x) = \overline{\text{sp}}\{u \mid u \in$

$\mathbb{H}_t(x)$ und $u \perp \mathbb{H}_{t-1}(x)\}$, d. h. das orthogonale Komplement von $\mathbb{H}_{t-1}(x)$ in $\mathbb{H}_t(x)$, auf. Da $(A(\hat{s}_{t,t} - \hat{s}_{t,t-1}) + \hat{\xi}_{t,t})$ in diesem Raum liegt, existiert eine Matrix B, sodass $(A(\hat{s}_{t,t} - \hat{s}_{t,t-1}) + \hat{\xi}_{t,t}) = B\epsilon_t$. Wir setzen nun $\tilde{s}_t = \hat{s}_{t,t-1}$ und erhalten damit (7.33) und (7.34). $\qquad\square$

Ist das System (7.33), (7.34) minimal, dann ist es in Innovationsform, d. h. es gelten die Stabilitätsbedingung $\varrho(A) < 1$ und die Miniphasebedingung $\varrho(A - BC) < 1$. Natürlich kann man umgekehrt das Modell (7.33), (7.34) auch in der Form (7.26), (7.27) schreiben, indem man $\xi_t = B\epsilon_t$, $\eta_t = \epsilon_t$ und daher $Q = B\Sigma B'$, $S = B\Sigma$ und $R = \Sigma$ setzt.

Die korrekte Initialisierung des Filters ist in diesem Fall

$$s_{1|0} = \mathbf{E}s_1 = 0 \text{ und } P := \Pi_{1|0} = \mathbf{E}s_1 s_1' = \sum_{j \geq 0} A^j Q (A^j)'$$

Die Varianz P des Zustands s_t kann man auch durch Lösen der Lyapunov-Gleichung

$$P = APA' + Q$$

bestimmen. Das Kalman-Filter berechnet die Projektion des Zustands s_{t+1} und des zukünftigen Outputs x_{t+1} auf den Raum $\mathrm{sp}\{x_1, \ldots, x_t\}$. (Da $\mathbf{E}s_t = 0$ und $\mathbf{E}x_t = 0$ gilt, genügt es hier lineare Approximationen zu betrachten, wir können also die Konstante „1" weglassen.) Daher folgt unmittelbar

$$\underset{t \to \infty}{\mathrm{l.i.m}}(s_{t+1|t} - \tilde{s}_{t+1}) = 0 \text{ und } \underset{t \to \infty}{\mathrm{l.i.m}}(u_{t+1|t} - \epsilon_{t+1}) = 0.$$

Aufgabe

Wir definieren $\Sigma = \mathbf{E}\epsilon_t \epsilon_t'$ und $\tilde{P} = \mathbf{E}\tilde{s}_t \tilde{s}_t' = A\tilde{P}A' + B\Sigma B'$. Überzeugen Sie sich, dass

$$\Sigma_{t|t-1} \longrightarrow \Sigma, \quad \Pi_{t|t-1} \longrightarrow P - \tilde{P} \text{ und } K_t \Sigma_{t|t-1} = (A\Pi_{t|t-1}C' + S) \longrightarrow B\Sigma.$$

Die Kalman-Filter-Rekursionen für die Ein-Schritt-Prognosefehler konvergieren also (unter der Bedingung $\Sigma > 0$) für $t \to \infty$ gegen die Rekursionsgleichungen des zu (7.33), (7.34) inversen Systems:

$$\begin{aligned} s_{t+1|t} &= (A - K_t C)s_{t|t-1} + K_t u_{t|t-1} & \xrightarrow{t \to \infty} & \quad \tilde{s}_{t+1} = (A - BC)\tilde{s}_t + B\epsilon_t \\ u_{t|t-1} &= -C s_{t|t-1} + x_t & & \quad \epsilon_t = -C\tilde{s}_t + x_t. \end{aligned}$$

Die beiden folgenden Aufgaben zeigen, dass die Autokovarianzfunktion des stationären Outputs (x_t) recht einfach berechnet werden kann:

Aufgabe

Gegeben sei ein Zustandsraumsystem (7.26), (7.27) mit weißem Rauschen (ϵ_t) als Input, das die Stabilitätsbedingung $\varrho(A) < 1$ erfüllt. Zeigen Sie, dass die Kovarianzfunktion γ der stationären Lösung (x_t) gegeben ist durch

$$\gamma(0) = CPC' + R$$

$$\gamma(k) = CA^{k-1}M \text{ für } k > 0,$$

wobei

$$P = \mathbf{E}s_t s_t' = APA' + Q$$
$$M = \mathbf{E}s_{t+1} x_t = APC' + S.$$

Aufgabe (Fortsetzung)

Leiten Sie mithilfe der äquivalenten Zustandsraumdarstellung (7.33), (7.34) folgende Darstellung der Kovarianzfunktion γ ab:

$$\gamma(0) = C\tilde{P}C' + \Sigma$$
$$\gamma(k) = CA^{k-1}\tilde{M} \quad \text{für } k > 0,$$

wobei

$$\tilde{P} = \mathbf{E}\tilde{s}_t \tilde{s}_t' = A\tilde{P}A' + B\Sigma B'$$
$$\tilde{M} = \mathbf{E}\tilde{s}_{t+1} x_t = A\tilde{P}C' + B\Sigma.$$

Literatur

1. B.D.O. Anderson, J.B. Moore, *Optimal filtering* (Dover Publications Inc., London, 2005). Originally published: Englewood Cliffs, Prentice-Hall, 1979
2. T.W. Anderson, *The Statistical Analysis of Time Series* (John Wiley & Sons, 1971)
3. C.F. Ansley, R. Kohn, A geometrical derivation of the fixed interval smoothing algorithm, Biometrika **69**(2), 486–487 (1982)
4. G. Box, M. Jenkins, *Time Series Analysis: Forecasting and Control* (Holden-Day, San Francisco, 1970)
5. P.J. Brockwell, R.A. Davis, *Time Series: Theory and Methods*, 2. Aufl. Springer Series in Statistics (Springer-Verlag, New York, 1991)
6. M. Brokate, G. Kersting, *Maß und Integral*. Mathematik Kompakt (Springer Basel AG, Basel, 2011). ISBN 9783034606462
7. E.P. Caines, *Linear Stochastic Systems* (John Wiley & Sons, New York, 1988)
8. H. Cramér, A contribution to the theory of stochastic processes, in *Proc. 2nd Berkeley Symp. on Math. Stat. and Prob.* (University of California Press, 1951), S. 57–78
9. M. Deistler, A. Filler, M. Funovits, AR systems and AR processes: the singular case, Communications in Informatics and Systems **11**(3), 225–236 (2011)
10. M. Deistler, z-Transform and identification of linear econometric models with autocorrelated errors, Metrika **22**, 13–25 (1975)
11. J.L. Doob, *Stochastic Processes* (Wiley, 1953)
12. D. van Dulst, Vector measures, in *Encyclopedia of Mathematics*, hrsg. von M. Hazewinkle (Springer, 2001). ISBN 978-1-55608-010-4
13. J. Durbin, The fitting of time series models, Rev. Inst. Int. Stat. **28**, 233–243 (1960)
14. R.F. Engle, C.W.J. Granger, Co-integration and error correction: representation, estimation, and testing, *Econometrica*, **55**(2), 251–276 (1987)
15. B. Fritzsche, B. Kirstein, Schwache Konvergenz nichtnegativ hermitescher Borelmaße, Wiss. Z. Karl-Marx-Univ. Leipzig Math.-Natur. **37**(4), 375–398 (1988)
16. V. Gómez, *Multivariate time series with linear state space structure* (Springer, 2016). ISBN 978-3-319-28598-6, ISBN 978-3-319-28598-3 (eBook)
17. E.J. Hannan, *Multiple Time Series* (John Wiley & Sons Inc., New York, 1970)
18. E.J. Hannan, The identification problem for multiple equation systems with moving average errors, Econometrica **39**(5), 751–765 (1971)
19. E.J. Hannan, M. Deistler, *The Statistical Theory of Linear Systems*. Classics in Applied Mathematics (SIAM, Philadelphia, 2012). Originally published: John Wiley & Sons, New York, 1988
20. S. Johansen, *Likelihood-Based Inference in Cointegrated Vector Autoregressive Models* (Oxford University Press, 1995)

© Springer International Publishing AG 2018
M. Deistler, W. Scherrer, *Modelle der Zeitreihenanalyse*, Mathematik Kompakt,
https://doi.org/10.1007/978-3-319-68664-6

21. T. Kailath, *Linear Systems* (Prentice Hall, Englewood Cliffs, New Jersey, 1980)
22. R.E. Kalman, A new approach to linear filtering and prediction problems, Transaction of the ASME, Journal of Basic Engineering **82**, 35–45 (1960)
23. R.E. Kalman, Mathematical description of linear dynamical systems, Journal of the Society for Industrial and Applied Mathematics Series A Control **1**(2), 152–192 (1963)
24. R.E. Kalman, Irreducible realizations and the degree of a rational matrix, Journal of the Society for Industrial and Applied Mathematics **13**(2), 520–544 (1965)
25. R.E. Kalman, Algebraic geometric description of the class of linear systems of constant dimension, in *8th Annual Princeton Conference on Information Sciences and Systems* (Princeton, N.J., 1974)
26. R.E. Kalman, P.L. Falb, M.A. Arbib, *Topics in Mathematical System Theory*. International Series in Pure and Applied Mathematics (McGraw Hill, 1969)
27. A.N. Kolmogorov, Stationary sequences in Hilbert space, Bull. Moskov. Gos. Univ. Mat. **2**, 1–40 (1941). Russisch, Reprint: *Selected works of A.N. Kolmogorov, Vol. 2: Theory of Probability and Mathematical Statistics* (Nauka, Moskau, 1986), S. 215–255
28. N. Levinson, The Wiener RMS error criterion in filter design and prediction, J. Math. Phys. **25**, 261–278 (1947)
29. A. Lindquist, G. Picci, *Linear Stochastic Systems; a Geometric Approach to Modeling, Estimation and Identification*. Series in Contemporary Mathematics, Bd. 1 (Springer, Berlin, 2015). ISBN 978-3-662-45749-8, ISBN 3-662-45750-4 (eBook)
30. L. Ljung, *System Identification: Theory for the User* (Prentice Hall, Englewood Cliffs, 1987)
31. H. Lütkepohl, *Introduction to Multiple Time Series Analysis*, 2. Aufl. (Springer, Berlin, 1993)
32. H. Lütkepohl, *Introduction to Multiple Time Series Analysis* (Springer, Berlin, 2005)
33. H.B. Mann, A. Wald, On the Statistical Treatment of Linear Stochastic Difference Equations, Econometrica **11**(3/4), 173–220 (1943)
34. D.J. Newman, Shorter notes: a simple proof of Wiener's 1/f theorem, Proceedings of the American Mathematical Society **48**(1), 264–265 (1975)
35. P.C.B. Phillips, Time series regression with a unit root, Econometrica **55**(2), 277–301 (1987)
36. B.M. Pötscher, I. Prucha, *Dynamic Nonlinear Econometrics Models* (Springer, Berlin-Heidelberg, 1997)
37. G.C. Reinsel, *Elements of Multivariate Time Series Analysis* (Springer, 1997)
38. M. Rosenberg, The square-integrability of matrix-valued functions with respect to a non-negative Hermitian measure, Duke Math. J. **31**(2), 291–298 (1964). https://doi.org/10.1215/S0012-7094-64-03128-X
39. Yu.A. Rozanov, *Stationary Random Processes* (Holden-Day, San Francisco, 1967)
40. K.D. Schmidt, *Maß und Wahrscheinlichkeit*. Springer-Lehrbuch (Springer, Berlin, Heidelberg, 2009). ISBN 978-3-540-89729-3
41. T. Söderström, P. Stoica, *System Identification* (Prentice Hall, 1989)
42. C. Tretter, *Analysis I*. Mathematik Kompakt (Springer Basel, Basel, 2013). ISBN 978-3-0348-0349-6
43. N. Wiener, *Extrapolation, Interpolation, and Smoothing of Stationary Time Series* (Wiley, New York, 1949)
44. H. Wold, *A Study in the Analysis of Stationary Time Series*, 2. Aufl. (Almqvist and Wiksell, Uppsala, 1954)
45. G.U. Yule, On a method of investigating periodicities in disturbed series, with special reference to Wolfer's sunspot numbers, Philosophical Transactions of the Royal Society of London A **226**, 267–298 (1927). Wieder abgedruckt in Stuart, Kendall (1971)

Sachverzeichnis

Printed in the United States
By Bookmasters